云南省大绒鼠生存适应策略的研究

朱万龙　贾　婷　侯东敏　王政昆　编著

科学出版社
北　京

内 容 简 介

本书主要介绍了大绒鼠能量代谢和产热特征的研究、大绒鼠能量代谢调节的节律性研究、不同温度条件下大绒鼠能量代谢的研究、光照对大绒鼠能量代谢的影响、食物对大绒鼠能量代谢的影响、运动及外源激素等对大绒鼠能量代谢的影响、血清瘦素与下丘脑神经肽（NPY、AgRP、POMC、CART）对大绒鼠体重和能量代谢的调节、大绒鼠繁殖生物学的研究、大绒鼠持续能量摄入的研究、大绒鼠分子生态学的研究和绒鼠属的生态分化等。

本书主要面向科研机构、高等院校及企事业单位等从事科研等工作的生态学和动物学专业人才。

图书在版编目（CIP）数据

云南省大绒鼠生存适应策略的研究/朱万龙等编著. —北京：科学出版社，2020.6

ISBN 978-7-03-065267-6

Ⅰ. ①云… Ⅱ. ①朱… Ⅲ. ①啮齿目—研究—云南 Ⅳ. ①Q959.837

中国版本图书馆 CIP 数据核字（2020）第 090962 号

责任编辑：朱 瑾 白 雪 / 责任校对：郑金红
责任印制：吴兆东 / 封面设计：刘新新

科学出版社 出版
北京东黄城根北街 16 号
邮政编码: 100717
http://www.sciencep.com

北京建宏印刷有限公司 印刷

科学出版社发行 各地新华书店经销

*

2020 年 6 月第 一 版 开本：720×1000 1/16
2020 年 6 月第一次印刷 印张：11 1/2
字数：220 000

定价：128.00 元

（如有印装质量问题，我社负责调换）

前　言

横断山区处于中国西南部，由于特殊的地形地貌构成了复杂多样的生态系统及生境分化中心，成为我国乃至整个欧亚大陆生物多样性最丰富、特有性最高的地区，是全球生物多样性的 25 个热点地区之一。该地区特殊的地理地质演化历史和地貌特征，构成了欧亚大陆耐寒动物群与中南半岛热带亚热带动物群联汇、迁移的重要通道，在中国动物地理中占有不可替代的重要作用。云南省西北部位于横断山中下部地区，大绒鼠在该地区都有分布，而且该地区海拔变化剧烈、气候多变、多为高山峡谷，为大绒鼠的表型分化提供了条件。

动物对环境变化的表型可塑性和适应策略是生理生态学研究的主要目标之一。所谓表型可塑性是指同一基因型在不同环境条下而产生多种不同表型的反应能力。横断山区是古北界寒带物种南迁、中南半岛热带物种北移的交汇地，地势西高东低、海拔变化剧烈、自然环境的地带性和非地带性变化明显，生活在这里的大绒鼠为了适应多样的环境，可能出现不同的表型。整合生物学是一门从多学科角度出发认识和理解生命科学问题，并使用多种方法和手段研究和解决生命科学问题的新兴学科。本书通过整合大绒鼠的生理学、形态学和行为学特征，阐明横断山区大绒鼠表型可塑性的变化，有助于阐明大绒鼠对该地区的适应对策，具有重要的生态学和进化意义。

本书共有 12 章，包括第 1 章绪论，第 2 章大绒鼠能量代谢和产热特征的研究，第 3 章大绒鼠能量代谢调节的节律性研究，第 4 章不同温度条件下大绒鼠能量代谢的研究，第 5 章光照对大绒鼠能量代谢的影响，第 6 章食物对大绒鼠能量代谢的影响，第 7 章运动、外源激素等对大绒鼠能量代谢的影响、第 8 章血清瘦素与下丘脑神经肽（NPY、AgRP、POMC、CART）对大绒鼠体重和能量代谢的调节、第 9 章大绒鼠繁殖生物学的研究、第 10 章大绒鼠持续能量摄入的研究、第 11 章大绒鼠分子生态学的研究、第 12 章绒鼠属的生态分化。本书将从不同组织层次、不同学科对大绒鼠的生存策略进行阐述。

由于大绒鼠生理生态学内容都是在本研究组之前的研究基础上总结出来的，有些实验可能还存在不足，加之作者所看到的各种文献和写作水平均有限，不当之处，希望读者批评指正。

目　录

缩 略 词

缩略词	英文全称	中文全称
A	adenine	腺嘌呤
AgRP	agouti related peptide	刺鼠相关肽
BAT	brown adipose tissue	褐色脂肪组织
BMR	basal metabolic rate	基础代谢率
bp	base pair	碱基对
C	cytosine	胞嘧啶
CART	cocaine and amphetamine regulated transcript peptide	可卡因-苯丙胺转录调节肽
COX	cytochrome c oxidase	细胞色素 c 氧化酶
Cyt b	cytochrome b	细胞色素 b
DEI	digestible energy intake	消化能
DMI	dry matter intake	干物质摄入
EWL	evaporative water loss	蒸发失水
G	guanine	鸟嘌呤
GEI	gross energy intake	摄入能
Hd	haplotype diversity	单倍型多样性
MEO	milk energy output	泌乳能量输出
ML	maximum likelihood	最大似然法
MMR	maximum metabolic rate	最大代谢率
MP	maximum parsimony	最大简约法
NJ	neighbor joining	邻接法
NPY	neuropeptide Y	神经肽 Y
NST	non-shivering thermogenesis	非颤抖性产热
POMC	proopiomelanocortin	阿黑皮素原
RMR	resting metabolic rate	静止代谢率
SEI	sustained energy intake	持续能量摄入
T	thymine	胸腺嘧啶
TNZ	thermal neutral zone	热中性区
Ts	transition	转换
Tv	transversion	颠换
UCP1	uncoupling protein 1	解偶联蛋白 1
α-PGO	α-glycerophophate oxidase	α-磷酸甘油氧化酶

第1章 绪　论

目前，全球气候变化已经明显影响生物多样性和生境状况。例如，全球气候变化已经显著影响生物的分布（Thuiller et al.，2005）、海平面上升（Wilson et al.，1999）、生态环境（Davies et al.，2006）和物候学特征（Menzel et al.，2006）。与全球气候变化相联系和应答（responsiveness）的生物特征包括生态耐受性，如栖息地或生态位宽度（Julliard et al.，2003）；对温度的敏感性，如内温、外温动物的产热范围、最大产热能力及间接相关的纬度或海拔等（Stillman，2003；Rowan，2004）；生活史特征，如身体大小、世代时间、扩散能力等（Perry et al.，2005）；行为特征，如迁徙范围（Jenni & Kery，2003）。这些都会影响啮齿动物。

表型可塑性是物种适应性进化的一个重要方面，而表型可塑性变异的适应意义和价值也是生态学家和进化生物学家十分关注的问题，并存在很多争论。首先需要明确的是，并不是所有的表型可塑性变异都是适应性的，多数性状的变异可能是因为机体的生化、生理或发育过程被迫受到影响，是“被动的”反应，但也确实存在一些适应性可塑性变异的例子，如植物的“避阴”反应、对抗食草动物和病原体的可塑性反应等。种群水平和物种水平上的比较研究显示，个体的表型可塑性对其生态和进化模式有重要影响，具有高可塑性的物种往往是“生态泛化者”，对不同生境条件具有广泛的耐受性，因而分布范围广；而可塑性能力有限的物种其生态分布就会被限制在一个较小的范围内。可塑性对加强物种抵御骤然环境变化（如人类干扰）的能力有特殊意义，因为这种环境变化不仅发生速度快，而且多数情况下产生生物有机体从未经历过的新生境，如果没有足够的可塑性能力，种群的稳定性将受到严重影响，甚至导致其灭绝（Wilson et al.，2005）。因此，可塑性赋予了特定基因型的个体一定的适应性弹性，有助于提高种群的生存能力；不仅如此，目前还逐步认识到可塑性反应并非仅仅是对局部异质生境适应状态的暂时调整，其结果有可能影响物种或种群后续的选择进化（Wilson et al.，2005）。

小型啮齿动物的能量代谢对策决定了生态系统的物种分布和丰富度，并在动物的繁殖成功率、生存适应能力等方面起着重要作用（Bozinovic & Rosenmann，1989；Bozinovic，1992）。能量的获取和消耗之间的平衡对脊椎动物的生存、生长及繁殖至关重要，这种平衡依赖于能量的摄入、处理、分配与消耗之间的平衡（Karasov，1986）。小型哺乳动物的代谢产热特征和体温调节与其能量利用、分配、生活史对策及其进化途径等方面密切相关，反映了动物对环境的适应模式和生存能力（MacNab，1997；Arends & MacNab，2001）。能量收支的生理学调节机制的不同可能导致动物能量利用模式和生活史特征的不同，因此基础代谢率（basal metabolic rate，BMR）或静止代谢率（resting metabolic rate，RMR）也成为影响动物生长和繁殖过程中能耗的生理因素（Derting & Austin，1998）。其中基础代谢率是生理生态学中的重要指标，能反映不同物种和个体之间的能量消耗水平，在动物适应环境的过程中具有重要的意义（MacNab，1997；O'Connor et al.，2007），受温度、食物、动物的活动性等多个因素影响（Brown et al.，2004；Anderson et al.，2006；Terblanche et al.，2007）。非颤抖性产热（non-shivering thermogenesis，NST）是小型哺乳动物适应严寒环境的有效而经济的产热方式（Jansky，1973），许多小型哺乳动物在低温驯化时显示 NST 增加（Himms-Hagen，1986）。最大代谢率表现为短时间的能量收支，它同样影响动物的存活率，包括抵抗寒冷、逃避天敌和捕获猎物，冷诱导最大代谢率（maximum metabolic rate，MMR）受多种因素的影响（王玉山等，2002）。

在季节性环境中，动物改变行为和生理的特征主要包括繁殖、产热、能量摄入、消化道形态和体重等（Rousseau et al.，2003；Bozinovic，1992；王德华和王祖望，2000；Wang et al.，2003a，2003b）。能量需求受到许多因素的影响，如分类地位、个体大小、栖息环境和食性等（Nagy et al.，1999；Bacigalupe & Bozinovic，2002）。动物的消化道容纳和处理食物的能力，以及消化和吸收营养物质的能力是限制其能量收支的重要因素，特别是 Starch（1999）提出消化道的长度是能量摄入的关键，并引起学者对消化道和能量收支关系研究的广泛重视（McWilliams & Karasov，2001；Naya & Bozinovic，2004）。

横断山区（北纬 22°～32°5′，东经 97°～103°）是我国特有的高山峡谷地区，与世界其他的峡谷不同。早古生代时期，横断山区还是浅海区，晚古生代开始发生分异，经泥盆-石炭纪时期、二叠纪时期、三叠纪时期的演化，在三叠纪末已基本抬升成陆，随着印度洋板块的北移，并最终和亚洲大陆碰撞。随着青藏高原的形成，在强烈的南北向挤压下，青藏高原本部的物质向横断山区蠕散和滑移，以及它本身的叠覆和深部物质的转化，地壳不断增厚，地形升高，于是横断山区形成了现在的地形地貌（潘裕生，1989）。该地区地势由北而南倾斜，海拔不等，相对高差较大，地区内岭谷众多，这样的地形因素制约着水分、温度的分配，使得该地区具有地形多样性和气候多样性的特点。横断山区一直被认为是生物多样性最为丰富的地区之一。横断山区处于东亚、南亚和青藏高原的生物地理界的交汇处，哺乳动物种类丰富，特有种类和古老种类比例高。被誉为“第四纪冰期动物的避难所”，同时特殊的地理条件使该地区成为“南北动物迁移和扩散的走廊和通道”（冯祚建等，1986）。

由于横断山区特殊的地形、气候，小型兽类的分布在该地区是不均匀的，与纬度的高低有着密切的关系（龚正达等，2003），其地带性分布规律有明显沿纬度分配的特征。对于纬度相当的地区，小型兽类的分布主要取决于当地的湿度条件。同时，横断山区是地球上仅存的重要的生物多样性地区之一，是很多动物生活的场所，尤其是啮齿动物，很大部分集中分布在该地区，其中还有一些我国特有种，如高山姬鼠（*Apodemus chevrieri*）。众多的哺乳区系研究结果表明，该地区海拔

3000m 以下的地区保留了较古老的喜热动物类群，而高海拔地区则侵入了较丰富的北方喜冷科属物种，为中国哺乳动物区系组成的缩影，对这一地区的动物演化历史的研究具有十分重要的意义。

因此这一地区一直被科学家们视为生物多样性最具特色的一个区域（Naya & Bozinovic，2004），并被中国科学院生物多样性委员会列入中国 17 个“陆地生物多样性保护关键地区”中最重要的一个。保护国际（Conservation International）认为这个区域是全球 25 个生物多样性的热点地区之一。

目前，人畜共患疾病，尤其是野生动物与人类共患疾病，是严重威胁人类社会安全的重要因素之一。云南省地处低纬高原，地理位置特殊，地形地貌复杂，全省气候类型丰富多样，被誉为“动物王国”。在云南存在很多啮齿动物，其中一部分就携带汉坦病毒和鼠疫病毒。据研究，宿主本身的特点和汉坦病毒有着一定的联系。汉坦病毒的感染可能与宿主的数量、分布、活动频率、密度高低和敏感性有关（Buceta et al.，2004）；同时宿主的感染还与其性别等（Engelthaler et al.，1999）有着密不可分的关系。这些在对欧洲鼾的研究中有很多报道（Gert et al.，2003）；还有研究报道汉坦病毒感染宿主是由宿主动物生存环境决定的（汤芳和曹务春，2003），主要包括宿主栖息繁殖产所、食物及水文状况。其中绒鼠和姬鼠是野外农田耕作区汉坦病毒等主要宿主和传染源。大绒鼠（*Eothenomys miletus*）不仅传播汉坦病毒，它还是滇西纵谷型鼠疫的主要动物宿主，是当地主要害鼠。

目前，有关大绒鼠生理生态特征的报道有对大绒鼠的体温调节和产热特征（王政昆等，1999；朱万龙等，2008a）、饲养行为观察（杨士剑和苏铁宁，1999）、蒸发失水（朱万龙等，2008b；Zhu et al.，2008）、低温环境的能量利用（朱万龙等，2008c，2008d，2008e）、体重的季节性变化（朱万龙等，2008f）、消化道的季节性变化（朱万龙等，2009）、最大代谢率的季节性变化（朱万龙等，2010）等。本研究以栖息于横断山区的大绒鼠为对象，从个体、器官、细胞及激素水平对其在野外和实验室条件下能量对策及生态适应性特征进行了测定。为探讨该地区小型哺乳动物的生理生态适应特征提供一些基础材料，并为滇西纵谷型鼠疫、汉坦病毒及当地鼠害的防治提供一些参考。

本书将从大绒鼠能量代谢和产热特征的研究、大绒鼠能量代谢调节的节律性研究、不同温度条件下大绒鼠能量代谢的研究、光照对大绒鼠能量代谢的影响、食物对大绒鼠能量代谢的影响、运动及外源激素等对大绒鼠能量代谢的影响、血清瘦素与下丘脑神经肽（NPY、AgRP、POMC、CART）对大绒鼠体重和能量代谢的调节、大绒鼠繁殖生物学的研究、大绒鼠持续能量摄入的研究、大绒鼠分子生态学的研究和绒鼠属的生态分化等方面对该物种进行逐步介绍。

参考文献

冯祚建，蔡桂全，郑昌琳. 1986. 西藏哺乳类[M]. 北京：科学出版社.

龚正达，吴厚永，段兴德，等. 2003. 云南横断山区小型兽类物种多样性与地理分布趋势[J]. 生物多样性，9（1）：73-79.
潘裕生. 1989. 横断山区地质构造分区[J]. 山地研究，7（1）：2-4.
汤芳，曹务春. 2003. 汉坦病毒宿主动物生态流行病学研究进展[J]. 中国媒介生物学及控制杂志，14（4）：315-317.
王德华，王祖望. 2000. 高寒地区根田鼠的体温调节与蒸发失水[J]. 兽类学报，20（1）：37-47.
王玉山，王祖望，王德华，等. 2002. 哺乳动物最大代谢率的研究进展[J]. 兽类学报，22（3）：305-317.
王政昆，刘璐，李庆芬，等. 1999. 大绒鼠体温调节和产热特征[J]. 兽类学报，19（4）：276-286.
杨士剑，苏铁宁. 1999. 大绒鼠的饲养和行为学观察[J]. 云南师范大学学报，19（3）：49-54.
朱万龙，谢静，王蓓，等. 2008a. 横断山四种小型哺乳动物的基础代谢率的比较研究[J]. 云南师范大学学报，28（6）：50-54.
朱万龙，杨永宏，贾婷，等. 2008b. 横断山两种小型哺乳动物的蒸发失水与体温调节[J]. 兽类学报，28（1）：65-74.
朱万龙，贾婷，李宗翰，等. 2008c. 冷驯化条件下大绒鼠的产热和能量代谢特征[J]. 动物学报，54（4）：590-601.
朱万龙，王海，贾婷，等. 2008d. 冷驯化对大绒鼠和高山姬鼠肝脏线粒体呼吸的影响[J]. 四川动物，27（3）：371-377.
朱万龙，贾婷，徐伟江，等. 2008e. 冷驯化对大绒鼠代谢率的影响[J]. 云南师范大学学报，28（3）：53-56.
朱万龙，贾婷，刘春燕，等. 2008f. 横断山区大绒鼠体重和身体能值的季节变化[J]. 动物学杂志，43（4）：134-138.
朱万龙，贾婷，练硝，等. 2010. 横断山脉大绒鼠最大代谢率的季节性差异[J]. 生态学报，30（5）：1133-1139.
朱万龙，贾婷，王睿，等. 2009. 大绒鼠消化道形态的季节变化[J]. 动物学杂志，44（2）：121-126.
Anderson KJ，Allen AP，Gillooly JF，et al. 2006. Temperature-dependence of biomass accumulation rates during secondary succession[J]. Ecology Letters，9（6）：673-682.
Arends A，MacNab BK. 2001. The comparative energetics of ‘caviomorph’ rodents[J]. Comparative Biochemistry and Physiology A-molecular & Integrative Physiology，130（1）：105-122.
Bacigalupe LD，Bozinovic F. 2002. Design，limitations and sustained metabolic rate：lessons from small mammals[J]. Journal of Experimental Biology，205（19）：2963-2970.
Bozinovic F. 1992. Rate of basal metabolism of grazing rodents from different habitats[J]. Journal of Mammalogy，73（2）：379-384.
Bozinovic F，Rosenmann M. 1989. Maximum metabolic rates of rodents：physiological and ecological consequences on distribution limits[J]. Functional Ecology，3（2）：173-181.
Brown JH，Gillooly JF，Allen AP，et al. 2004. Toward a metabolic of ecology[J]. Ecology，85（7）：1771-1789.
Buceta J，Escudero C，Rubia FJ，et al. 2004. Outbreaks of Hantavirus induced by seasonality[J]. Physical Review E，69（2）：021906.
Davies ZG，Wilson RJ，Coles S，et al. 2006. Changing habitat associations of a thermally constrained species，the silver-spotted skipper butterfly，in response to climate warming[J]. Journal of Animal Ecology，75（1）：247-256.
Derting TL，Austin MW. 1998. Changes in gut capacity with lactation and cold exposure in a species

with low rate of energy use，the pine vole（*Microtus pinetorum*）[J]. Physiological Zoology，71（6）：611-623.

Engelthaler DM，Mosley DG，Cheek JE，et al. 1999. Climatic and environmental patterns associated with hantavirus pulmonary syndrome，Four Corners Region，United States[J]. Emerging Infectious Diseases，5（1）：87-94.

Gert EO，Clas A，Fredrik E，et al. 2003. Hantavirus antibody occurrence in bank voles（*Clethrionomys Glareolus*）during a vole population cycle[J]. Journal of Wildlife Diseases，39（2）：299-305.

Himms-Hagen J. 1986. Brown adipose tissue and cold-acclimation[M]//Trayhurn P，Nicholls D G. Brown Adipose Tissue. London：Edward Arnold，214-268.

Jansky L. 1973. Non-shivering thermogenesis and its thermoregulatory significance[J]. Biological Reviews，48（1）：85-132.

Jenni L，Kery M. 2003. Timing of autumn bird migration under climate change：advances in long-distance migrants，delays in short-distance migrants[J]. Proceedings of the Royal Society of London Series B，270（1523）：1467-1471.

Julliard R，Jiguet F，Couvet D. 2003. Common birds facing global changes：what makes a species at risk?[J]. Global Change Biology，10：148-154.

Karasov WH. 1986. Energetics，physiology and vertebrate ecology[J]. Trends in Ecology & Evolution，1（4）：101-104.

MacNab BK. 1997. On the utility of uniformity in the definition of basal rate of metabolism[J]. Physiological Zoology，70（6）：718-720.

McWilliams SR，Karasov WH. 2001. Phenotypic flexibility in digestive system structure and function in migratory birds and its ecological significance[J]. Comparative Biochemistry and Physiology Part A，128（3）：579-593.

Menzel A，Sparks TH，Estrella N，et al. 2006. European phenological response to climate change matches the warming pattern[J]. Global Change Biology，12（10）：1969-1976.

Nagy KA，Girard IA，Brown TK. 1999. Energetics of free-ranging mammals，reptiles and birds[J]. Annual Review of Nutrition，19：247-277.

Naya DE，Bozinovic F. 2004. Digestive phenotypic flexibility in post metamorphic amphibians：studies on a model organism[J]. Biological Research，37（3）：365-370.

O'Connor MP，Kemp SJ，Agosta SJ，et al. 2007. Reconsidering the mechanistic basis of the metabolic theory of ecology[J]. Oikos，116（6）：1058-1072.

Perry AL，Low PJ，Ellis JR，et al. 2005. Climate change and distribution shifts in marine fishes[J]. Science，308（5730）：1912-1915.

Rousseau K，Actha Z，Loudon ASI. 2003. Leptin and seasonal mammals[J]. Journal of Neuroendocrinology，15（4）：409-414.

Rowan R. 2004. Coral bleaching：thermal adaptation in reef coral symbionts[J]. Nature，430（7001）：742.

Starck JM. 1999. Structural flexibility of the gastro-intestinal tract of vertebrates—Implications for evolutionary morphology[J]. Zoologischer Anzeiger，238（1/2）：87-101.

Stillman JH. 2003. Acclimation capacity underlies susceptibility to climate change[J]. Science，301（5629）：65.

Terblanche JS，Janion C，Chown SL. 2007. Variation in scorpion metabolic rate and rate-temperature relation：implications for the fundamental equation of the metabolic theory of ecology[J]. Journal compilation，20（4）：1602-1612.

Thuiller W，Lavorel S，Araújo MB，et al. 2005. Climate change threats to plant diversity in Europe[J]. Proceedings of the National Academy of Sciences USA，102（23）：8245-8250.

Wang DH，Pei YX，Yang JC，et al. 2003a. Digestive tract morphology and food habits in six species of rodents[J]. Folia Zoologica，52（1）：51-55.

Wang DH，Wang ZW，Wang YS，et al. 2003b. Seasonal changes of thermogenesis in Mongolian gerbils（*Meriones unguiculatus*）and Brandt's voles（*Microtus brandti*）[J]. Comparative Biochemistry and Physiology Part A Molecular & Integrative Physiology，134A（Suppl.1）：S96.

Wilson JD，Morris AJ，Arroyo B，et al. 1999. A review of the abundance and diversity of invertebrate and plant foods of granivorous birds in northern Europe in relation to agriculture[J]. Agriculture Ecosystems and Environment，75（1/2）：13-30.

Wilson RJ，Gutiérrez D，Gutiérrez J，et al. 2005. Changes to the elevational limits and extent of species ranges associated with climate change[J]. Ecology Letters，8（11）：1138-1146.

Zhu WL，Jia T，Lian X，et al. 2008. Evaporative water loss and energy metabolic in two small mammals，voles（*Eothenomys miletus*）and mice（*Apodemus chevrieri*）in Hengduan mountains region[J]. Journal of Thermal Biology，33（6）：324-331.

第 2 章　大绒鼠能量代谢和产热特征的研究

小型啮齿动物的能量代谢对策对物种的分布、丰富度及动物的繁殖、生存适应等具有重要作用（王德华等，2000）。能量获取与消耗之间的平衡是生命存活及繁殖的关键，能量平衡依赖于食物摄入及消化、产热、生长、繁殖与其他活动的能量分配之间的平衡（Karasov，1986）。当外界环境温度、食物条件发生变化时，动物采取不同水平上的调节，以适应环境的变化，这些变化主要包括形态学、生理学及行为学等方面（Francisco et al.，2007）。在长期进化过程中，各物种形成了适应环境的生存对策，如有些动物在冬季来临之前，将体温调到接近于环境的温度，进入冬眠状态，降低代谢率，并减少能量消耗；而另一些动物则是通过增加代谢率和产热能力来弥补低温环境下的体热丢失，以维持恒定的体温（蔡理全等，1998；李庆芬等，2001）。横断山区地处古北界和东洋界两大区系交汇处，是我国特有的高山峡谷地区；哺乳动物种类丰富，特有种类和古老种类比例高，被誉为“第四纪冰期动物的避难所”（冯祚建等，1986）；同时，该地区是举世瞩目的“南北动物迁移和扩散的走廊和通道”（吴征镒和王荷生，1985）。横断山脉特殊的地质地貌和环境温度等条件的地带性和非地带性变化可能对小型哺乳动物生理生态特征产生不同程度的影响。自 Fulton 提出肥满度（relative fatness）后，肥满度就被作为一个判断动物对环境适应的生理状态和营养状况的综合指标，广泛用于动物生长状况与年龄、性别、环境、季节、种群密度关系和种间种内关系的研究（孙儒泳，1992）。本章主要介绍了大绒鼠能量代谢和肥满度的季节性变化，其次验证了温度是影响其体重变化的一个重要的生态因子，最后介绍了在不同温度条件下其生化指标或者激素水平的变化情况，以及如何调节大绒鼠在该环境条件下的生存适应策略。

2.1　基本生理学研究

2.1.1　体温调节和产热特征

大绒鼠的 RMR 在 25℃以下随环境温度（T_a）增加而降低（图 2.1），其 RMR 与 T_a 呈线性相关关系。对各个温度点进行重复测量设计的方差分析结果表明，当 T_a 在 22.5～30℃时，大绒鼠 RMR 差异不显著，因此大绒鼠的热中性区（thermal neutral zone，TNZ）为 22.5～30℃。

大绒鼠的蒸发失水（evaporative water loss，EWL）在热中性区以下基本维持在相对稳定的水平（图 2.2），平均为 3.65mg H_2O/（g·h），TNZ 以内及超过 TNZ，EWL 逐渐增加，35℃达高峰值，为 4.78mg H_2O/（g·h）。

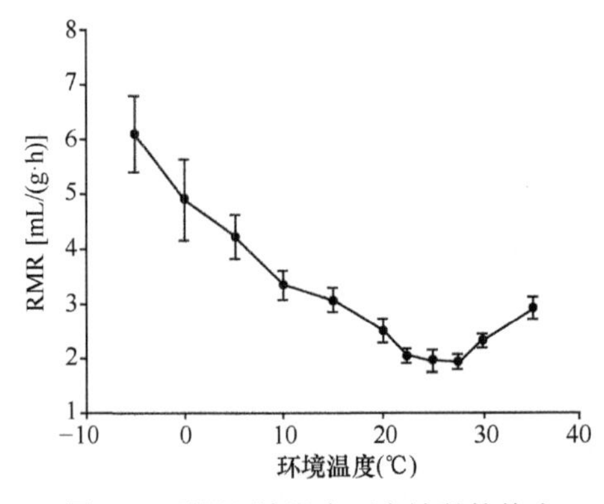

图 2.1　不同环境温度下大绒鼠的静止代谢率（Zhu et al.，2008）

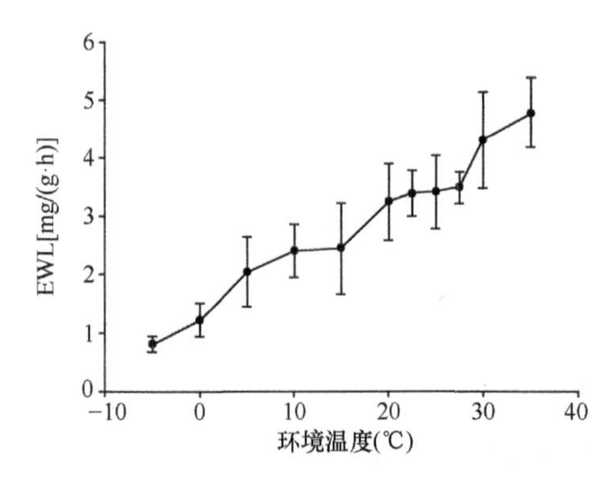

图 2.2　不同环境温度下大绒鼠的蒸发失水（Zhu et al.，2008）

Kleiber（1961）提出大绒鼠的体重预测百分数为 142.72%，Herreid 和 Kessel（1967）提出大绒鼠的体重预测百分数为 151.15%（表 2.1）。

表2.1　大绒鼠能量参数（Zhu et al.，2008）

参数	测量值	预测值*	预测百分数（%）
体重（g）	41.23		
基础代谢率 BMR［mL O_2/（g·h）］	1.93	1.36	142.72
热传导率 C［mL O_2/（g·h·℃）］	0.23	0.16	151.15
体温 T_b（℃）	35.75		

*$BMR = 3.42W^{-0.25}$（Kleiber，1961）；$C = 1.0W^{-0.5}$（Herreid & Kessel，1967）

对云南横断山 4 种小型哺乳动物的产热及蒸发失水特征进行比较（Zhu & Wang，2012；李晓婷等，2009；谢静等，2010）（表 2.2）可知，大绒鼠的生理指标刚好介于由南向北扩散的中缅树鼩和由北向南扩散的两种姬鼠之间，很可能代表了横断山区固有物种的生理特征。

表2.2　云南横断山4种小型哺乳动物产热及蒸发失水特征比较

	大绒鼠（横断山固有种）	高山姬鼠（横断山适应种）	中华姬鼠（由北向南扩散种）	中缅树鼩（热带种类）
TNZ（℃）	22.5～30	20～27.5	20～30	30～35
BMR［mL O_2/（g·h）］	1.92±0.17	4.09±0.13	3.17±0.08	1.38±0.03
C［mL O_2/（g·h·℃）］	0.23±0.08	0.25±0.06	0.16±0.02	0.11±0.01
EWL［mg H_2O/（g·h）］	4.78±0.60	4.93±0.42	3.17±0.57	3.88±0.41

从大绒鼠的体温调节和产热特征上可以明显发现其有以下几点特征：①大绒鼠的体温较其他田鼠类物种要低，这可能是因为横断山区日温差较大，其每天都要经历高温和低温的胁迫，因此在夜晚出来活动时，环境温度较低，大绒鼠需要

降低自身的体温来减少与环境温度的梯度差，从而节省自身的能量消耗；②大绒鼠的热中性区较窄，这可能和横断山区年温差较小有关，虽然之前提到过每天的温差变化较大，但是大绒鼠可以通过降低体温或者增加代谢率来适应低温环境，通过增加蒸发失水来适应高温环境；③大绒鼠的基础代谢率是高于其体重预期值的，这可能是因为横断山区地处低纬度、高海拔地区，整体的环境温度较低。大绒鼠需要高的代谢率来维持其生存。此外，蒸发失水产热在大绒鼠的整个产热能力中起着重要的作用。而比较本研究组的 4 种小型哺乳动物的体温调节和产热特征不难看出，大绒鼠体现出了明显的适应横断山区的固有特征，即很多特征都是介于由南向北扩散的物种（中缅树鼩）和由北向南扩散的物种（高山姬鼠和中华姬鼠），表现出了过渡性特征。

2.1.2　代谢率与器官的关系

大绒鼠的 BMR 为 77.99mL O_2/h，MMR 为 252.97mL O_2/h。各器官的重量及其与体重之间的回归关系见表 2.3，其中多数器官的重量与体重显著相关。通过比较 BMR、MMR 和各器官残差的相关性，发现 BMR 残差与任意器官重量的残差之间相关性不显著。MMR 残差只与肾脏湿重残差之间相关性显著，与其他器官则没有相关性。MMR 的残差与消化道全长的残差也具有显著的相关性。

表2.3　大绒鼠BMR和MMR与器官对体重的异速增长方程（$y=ax^b$）（朱万龙等，2010a）

参数	平均值	标准差	lg*a*	*b*	R^2	*P*
体重（g）	39.56	2.430				
BMR（mL O_2/h）	77.99	3.170	6.10	−0.480	0.5400	0.059
MMR（mL O_2/h）	252.97	29.540	5.42	−0.430	0.1860	0.333
胴体重（g）	29.99	4.920	2.25	−0.620	0.8310	0.042
心脏湿重（g）	0.23	0.020	1.18	−0.720	0.3510	0.016
心脏干重（g）	0.04	0.010	1.45	−1.250	0.3510	0.161
肺湿重（g）	0.31	0.040	0.69	−0.300	0.0230	0.745
肺干重（g）	0.07	0.004	−0.06	−0.720	0.5020	0.075
肝脏湿重（g）	1.53	0.200	6.60	−1.680	0.7220	0.015
肝脏干重（g）	0.38	0.040	1.08	−0.560	0.3230	0.047
BAT 湿重（g）	0.18	0.040	3.25	−1.240	0.4620	0.029
BAT 干重（g）	0.01	0.002	0.49	−1.370	0.2360	0.026
脑湿重（g）	0.75	0.070	−1.06	0.210	0.1750	0.777
脑干重（g）	0.20	0.030	1.45	−0.610	0.2430	0.261
肾脏湿重（g）	0.18	0.020	3.72	−1.480	0.0257	0.012
肾脏干重（g）	0.04	0.003	−0.96	−0.620	0.3350	0.017
胃长（cm）	3.10	0.160	1.68	−0.150	0.1820	0.696

续表

参数	平均值	标准差	lg*a*	*b*	R^2	*P*
胃湿重（g）	0.40	0.040	2.44	−0.910	0.0342	0.016
胃干重（g）	0.10	0.020	2.00	−1.200	0.2840	0.053
小肠长度（cm）	39.44	2.450	6.43	−0.750	0.5720	0.491
小肠湿重（g）	0.67	0.060	−3.40	0.820	0.2820	0.220
小肠干重（g）	0.03	0.004	2.02	−1.510	0.2980	0.204
盲肠长度（cm）	10.86	1.480	5.28	−0.079	0.3500	0.440
盲肠湿重（g）	0.42	0.040	−0.46	−0.110	0.6950	0.882
盲肠干重（g）	0.04	0.010	2.76	−1.640	0.6800	0.093
大肠长度（cm）	18.14	1.890	4.11	−0.330	0.1960	0.673
大肠湿重（g）	0.33	0.040	1.44	−0.700	0.1430	0.403
大肠干重（g）	0.04	0.010	−2.71	−0.120	0.0010	0.949
消化道长度（cm）	71.54	4.330	6.55	−0.620	0.4210	0.041
消化道湿重（g）	1.82	0.110	0.53	−0.310	0.1080	0.471
消化道干重（g）	0.21	0.030	2.01	−0.980	0.1380	0.411
P1（中心系统）（g）	3.35	0.180	5.74	−1.420	0.7520	0.011
P2（其他器官）（g）	1.65	0.080	1.75	−0.340	0.4020	0.037
P3（胴体）（g）	29.99	4.920	2.25	−0.620	0.8310	0.042

注：消化道长度、总湿重和总干重分别为胃、小肠、盲肠和大肠长度，湿重和干重的总和；P1为胃、小肠、盲肠、大肠和肝脏的湿重总和；P2为脑、心脏、肺、肾脏和褐色脂肪组织（brown adipose tissue，BAT）的湿重总和；P3为胴体重

Speakman 和 Johnson（2000）将器官划分为 5 种组别，并将每种组别的器官或组织的重量合并作为一个组分分析。研究中参考其划分方法分为 3 种组分，分别是中心系统（胃、小肠、盲肠、大肠和肝脏）、胴体（胴体重）和其他器官（心脏、肺、脑、BAT 和肾脏）。分别计算这 3 种组分对体重的残差（表 2.3），没有发现与 BMR 或 MMR 残差之间有相关性。在实验中，BMR 与 MMR 之间的相关性不显著，BMR 与 MMR 残差之间的相关性也不显著。

大绒鼠的代谢率与器官的关系研究表明：① BMR 残差与任意器官重量的残差之间相关性不显著，说明大绒鼠种群个体差异较小；② MMR 残差只与肾脏湿重和消化道全长相关性显著，支持“中央限制假说”；③ BMR 残差与 MMR 残差相关性不显著，本研究结果不支持“较高的基础代谢率能够产生较高的非基础代谢率”的假设。

2.1.3 肥满度的初步研究

对 2006 年至 2007 年 209 只大绒鼠的肥满度统计结果显示，其肥满度变动幅度较大，变幅为 1.23～4.91g/cm^3，总平均肥满度为（2.67±0.66）g/cm^3。其中，雌鼠肥满度平均为（2.72±0.06）g/cm^3，雄鼠肥满度平均为（2.61±0.07）g/cm^3，

差异不显著（表 2.4）。

表2.4　大绒鼠不同性别肥满度的变化（朱万龙等，2009a）

年度	性别	样本（只）	范围（g/cm^3）	肥满度平均值±标准误（g/cm^3）	标准差（g/cm^3）	t 检验
2006	♀	60	2.51～2.87	2.69±0.09	0.70	$t = 0.691 < t_{0.05}$
	♂	50	2.43～2.78	2.60±0.09	0.62	
2007	♀	57	2.58～2.80	2.74±0.08	0.66	$t = 0.929 < t_{0.05}$
	♂	42	2.39～2.84	2.61±0.11	0.73	

对不同年龄组的大绒鼠肥满度进行比较。其中，未成年雌鼠肥满度平均为（2.77±0.10）g/cm^3，成年雌鼠肥满度平均为（2.67±0.08）g/cm^3。未成年雄鼠肥满度平均为（2.67±0.11）g/cm^3，成年雄鼠肥满度平均为（2.56±0.09）g/cm^3。未成年鼠肥满度种平均为（2.73±0.07）g/cm^3，成年鼠肥满度总平均为（2.63±0.06）g/cm^3，成年鼠和未成年鼠肥满度之间差异不显著（表 2.5）。

表2.5　大绒鼠不同年龄肥满度的变化（朱万龙等，2009a）

	♀		♂	
	未成年鼠	成年鼠	未成年鼠	成年鼠
样本数（只）	35	82	38	54
平均值±标准误（g/cm^3）	2.77±0.10	2.67±0.08	2.67±0.11	2.56±0.09
标准差（g/cm^3）	0.67	0.63	0.72	0.63
t 检验	$t = 0.784 < t_{0.05}$		$t = 0.755 < t_{0.05}$	

对 2006 年和 2007 年 3 月、6 月、9 月、11 月统计的肥满度结果显示，大绒鼠平均肥满度以 6 月最高，3 月最低。肥满度的季节性变化趋势为：3 月最低，平均为（2.33±0.57）g/cm^3；6 月最高，平均为（3.08±0.67）g/cm^3；9 月较高，平均为（2.93±0.55）g/cm^3；11 月较低，平均为（2.37±0.48）g/cm^3。经单因素方差分析显示，大绒鼠肥满度季节性变化差异极显著。其中，3 月、11 月肥满度差异不显著；6 月、9 月肥满度差异不显著（表 2.6）。

表2.6　大绒鼠肥满度的季节性变化（朱万龙等，2009a）

月份	样本数（只）			肥满度平均值±标准误（g/cm^3）			t 检验
	2006 年	2007 年	合计	2006 年	2007 年	平均值	
3	31	35	66	2.28±0.61	2.39±0.54	2.33±0.57	
6	26	23	49	3.10±0.64	3.05±0.71	3.08±0.67	$t = 6.312 > t_{0.01}$
9	29	25	54	2.88±0.57	2.98±0.54	2.93±0.55	$t = 1.253 < t_{0.05}$
11	24	16	40	2.38±0.46	2.36±0.53	2.37±0.48	$t = 5.210 > t_{0.01}$

以上结果表明，大绒鼠肥满度与性别、年龄无关，而与季节性变化有关。大绒鼠的肥满度在不同季节所表现出的变化模式与其栖息的横断山区环境有关，即夏季环境温度较高、水分较多和食物丰富，而在冬季则出现了相反的情况。

2.2 大绒鼠体重等指标表型研究

2.2.1 大绒鼠体重等指标的季节性变化

大绒鼠体重、胴体重、身体能值均为 6 月最大、3 月最小。经单因素方差分析多重比较（Duncan 法）分析显示，不同季节大绒鼠的体重及胴体重均差异极显著（图 2.3）。不同季节大绒鼠的身体能值差异极显著（图 2.4）。经独立样本 t 检验分析显示，实验室饲养组与冷驯化组大绒鼠的体重、胴体重及身体能值均差异极显著（图 2.5、图 2.6）。不同季节中大绒鼠小肠、大肠和盲肠长度差异均为极显著。小肠、大肠和盲肠长度均为 3 月最高，小肠和盲肠 6 月最低（图 2.7）。

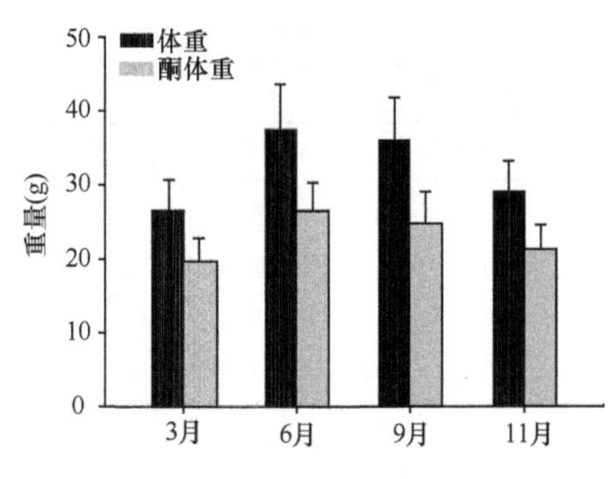

图 2.3 不同季节大绒鼠的体重和胴体重（朱万龙等，2008a）

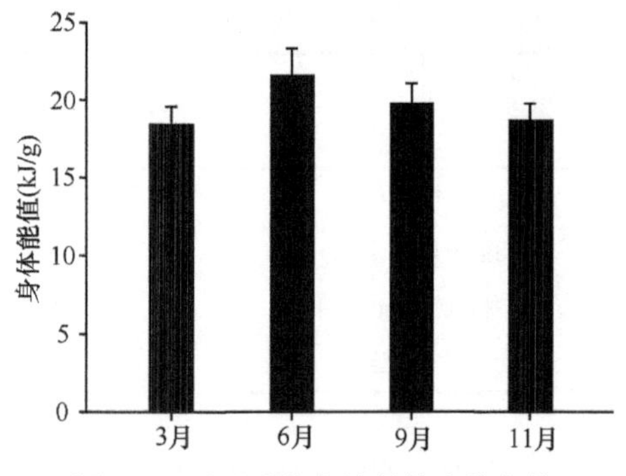

图 2.4 不同季节大绒鼠的身体能值（朱万龙等，2008a）

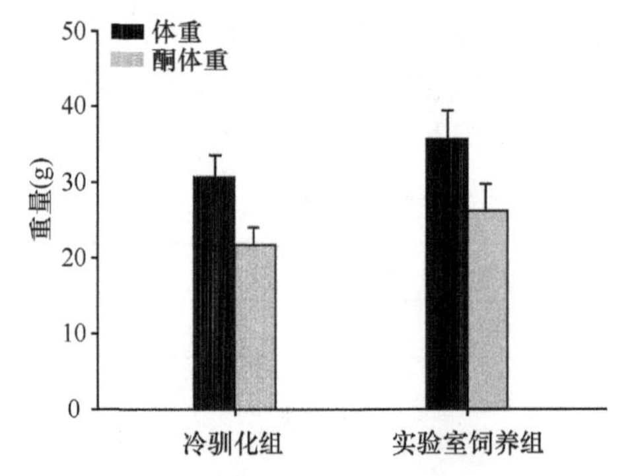

图 2.5 不同处理条件下大绒鼠的体重和胴体重（朱万龙等，2008a）

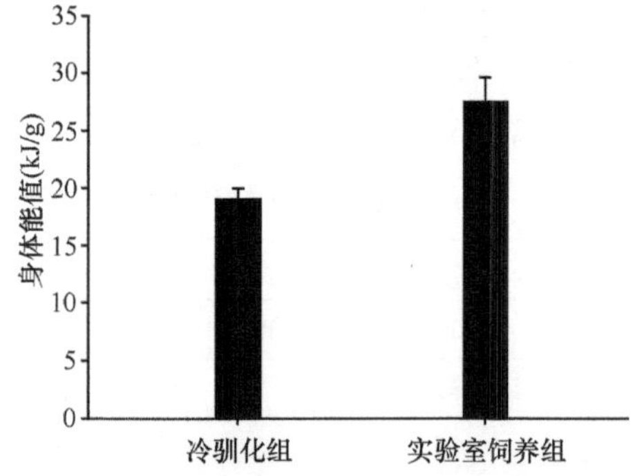

图 2.6 不同处理条件下大绒鼠的身体能值（朱万龙等，2008a）

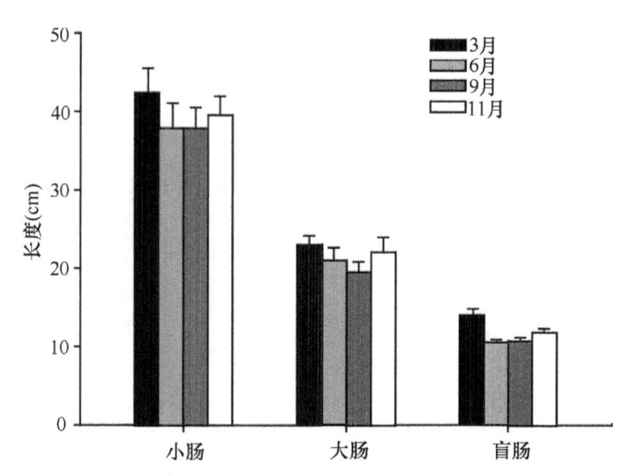

图 2.7　不同季节大绒鼠的小肠、大肠、盲肠长度的比较（朱万龙等，2009b）

不同季节大绒鼠胃、盲肠含内容物重差异均显著；小肠、大肠含内容物重差异均极显著。胃、小肠、大肠含内容物重均为 6 月最高、3 月最低（图 2.8）。不同季节大绒鼠小肠、大肠去内容物重差异均极显著；盲肠去内容物重差异显著；胃去内容物重差异不显著。小肠、大肠去内容物重均为 6 月最高、3 月最低（图 2.9）。不同季节大绒鼠胃干重差异极显著；小肠、大肠干重差异显著；盲肠干重差异不显著。胃、小肠、大肠干重均为 6 月最高、3 月最低（图 2.10）。不同季节大绒鼠小肠、盲肠热值差异均极显著；胃热值差异显著；大肠热值差异不显著（图 2.11）。

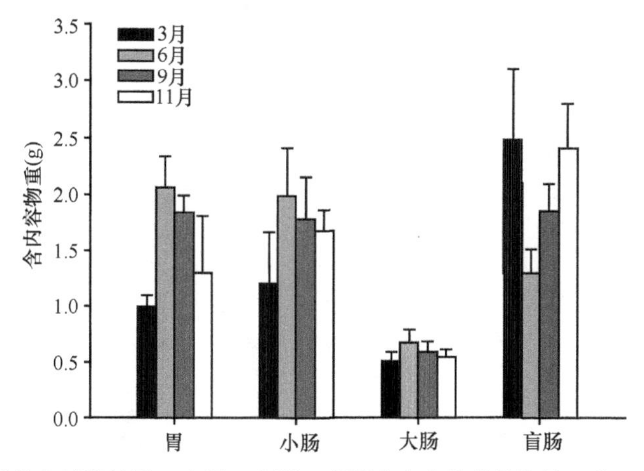

图 2.8　不同季节大绒鼠的胃、小肠、大肠、盲肠含内容物重的比较（朱万龙等，2009b）

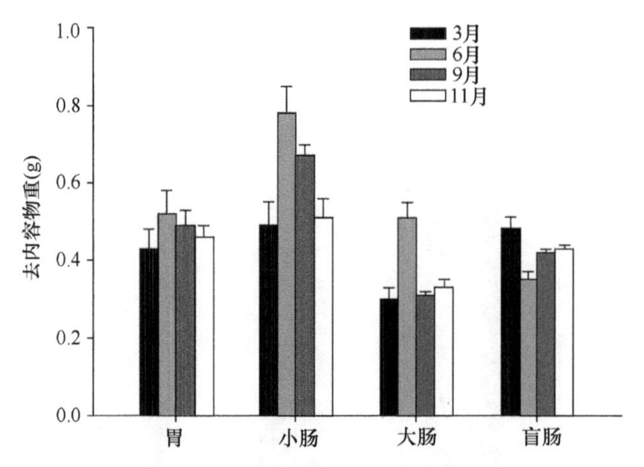

图 2.9　不同季节大绒鼠的胃、小肠、大肠、盲肠去内容物重的比较（朱万龙等，2009b）

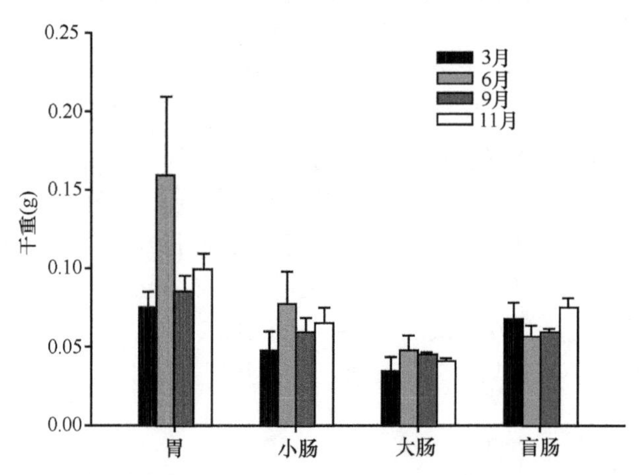

图 2.10　不同季节大绒鼠的胃、小肠、大肠、盲肠干重的比较（朱万龙等，2009b）

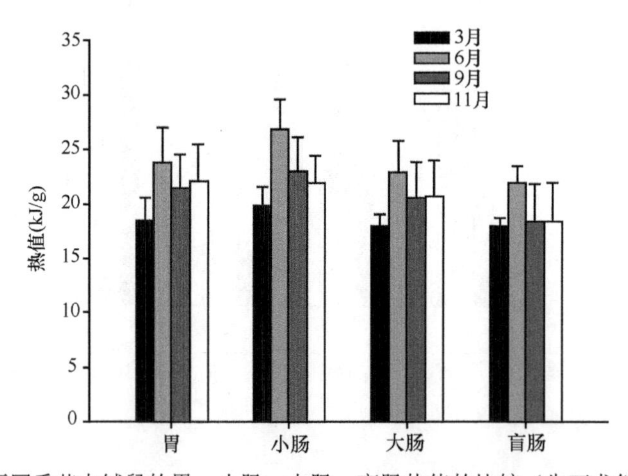

图 2.11　不同季节大绒鼠的胃、小肠、大肠、盲肠热值的比较（朱万龙等，2009b）

大绒鼠的体重调节出现了明显的表型可塑性，即横断山区的季节性变化对其体重调节产生了明显的影响。大绒鼠表现出体重在冬季较低、夏季较高，这和北方小型哺乳动物的季节性体重变化不一样，主要原因可能是冬季环境温度较低，食物较差，大绒鼠需要降低自身体重来减少绝对能量消耗。同时消化道形态也出现了显著的季节性变化，这可能和横断山区环境条件有关，也表现出表型可塑性。此外，通过分析横断山区的气候特点，在实验室条件下也证实了温度是影响大绒鼠体重变化的重要生态因子，也为后续的温度驯化实验提供了理论基础。

2.2.2　大绒鼠产热的季节性变化

大绒鼠夏季的基础代谢率为（1.94±0.19）mL/（g·h），冬季的为（2.17±0.27）mL/（g·h），两者之间差异显著；大绒鼠夏季的非颤抖性产热为（4.36±0.40）mL/（g·h），冬季的为（4.74±0.35）mL/（g·h），两者之间差异显著（图 2.12）。

大绒鼠产热能力的总体季节性变化是冬季产热较高，而夏季较低，其中基础代谢率、非颤抖性产热和冷诱导最大代谢率在冬季较高是因为环境温度较低，大绒鼠需要增加自身的产热能力来维持体温的相对恒定。而运动诱导最大代谢率则没有出现季节性差异，可能是因为大绒鼠的运动能力较差，在实验室驯养期间可以明显地观察到大绒鼠的活动能力显著小于高山姬鼠，低的运动能力也有可能是大绒鼠分布相对较窄的原因之一。

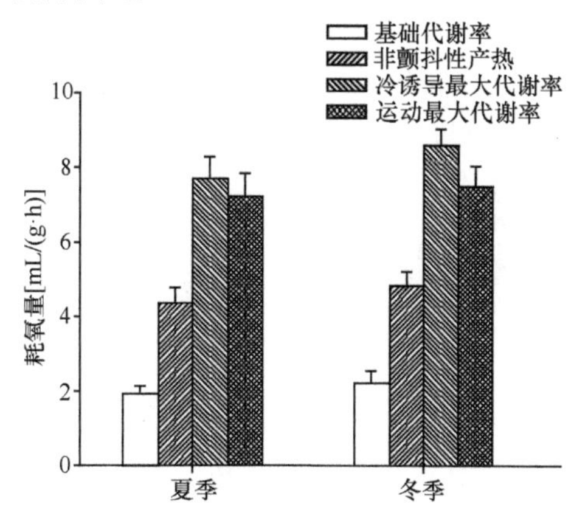

图 2.12　夏冬两季大绒鼠的代谢率比较（朱万龙等，2010b）

2.2.3　温度对大绒鼠产热特征的影响

1. 冷驯化对大绒鼠产热特征的影响

随着冷驯化时间的增加，大绒鼠的体重逐渐降低，大绒鼠体重降低量与对照组（0d）比较差异极显著，28d 最小，28d 后大绒鼠体重有一定的回升；冷驯化 28d 体重平均比对照组降低了（5.64±0.14）g（图 2.13）。

驯化前，大绒鼠的体温差异不显著。随着冷驯化时间的增加，大绒鼠的体温先减小，在 28d 后维持在一个相对平稳的状态，冷驯化 28d 平均体温比对照组降低了（0.98±0.42）℃，冷驯化组与对照组（0d）比较差异极显著（图 2.14）。

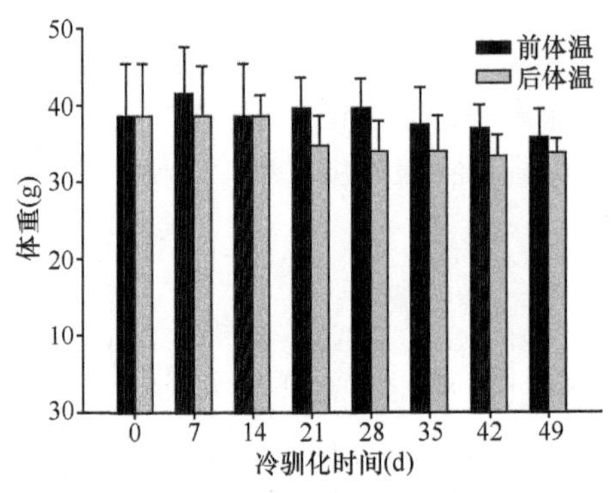

图 2.13　冷驯化前后大绒鼠的体重变化（朱万龙等，2008b）

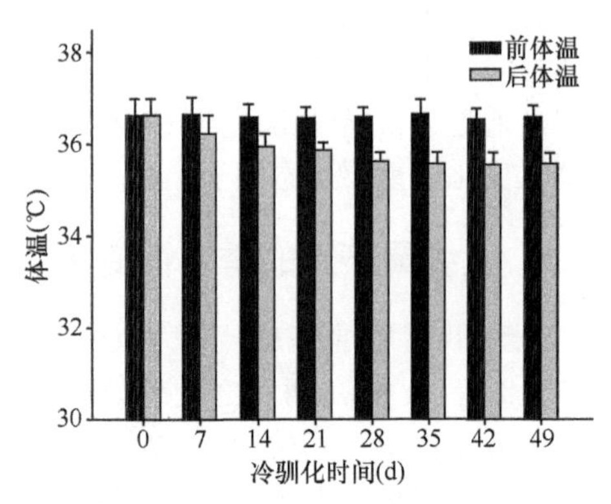

图 2.14　冷驯化前后大绒鼠的体温变化（朱万龙等，2008b）

大绒鼠每日摄入能随冷驯化时间的增加而增加，28d 后维持在稳定水平。冷驯化下每日大绒鼠摄入能差异极显著，28d 后各实验组差异不显著。消化能和可代谢能的变化趋势相同，随冷驯化时间的增加而增加，28d 后维持在稳定水平。单因素方差多重比较分析显示，冷驯化下每日大绒鼠消化能差异极显著，28d 后各实验组消化能差异不显著；冷驯化下每日大绒鼠可代谢能差异极显著，28d 后各实验组可代谢能差异不显著。尿液能和粪便能随冷驯化时间的增加差异不显著（图 2.15）。

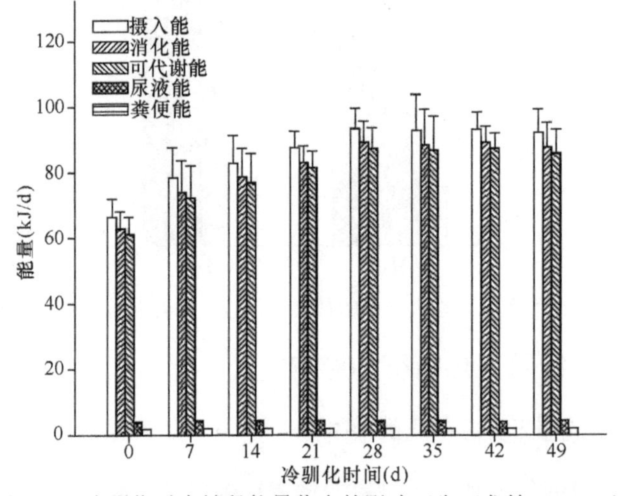

图 2.15　冷驯化对大绒鼠能量收支的影响（朱万龙等，2008b）

驯化前，所有实验组大绒鼠的 BMR 差异不显著。随着冷驯化时间的延长，大绒鼠的 BMR 增加，速度逐步变大，冷驯化 28d 后增速变缓，对照组和冷驯化组 BMR 差异极显著，28d 后各实验组 BMR 差异不显著（图 2.16）。驯化 28d 组 BMR 比对照组平均增加 73.70%。BMR 与冷驯化天数（D）之间的回归关系为 BMR = 2.28 + 0.20D（r = –0.84）。

驯化前，所有实验组大绒鼠的 NST 差异不显著。随着冷驯化时间的延长，大绒鼠 NST 稳步增大，对照组和冷驯化组 NST 差异极显著，28d 后各实验组差异不显著。NST 与 D 的回归关系为 NST = 4.97 + 0.19D（r = –0.74）（图 2.17）。

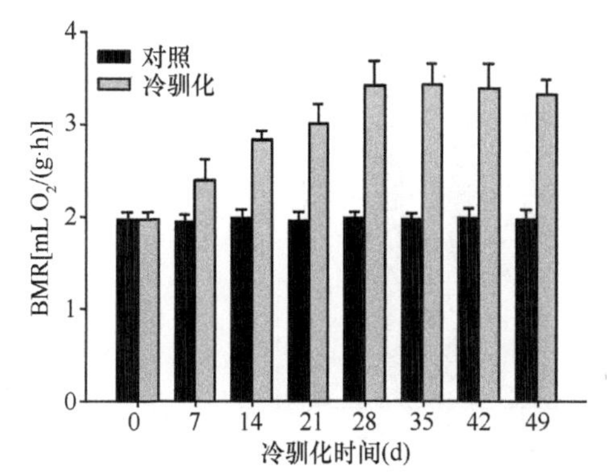

图 2.16　冷驯化对大绒鼠 BMR 的影响（朱万龙等，2008b）

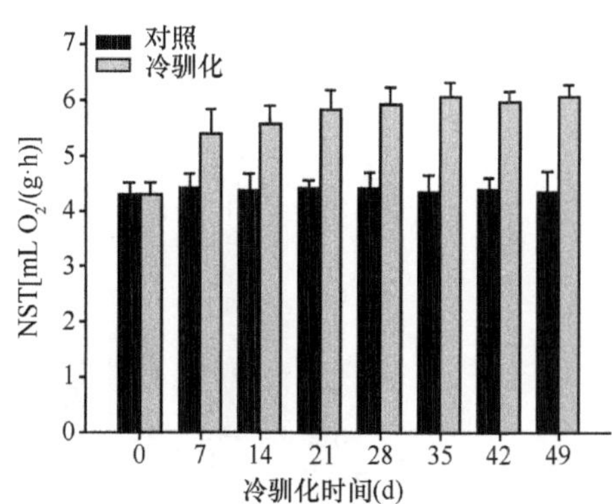

图 2.17　冷驯化对大绒鼠 NST 的影响（朱万龙等，2008b）

随着冷驯化时间的延长，大绒鼠 BAT 相对重量稳步增大，0d 和冷驯化组 BAT 相对重量差异极显著。BAT 相对重量与 D 的回归关系为 BAT = 0.53 + 0.04D（r = –0.63）（图 2.18）。

随着冷驯化时间的延长，大绒鼠肝脏总蛋白含量逐渐增加，肝脏总蛋白（TP）含量与 D 的回归关系为 TP = 62.49 + 0.89D（r = –0.92）。冷驯化时间的延长影响大绒鼠肝脏线粒体蛋白含量，肝脏线粒体蛋白（MP）含量与 D 的回归关系为 MP = 20.87 + 0.23D（r = –0.93）（图 2.19）。

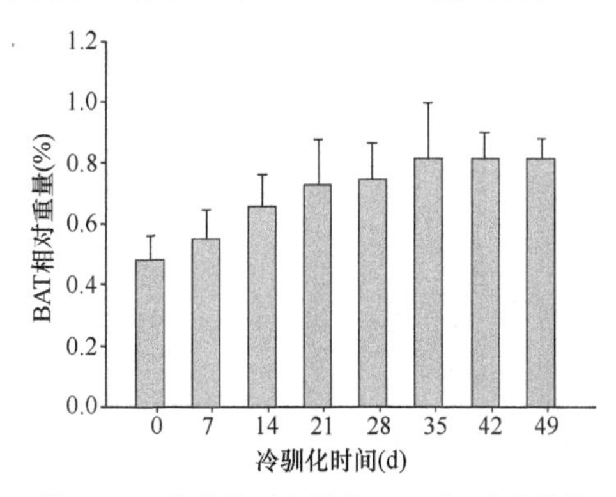

图 2.18　冷驯化对大绒鼠 BAT 相对重量的影响（朱万龙等，2008b）

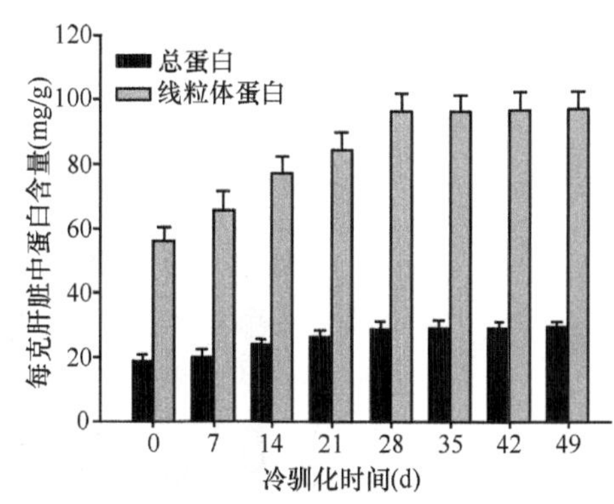

图 2.19　冷驯化对大绒鼠肝脏总蛋白和线粒体蛋白含量的影响（朱万龙等，2008b）

冷驯化时间的延长影响大绒鼠肝脏线粒体状态Ⅲ呼吸。大绒鼠肝脏线粒体状态Ⅲ呼吸（STⅢ）与 D 的回归关系为 STⅢ = 0.029 + 0.005D（r = –0184）。随着冷驯化时间的延长，大绒鼠肝脏线粒体状态Ⅳ呼吸稳步增加，28d 后有所下降。大绒鼠肝脏线粒体状态Ⅳ呼吸（STⅣ）与 D 的回归关系为 STⅣ= 0.011 + 0.003D（r = –0.72）（图 2.20）。

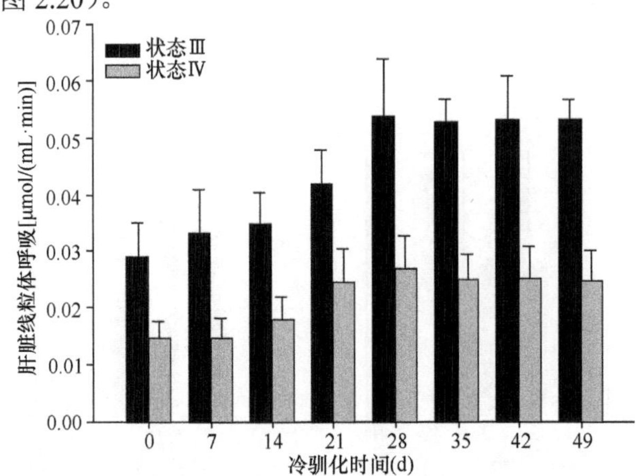

图 2.20 冷驯化对大绒鼠肝脏线粒体呼吸的影响（朱万龙等，2008b）

冷驯化条件下，大绒鼠表现的特点有：①在驯化 28d 时其体重调节可以到达一个新的生理稳态；②冷驯化条件下大绒鼠的体温有所下降；③冷驯化条件下大绒鼠的体重显著降低，这和季节性变化一致；④冷驯化条件下大绒鼠的产热能力显著增加，其肝脏代谢活性也随之增加。

2. 热驯化对大绒鼠产热特征的影响

热驯化后，大绒鼠的体重在 0～49d 内逐渐增加，28d 后大绒鼠体重差异不显著，28d 平均体重比对照组增加了（7.89±1.44）g（图 2.21）。

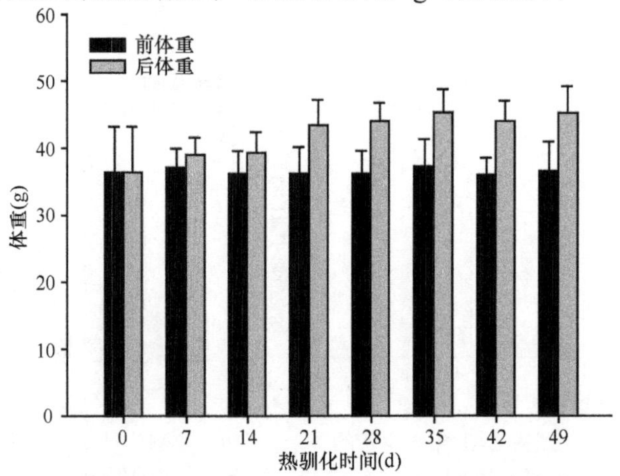

图 2.21 热驯化条件下大绒鼠的体重变化（朱万龙和高文荣，2017）

实验前，大绒鼠的体温差异不显著。热驯化后，28d 前，大绒鼠的体温随时间的延长而增加，28d 后维持平稳，28d 大绒鼠平均体温比对照组增加了（0.68±0.09）℃，热驯化组与对照组（0d）比较差异显著（图 2.22）。

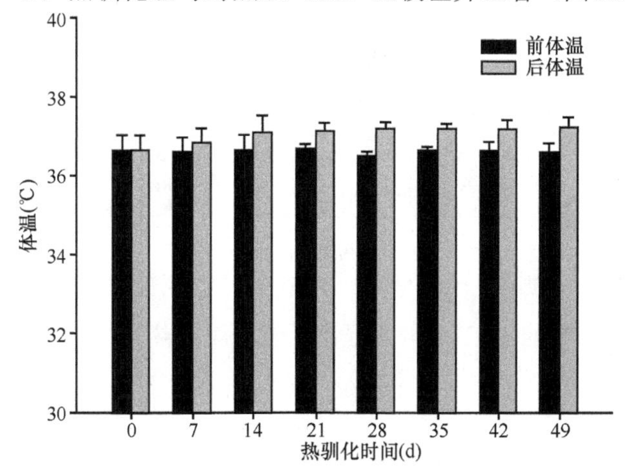

图 2.22　热驯化对大绒鼠体温的影响（朱万龙和高文荣，2017）

大绒鼠摄入能差异极显著，28d 后各实验组差异不显著。消化能和可代谢能随热驯化时间的延长而降低，28d 后维持在稳定水平。大绒鼠消化能差异极显著，可代谢能差异极显著。尿液能和粪便能随热驯化时间的延长差异不显著。大绒鼠消化率差异不显著，可代谢能效率差异不显著（图 2.23）。

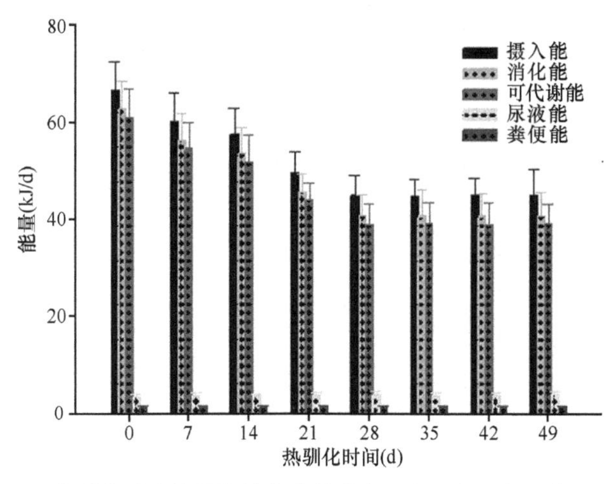

图 2.23　热驯化对大绒鼠能量收支的影响（朱万龙和高文荣，2017）

驯化前，大绒鼠的 BMR 差异不显著。随着驯化时间的延长，大绒鼠的 BMR 降低，冷驯化 28d 后减速变缓（图 2.24）。

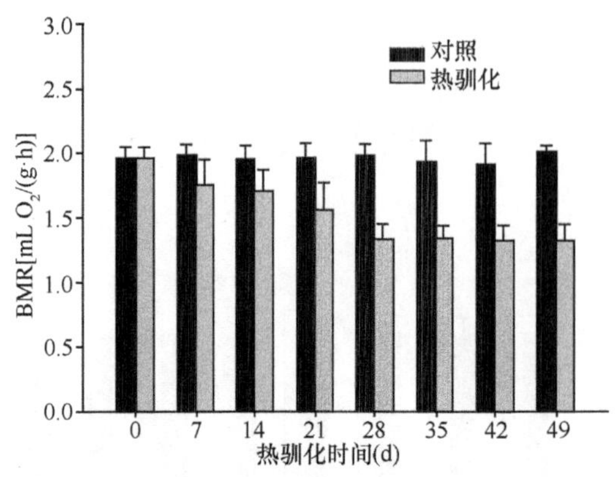

图 2.24　热驯化对大绒鼠 BMR 的影响（朱万龙和高文荣，2017）

驯化前，大绒鼠的 NST 差异不显著。对照组和热驯化组 NST 差异极显著，28d 后各实验组差异不显著（图 2.25）。

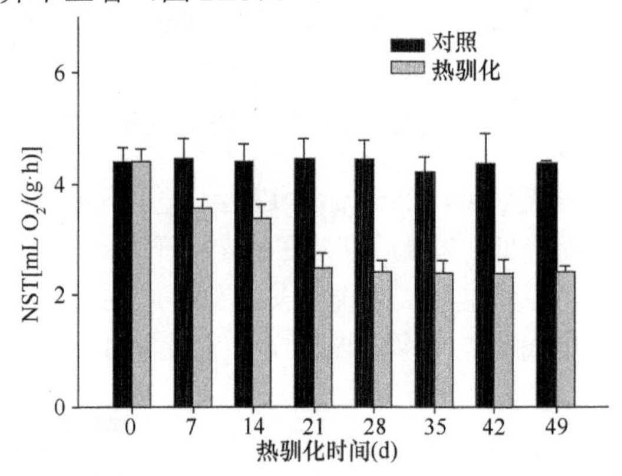

图 2.25　热驯化对大绒鼠 NST 的影响（朱万龙和高文荣，2017）

随着热驯化时间的延长，大绒鼠 BAT 相对重量稳步减小，0d 和热驯化组 BAT 相对重量差异极显著（图 2.26）。

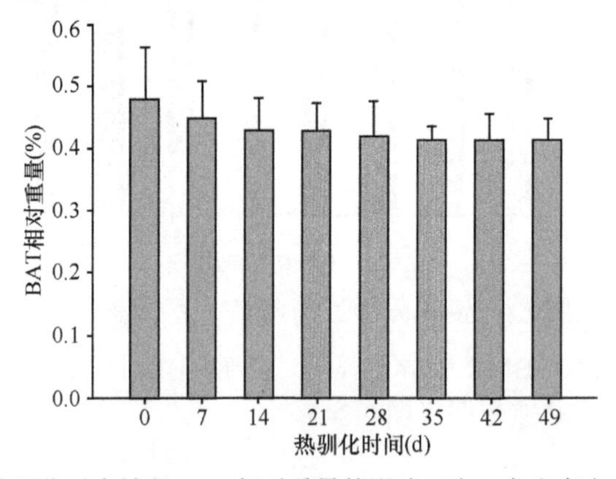

图 2.26　热驯化对大绒鼠 BAT 相对重量的影响（朱万龙和高文荣，2017）

大绒鼠肝脏总蛋白含量和肝脏线粒体蛋白含量随时间延长逐渐降低（图 2.27）。

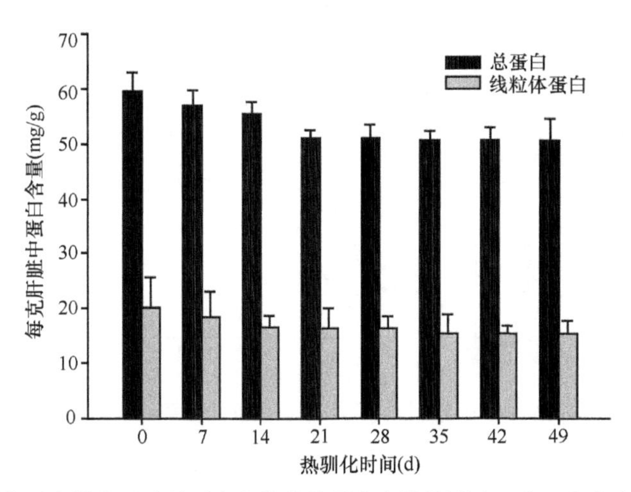

图 2.27　热驯化对大绒鼠肝脏总蛋白和线粒体蛋白含量的影响（朱万龙和高文荣，2017）

热驯化影响大绒鼠肝脏线粒体状态Ⅲ呼吸，但是大绒鼠肝脏线粒体状态Ⅳ呼吸维持稳定（图 2.28）。

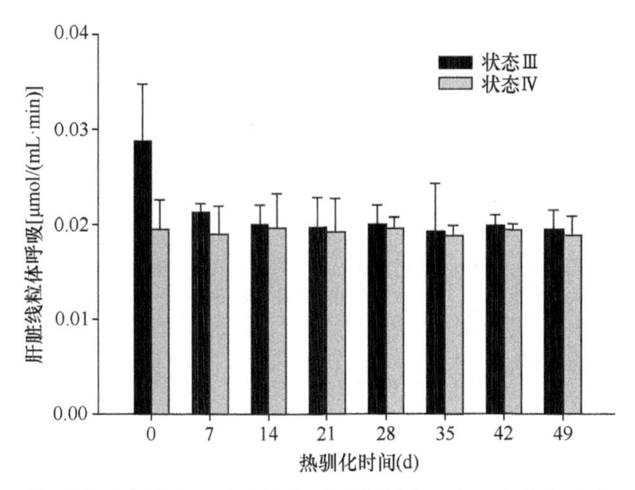

图 2.28　热驯化对大绒鼠肝脏线粒体呼吸的影响（朱万龙和高文荣，2017）

热驯化条件下大绒鼠的生理指标变化趋势与冷驯化条件下的相反，说明大绒鼠在不同温度条件下可以很好地通过改变生理状态来适应环境，是研究表型可塑性的很好的模型。

2.2.4　冷驯化下大绒鼠体重、血清瘦素及能量代谢的关系

冷驯化期间大绒鼠血清瘦素水平与体重差异极显著；与对照组相比 28d 时体

重差异显著，减少了（5.64±0.14）g，28d 后体重增加；大绒鼠血清瘦素水平和体重呈正相关（图 2.29）。

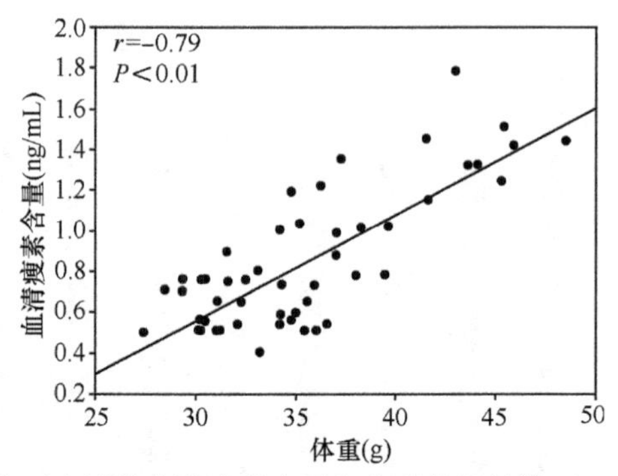

图 2.29　冷驯化下大绒鼠血清瘦素水平和体重的相关性（Zhu et al.，2010）

冷驯化期间大绒鼠血清瘦素水平与能量摄入量差异极显著。大绒鼠血清瘦素水平和能量摄入量呈负相关（图 2.30）。冷驯化期间大绒鼠血清瘦素水平与 BMR 差异极显著，血清瘦素水平和 BMR 呈负相关（图 2.31）。冷驯化期间大绒鼠血清瘦素水平与 NST 差异极显著。大绒鼠血清瘦素水平和 NST 呈负相关（图 2.32）。

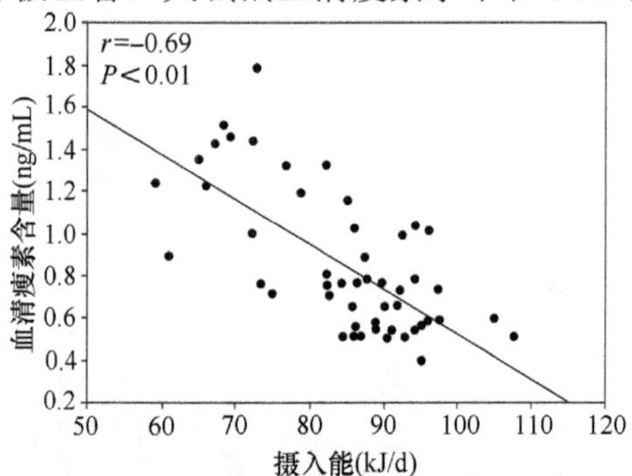

图 2.30　冷驯化下大绒鼠血清瘦素水平和能量摄入量的相关性（Zhu et al.，2010）

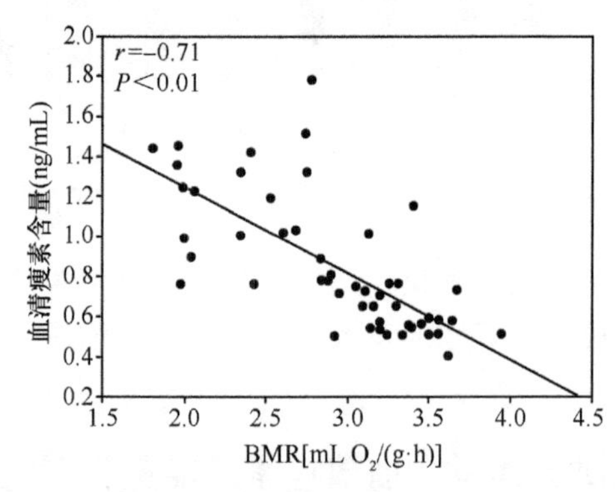

图 2.31　冷驯化下大绒鼠血清瘦素水平和 BMR 的相关性（Zhu et al.，2010）

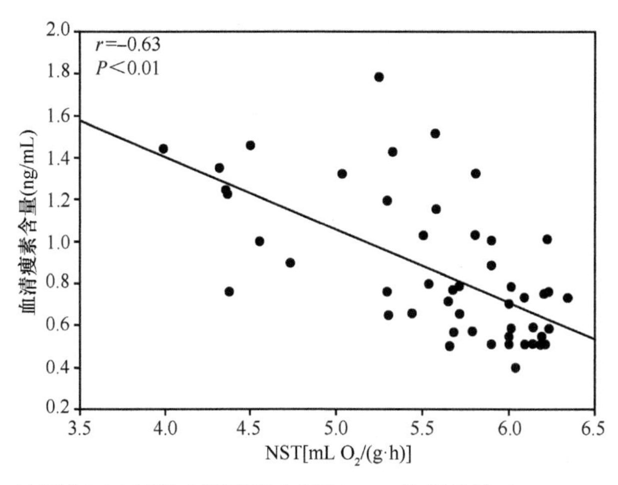

图 2.32　冷驯化下大绒鼠血清瘦素水平和 NST 的相关性（Zhu et al.，2010）

实验前通过使用独立样本 t 检验分析，对照组和冷驯化组（49d）之间的体重差异不显著。对照组和冷驯化组（49d）的体重在冷驯化后显著相关。对照组的体脂含量高于冷驯化组（49d），对照组与冷驯化组（49d）的体脂含量在冷驯化后显著相关（表 2.7）。冷驯化期间，大绒鼠的 BMR 和 NST 均逐渐增加，并且在 28d 后保持恒定（表 2.8）。

表2.7　大绒鼠冷驯化组（49d）和对照组身体成分的变化（Zhu et al.，2010）

参数	对照组	冷驯化组（49d）	P
体重（g）	38.72±6.78	32.13±3.53	0.042
胴体湿重（g）	29.99±4.93	23.62±3.93	0.020
胴体干重（g）	11.27±0.92	9.93±0.64	0.008
胴体含水量（g）	18.72±4.77	13.69±3.92	0.052
身体能量含量（kJ/d）	21.32±1.08	16.88±0.81	0.000
无脂干重（g）	5.76±0.38	6.06±0.58	0.496
体脂重（g）	5.51±0.56	3.87±0.25	0.010
体脂含量（%）	48.84±1.34	39.01±2.87	0.006

表2.8　冷驯化下大绒鼠的能量摄入量、BMR和NST（Zhu et al.，2010）

冷驯化时间（d）	能量摄入量（kJ/d）	BMR［mL O_2/（g·h）］	NST［mL O_2/（g·h）］
0（n=7）	66.65±5.41^a	1.97±0.08^a	4.38±0.22^a
7（n=7）	78.29±9.55^b	2.40±0.22^b	5.39±0.44^b
14（n=7）	82.85±8.34^b	2.84±0.10^b	5.57±0.33^b
21（n=7）	87.48±4.87^b	3.01±0.21^b	5.84±0.35^b

续表

冷驯化时间（d）	能量摄入量（kJ/d）	BMR［mL O_2/（g·h）］	NST［mL O_2/（g·h）］
28（n=7）	92.57±7.18^b	3.42±0.27^b	5.93±0.30^b
35（n=7）	93.41±10.50^b	3.45±0.21^b	6.07±0.25^b
42（n=7）	93.39±5.25^b	3.39±0.27^b	5.96±0.19^b
49（n=7）	91.86±7.43^b	3.33±0.15^b	6.07±0.20^b

注：字母不同代表差异显著，n 表示样本数。全书同

冷驯化组胴体湿重和胴体干重较低，但肝脏、肾脏、小肠和大肠湿重较高（表2.7、表2.9）。

表2.9　大绒鼠冷驯化组（49d）和对照组身体器官湿重的变化（g）（Zhu et al.，2010）

参数	对照组	冷驯化组（49 d）	P
心	0.234±0.018	0.231±0.015	0.846
肺	0.309±0.041	0.274±0.039	0.135
肝脏	1.527±0.167	2.013±0.419	0.017
肾脏	0.180±0.010	0.232±0.014	0.001
脾	0.019±0.004	0.020±0.003	0.822
胃	0.404±0.039	0.424±0.046	0.401
小肠	0.674±0.066	0.790±0.077	0.011
盲肠	0.421±0.041	0.414±0.039	0.744
大肠	0.326±0.036	0.373±0.044	0.046

冷驯化条件下瘦素参与了大绒鼠体重调节，表现为瘦素与产热能力负相关，与食物摄入能负相关。冷驯化会降低大绒鼠的体脂含量、血清瘦素含量，但是肝脏和小肠的重量是增加的。

2.3　总　　结

大绒鼠通过调节体重、体温、身体能值及个体产热和能量收支，调节消化道形态、肝脏、BAT 的重量和产热能力，通过调节瘦素含量调整其在不同环境条件下的能量和产热特征最终来适应横断山区年温差小、日温差大，干湿季节分明和食物资源相对丰富这一特殊的环境条件。

参 考 文 献

蔡理全，黄晨西，李庆芬. 1998. 长爪沙鼠褐色脂肪组织的适应性产热[J]. 动物学报，4：391-397.
冯祚建，蔡桂全，郑昌琳. 1986. 西藏哺乳类[M]. 北京：科学出版社.
李庆芬，刘小团，黄晨西，等. 2001. 长爪沙鼠冷驯化过程中褐色脂肪组织产热特性及解偶联蛋白基因表达[J]. 动物学报，47（4）：388-393.
李晓婷，王睿，王蓓，等. 2009. 横断山区中华姬鼠的体温调节和蒸发失水[J]. 兽类学报，29（3）：

302-309.
孙儒泳. 1992. 动物生态学原理（第二版）[M]. 北京：北京师范大学出版社.
王德华，王玉山，王祖望. 2000. 华北农田大仓鼠的能量代谢特征及其体温调节[J]. 动物学研究，21（6）：452-457.
吴征镒，王荷生. 1985. 中国自然地理——植物地理[M]. 北京：科学出版社.
谢静，单振光，张麟，等. 2010. 中缅树鼩蒸发失水及其热能研究[J]. 兽类学报，30（4）：430-438.
朱万龙，高文荣. 2017. 热驯化对大绒鼠的体重和能量代谢的影响[J]. 生物学杂志，34(4)：25-28.
朱万龙，贾婷，刘春燕，等. 2008a. 横断山区大绒鼠体重和身体能值的季节变化[J]. 动物学杂志，43（5）：134-138.
朱万龙，贾婷，李宗翰，等. 2008b. 冷驯化条件下大绒鼠的产热和能量代谢特征[J]. 动物学报，54（4）：590-601.
朱万龙，王睿，肖彩虹，等. 2010a. 大绒鼠代谢率与器官的关系[J]. 中国科技论文在线，3（7）：718-722.
朱万龙，贾婷，练硝，等. 2010b. 横断山脉大绒鼠最大代谢率的季节性差异[J]. 生态学报，30（5）：1133-1139.
朱万龙，王睿，肖彩虹，等. 2009a. 横断山区大绒鼠肥满度的初步研究[J]. 中国科技论文在线，2（19）：2058-2064.
朱万龙，贾婷，王睿，等. 2009b. 大绒鼠消化道形态的季节变化[J]. 动物学杂志，44(2)：121-126.
Bradly SR，Deavers DR. 1980. A re-examination of the relation between thermal conductance and body weight in mammals. Comparative Biochemistry & Physiology，65A：463-472.
Francisco B，Carlos EB，Paolal S. 2007. Spatial and seasonal plasticity in digestive morphology of cavies（*Microcavia australis*）inhabiting habitats with different plant qualities[J]. Journal of Mammalogy，88（1）：165-172.
Herreid CF，Kessel B. 1967. Thermal conductance in birds and mammals[J]. Comparative Biochemistry & Physiology，21（2）：405-414.
Karasov WH. 1986. Energetics，physiology and vertebrate ecology[J]. Trends in Ecology & Evolution，1（4）：101-104.
Kleiber M. 1961. The Fire of Life：An Introduction to Animal Energetics[M]. New York：John Wiley & Sons.
Speakman JR，Johnson MS. 2000. Relationships between resting metabolic rate and morphology in lactating mice：What tissues are the major contributors to resting metabolism?[A]. Heldmaier G，Klingenspor M. Life in the Cold[C]. Berlin，Springer-Verlag，497-486.
Zhu WL，Wang ZK. 2012. Seasonal variations of thermoregulatory and thermogenic properties in *Eothenomys miletus* and *Apodemus chevrieri*[J]. Journal of Stress Physiology & Biochemistry，8（4）：36-46.
Zhu WL，Jia T，Lian X，et al. 2008. Evaporative water loss and energy metabolic in two small mammals，voles（*Eothenomys miletus*）and mice（*Apodemus chevrieri*），in Hengduan mountains region[J]. Journal of Thermal Biology，33（6）：324-331.
Zhu WL，Jia T，Lian X，et al. 2010. Effects of cold acclimation on body mass，serum leptin level，energy metabolism and thermognesis in *Eothenomys miletus* in Hengduan Mountains region[J]. Journal of Thermal Biology，35（2010）：41-46.

第3章　大绒鼠能量代谢调节的节律性研究

为应对自然界中环境因素的季节性变化和日节律变化，动物将采取行为、形态、生理和生化等各层次的适应策略，包括繁殖状态、体温、体重、产热能力和能量代谢等方面的调节（Rousseau et al.，2003；Wang et al.，2003；Li and Wang，2005）。在季节环境变化过程中，动物表型可塑性的变化对其生存至关重要（Matthew et al.，2008）。其中，温度的季节性变化是影响小型哺乳动物能量代谢和生理行为的重要环境因子（Haim，1996）。很多小型哺乳动物的体温在一天中不是维持在一个恒定水平，而是以一天为周期出现一定的节律性变化（Andrzej & Taylor，2004；Aschoff，1982；Refinetti，1999）。体温的拟昼夜节律通常以24h为周期，每一次波动可保持2～6h的稳定（Fuller et al.，1979；Refinetti & Menaker，1992）。体温的日节律依赖于产热和散热能力的变化，这两个参数都具有各自的节律性，且相互影响。

本章主要在前一章研究的基础上，进一步研究瘦素在大绒鼠季节性变化过程中的作用，证实在实验室条件下模拟季节性环境条件探究大绒鼠的体重调节是怎么变化的。其次是季节性变化的节律性是怎么样的，实验室条件下可不可以证实其表型可塑性变化。最后研究的是大绒鼠产热特征的日节律变化。

3.1　大绒鼠能量代谢的季节性变化研究

3.1.1　能量代谢的季节性变化

不同季节的大绒鼠体重、体脂重量和能量摄入量均具有极显著变化。大绒鼠体重夏季较高、冬季较低，夏季的体重比冬季增加13.64%。不同季节的大绒鼠血清瘦素水平具有显著变化。大绒鼠夏季和秋季的体脂重量和血清瘦素水平均高于春季和冬季（表3.1）。

表3.1　大绒鼠体重、体脂重量、血清瘦素水平和摄入能的季节性变化（Zhu et al.，2014）

参数	春季（*n*=10）	夏季（*n*=10）	秋季（*n*=10）	冬季（*n*=10）
体重（g）	35.56±1.28[c]	42.58±1.28[a]	39.60±1.27[ab]	37.47±0.71[bc]
体脂重量（g）	0.71±0.10[b]	1.52±0.24[a]	1.52±0.19[a]	0.84±0.10[b]
血清瘦素水平（ng/mL）	1.99±0.34[b]	2.84±0.44[a]	2.75±0.34[a]	1.86±0.19[b]
摄入能（kJ/d）	79.40±8.36[ab]	61.11±5.02[c]	67.28±4.17[bc]	91.16±5.30[a]

不同季节大绒鼠的BAT重、线粒体蛋白含量和UCP1含量均具有极显著变化。大绒鼠BAT重夏季最低，春季、秋季和冬季差异不显著。大绒鼠冬季UCP1含量显著高于夏季和秋季（表3.2）。

表3.2　大绒鼠BAT中线粒体蛋白质和UCP1的季节性变化（Zhu et al.，2014）

参数	春季（n=10）	夏季（n=10）	秋季（n=10）	冬季（n=10）
BAT 重（g）	0.19±0.01[a]	0.11±0.01[b]	0.18±0.02[a]	0.23±0.02[a]
线粒体蛋白含量（mg/g BAT）	26.56±1.23[ab]	16.69±0.74[c]	22.89±1.20[bc]	32.49±0.78[a]
UCP1（相对含量，RU）	1.21±0.10[ab]	0.83±0.06[c]	0.96±0.74[c]	1.73±0.12[a]

不同季节大绒鼠的 RMR 和 NST 均具有显著变化（图 3.1、图 3.2）。

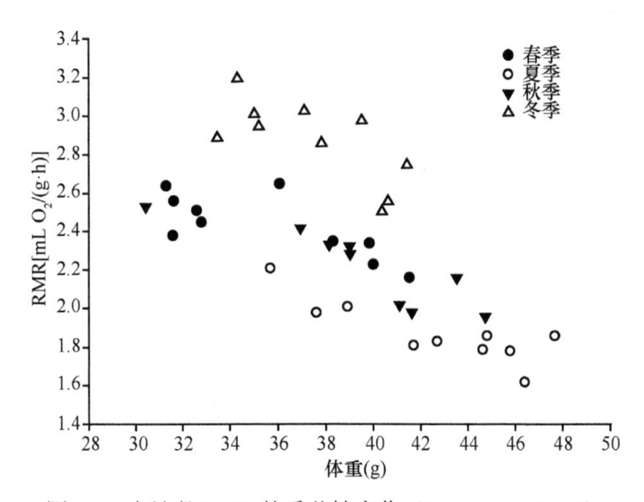

图 3.1　大绒鼠 RMR 的季节性变化（Zhu et al.，2014）

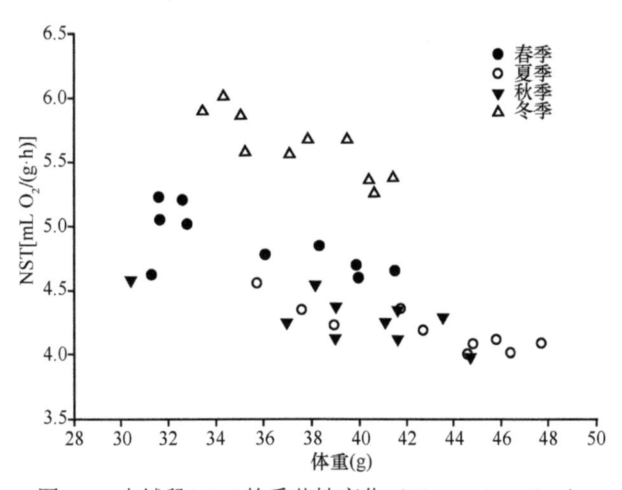

图 3.2　大绒鼠 NST 的季节性变化（Zhu et al.，2014）

以上研究结果表明，血清瘦素参与大绒鼠体重调节的季节性变化，血清瘦素含量与体脂重量呈正相关，而与食物摄入量、产热能力呈负相关。此外，对 BAT 中的生化指标进行研究表明，BAT 中的线粒体蛋白和 UCP1 含量在冬季显著增加，这也解释了冬季大绒鼠的 NST 为什么会增加。

3.1.2 温度和光周期对大绒鼠能量代谢的季节性影响

5-SD 组（5℃短光照组）大绒鼠体重逐渐降低，第 28 天达到显著差异，与 0d 相比 5-SD 组体重降低了 6.96g；30-LD 组（30℃长光照组）驯化过程中，体重在第 14 天就显著增加，组间差异显著，30-SD 组（30℃短光照组）和 5-LD 组（5℃长光照组）驯化 28d 后与 0d 相比体重差异不显著。双因素方差分析表明，光周期对大绒鼠体重影响显著，温度对大绒鼠体重影响极显著，但温度和光照的交互作用对大绒鼠体重影响不显著（图 3.3）。

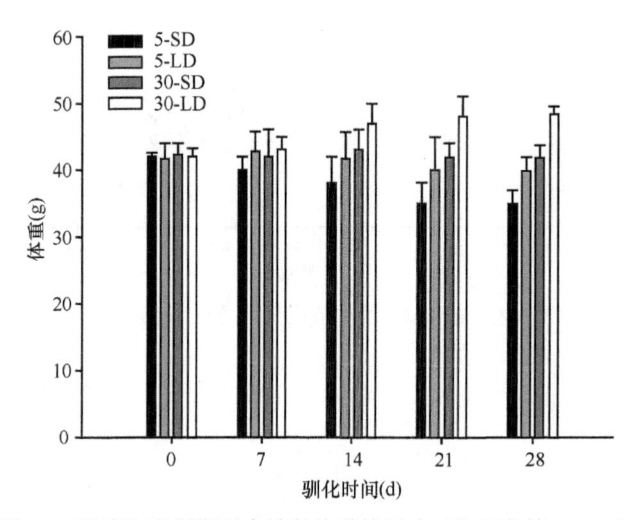

图 3.3 温度和光周期对大绒鼠体重的影响（朱万龙等，2016）

5-SD 组大绒鼠体温呈降低趋势，第 28 天达到极显著差异，与 0d 相比 28d 后体温降低了 1.26℃；5-LD 组大绒鼠体温呈缓慢降低趋势，第 21 天达到显著差异，与 0d 相比 28d 后体温降低了 1.15℃；30-SD 组驯化 28d 后体温与 0d 相比升高 0.75℃，组间差异显著；30-LD 驯化过程中，体温在第 14 天就显著增加，组间差异显著。双因素方差分析表明，光周期对大绒鼠体温影响不显著，低温导致大绒鼠体温极显著降低，光周期和温度的交互作用对体温影响差异不显著（图 3.4）。

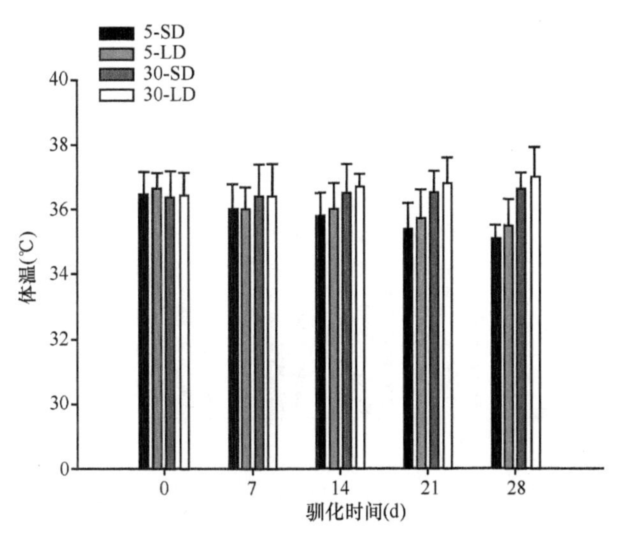

图 3.4　温度和光周期对大绒鼠体温的影响（朱万龙等，2016）

低温短光条件下大绒鼠摄入能、消化能、可代谢能均显著升高，粪尿能、消化率和可代谢能效率无明显变化（图 3.5）。

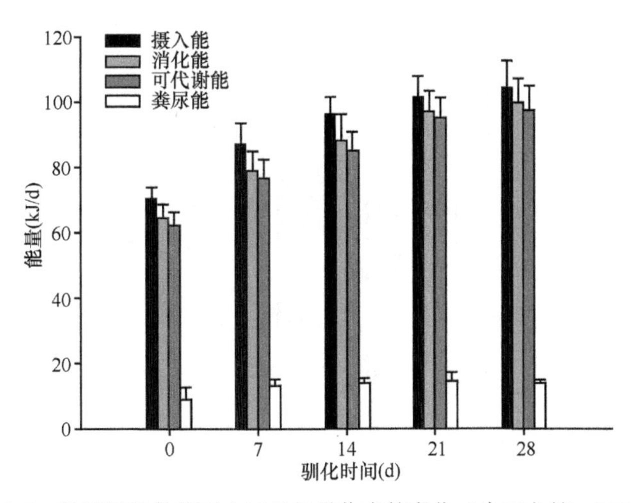

图 3.5　低温短光条件下大绒鼠能量收支的变化（朱万龙等，2016）

低温长光条件下大绒鼠摄入能、消化能、可代谢能随着驯化时间的延长均显著升高，粪尿能、消化率和可代谢能效率无明显变化（图 3.6）。

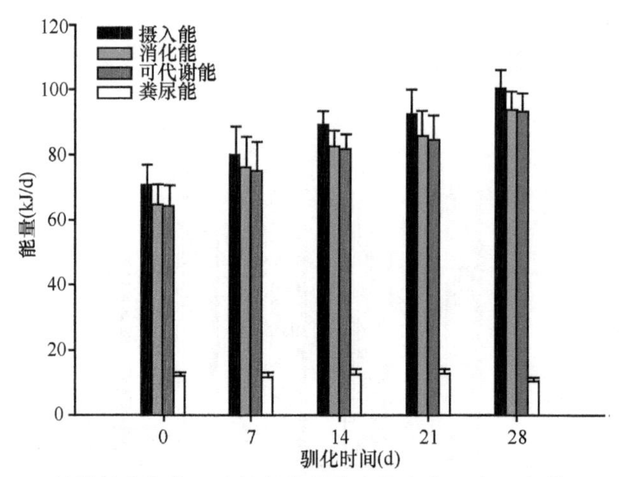

图 3.6 低温长光条件下大绒鼠能量收支的变化（朱万龙等，2016）

高温短光条件下大绒鼠摄入能、消化能、可代谢能均显著降低，粪尿能、消化率和可代谢能效率无明显变化（图 3.7）。

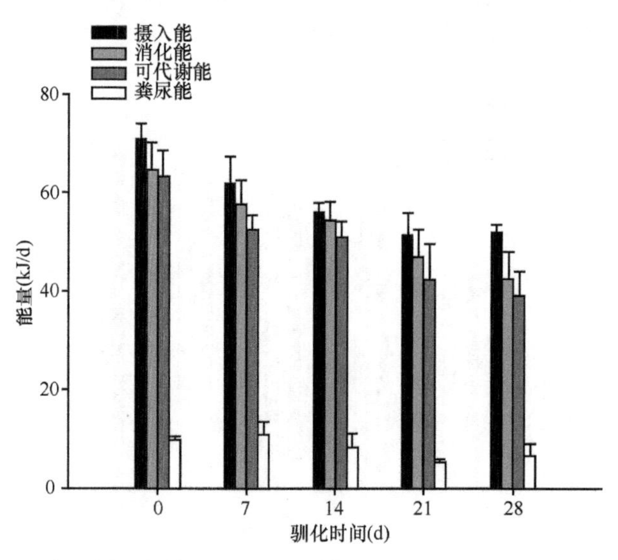

图 3.7 高温短光条件下大绒鼠能量收支的变化（朱万龙等，2016）

高温长光条件下大绒鼠摄入能、消化能、可代谢能均极显著降低，粪尿能、消化率和可代谢能效率无明显变化（图 3.8）。

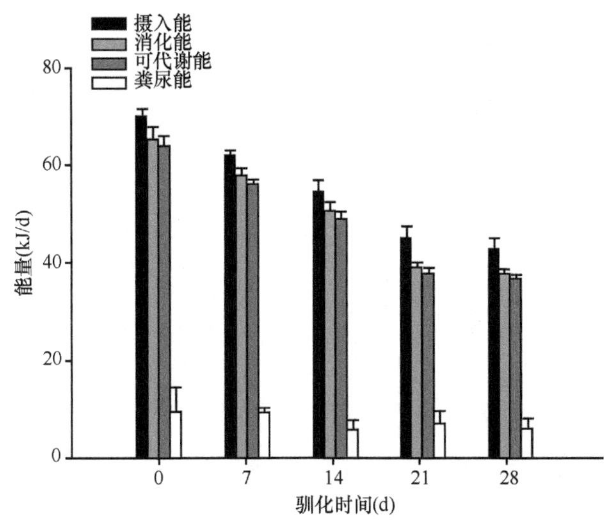

图 3.8　高温长光条件下大绒鼠能量收支的变化（朱万龙等，2016）

双因素方差分析表明，光周期对大绒鼠摄入能、消化能、可代谢能无明显影响。低温导致大绒鼠摄入能、消化能、可代谢能极显著增加，高温导致摄入能、消化能、可代谢能极显著降低，光周期和温度的互作对摄入能、消化能、可代谢能影响差异不显著。

双因素方差分析表明，光周期对大绒鼠 BMR 影响不显著，但低温导致大绒鼠 BMR 极显著升高，高温导致其 BMR 极显著降低，光周期和温度的互作对 BMR 影响差异不显著（图 3.9）。

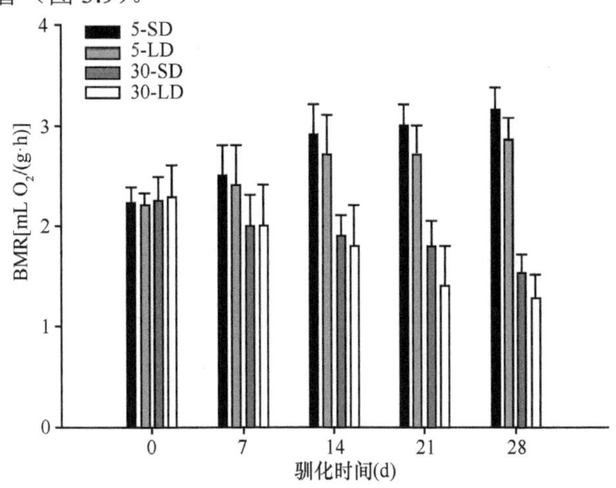

图 3.9　温度和光周期对大绒鼠 BMR 的影响（朱万龙等，2016）

双因素方差分析表明，光周期对大绒鼠 NST 影响不显著，低温导致大绒鼠 NST 极显著升高，高温导致其 NST 极显著降低，光周期和温度的互作对体温影响差异不显著（图 3.10）。

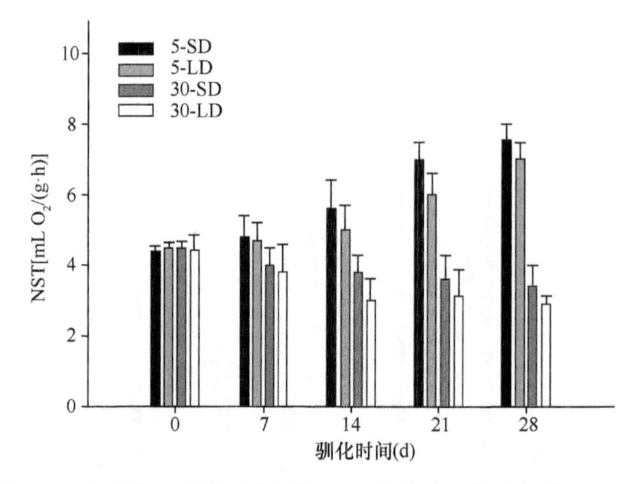

图 3.10　温度和光周期对大绒鼠 NST 的影响（朱万龙等，2016）

通过在实验室条件下模拟季节性变化同样可以发现大绒鼠出现了表型可塑性变化，而且比较低温短光（冬季）和高温长光（夏季）的结果，表明其生理指标变化趋势与野外季节性变化是一致的。

3.1.3　大绒鼠能量代谢特征的季节节律性变化

热驯化及脱热驯化过程中，不同驯化温度条件下，大绒鼠体重差异极显著。随着热驯化时间的延长，大绒鼠体重逐渐升高，28d（驯化第 4 周）达到最高；转移到脱热驯化条件下时，体重呈降低趋势（图 3.11）。

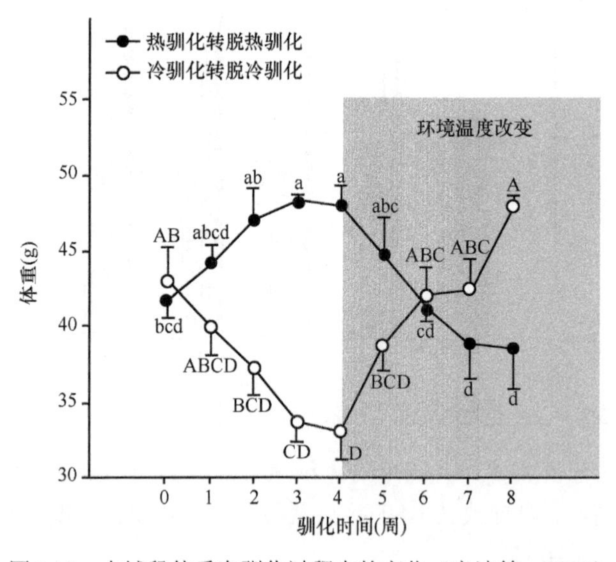

图 3.11　大绒鼠体重在驯化过程中的变化（章迪等，2013）

冷驯化及脱冷驯化过程中，不同驯化温度条件下，大绒鼠体重差异极显著。随着冷驯化时间的延长，大绒鼠的体重逐渐降低，28d 达到最低值；当转移到脱冷驯化条件下时，体重呈上升趋势（图 3.11）。

在热驯化及脱热驯化过程中，不同驯化温度条件下，大绒鼠体温差异极显著。随着热驯化时间的延长，大绒鼠的体温逐渐升高，28d（驯化第 4 周）达到最高；当转移到脱热驯化条件下时，体温呈降低趋势（图 3.12）。

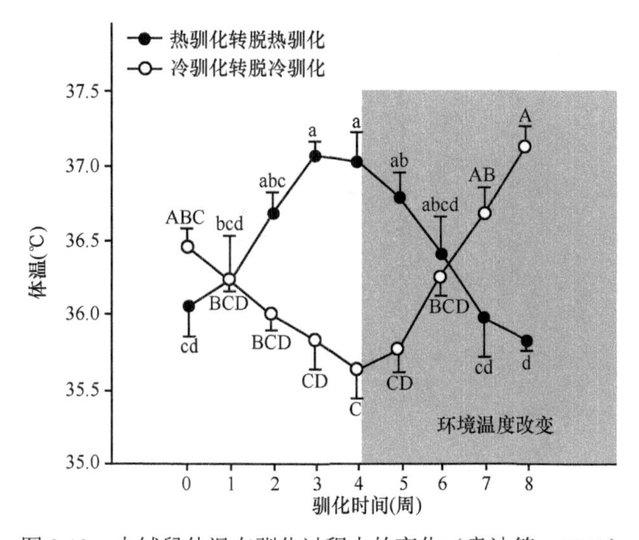

图 3.12　大绒鼠体温在驯化过程中的变化（章迪等，2013）

在冷驯化及脱冷驯化过程中，不同驯化温度条件下，大绒鼠体温差异极显著。随着冷驯化时间的延长，大绒鼠的体温逐渐降低，28d 达到最低值；转移到脱冷驯化条件下时，体温呈上升趋势（图 3.12）。

在热驯化过程中，大绒鼠每日摄入能随着驯化时间的延长而降低，28d 达到最低值，当转移到脱热驯化条件时，摄入能呈上升趋势，不同驯化温度条件下，大绒鼠每日摄入能的差异极显著。消化能和可代谢能的变化趋势与摄入能相似。粪尿能随驯化时间的延长差异不显著（图 3.13）。在整个温度驯化过程中大绒鼠消化率差异不显著，可代谢能效率差异不显著。

冷驯化过程中大绒鼠每日摄入能随着驯化时间的延长而增加，28d 达到最高值，当转移到脱冷驯化条件时，摄入能呈下降趋势，不同驯化温度条件下，大绒鼠日摄入能差异极显著。消化能和可代谢能的变化趋势与摄入能相似。粪尿能随驯化时间的延长差异不显著（图 3.14）。温度驯化过程中大绒鼠消化率差异不显著，可代谢能效率差异不显著。

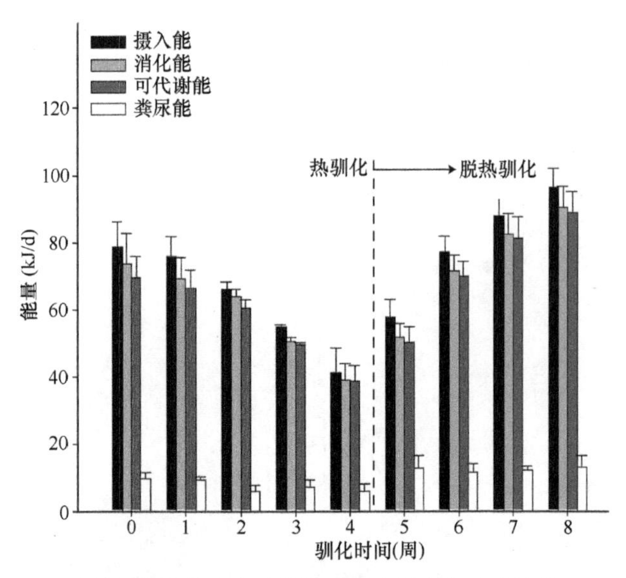

图 3.13　大绒鼠能量收支在热驯化过程中的变化（章迪等，2013）

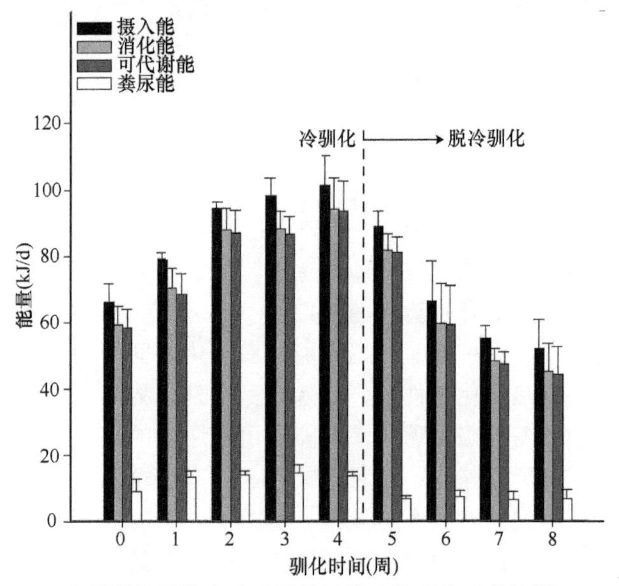

图 3.14　大绒鼠能量收支在冷驯化过程中的变化（章迪等，2013）

在热驯化及脱热驯化过程中，驯化时间对 RMR 有显著影响。随着热驯化时间的延长，大绒鼠 RMR 逐渐降低，28d 达到最低；当转移到脱热驯化条件下时，RMR 呈上升趋势（图 3.15）。

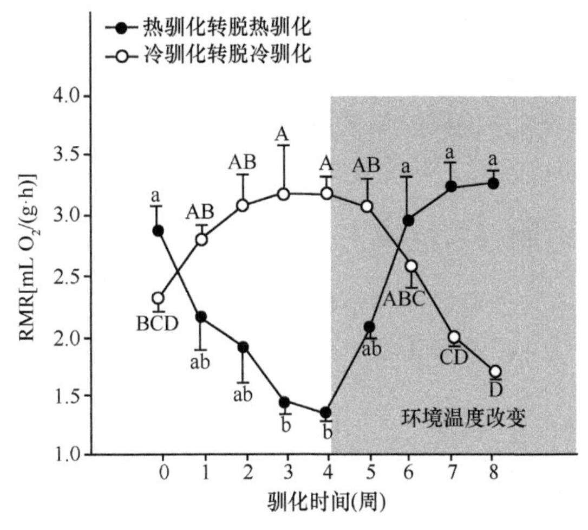

图 3.15　大绒鼠静止代谢率在驯化过程中的变化（章迪等，2013）

在冷驯化及脱冷驯化过程中，驯化时间对 RMR 的影响极显著。随着冷驯化时间的延长，大绒鼠的 RMR 逐渐升高，28d 达到最高值；当转移到脱冷驯化条件下时，RMR 呈下降趋势（图 3.15）。

在热驯化及脱热驯化过程中，驯化时间对 NST 的影响极显著。随着热驯化时间的延长，大绒鼠 NST 逐渐降低；28d 达到最低；转移到脱热驯化条件下时，NST 呈上升趋势（图 3.16）。

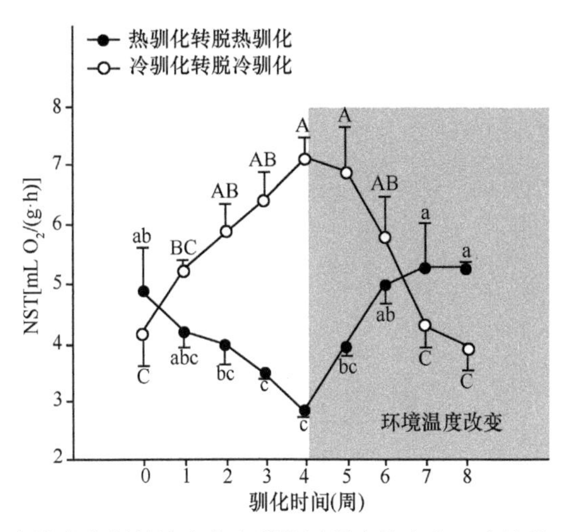

图 3.16　大绒鼠非颤抖性产热在驯化过程中的变化（章迪等，2013）

在冷驯化及脱冷驯化过程中，驯化时间对 NST 的影响极显著。随着冷驯化时间的延长，大绒鼠的 NST 逐渐升高，28d 达到最高值；转移到脱冷驯化条件下时，NST 呈下降趋势（图 3.16）。

结果表明，大绒鼠在温度和光照双因素的作用下，光照对于大绒鼠的影响不大，所以后文在季节性模拟时仅采用了温度的变化来进行，但是在后续的研究中也发现单独光照驯化对大绒鼠的体重调节仍然会产生影响，这部分内容将在第 5 章中进行介绍。就温度模拟的季节性变化，表明大绒鼠同样表现出了表型可塑性。

3.1.4 大绒鼠被毛的季节性变化

大绒鼠的体温出现了明显的季节性变化（图 3.17），其中冬季最低，经分析，冬季的体温与春季的体温差异不显著，夏季和秋季体温较高，夏秋季节的体温差异也不显著。

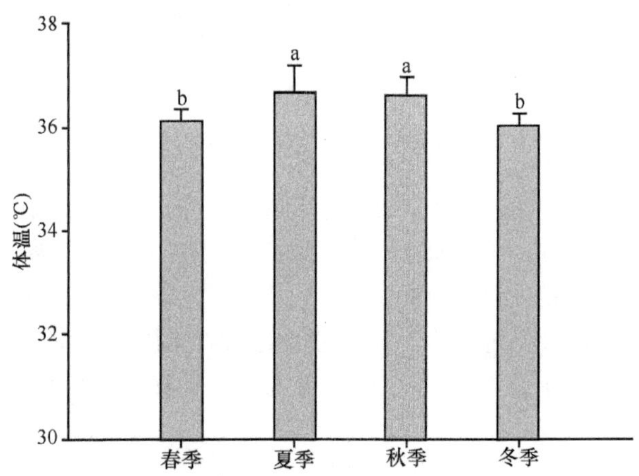

图 3.17　大绒鼠体温的季节性变化（付家豪等，2015）

大绒鼠被毛重量表现出显著的季节性变化（图 3.18），其中冬季的被毛重量最大，较夏季高 35.48%，夏季和秋季被毛重量差异不显著，春季被毛重量和其他三个季节差异均不显著。

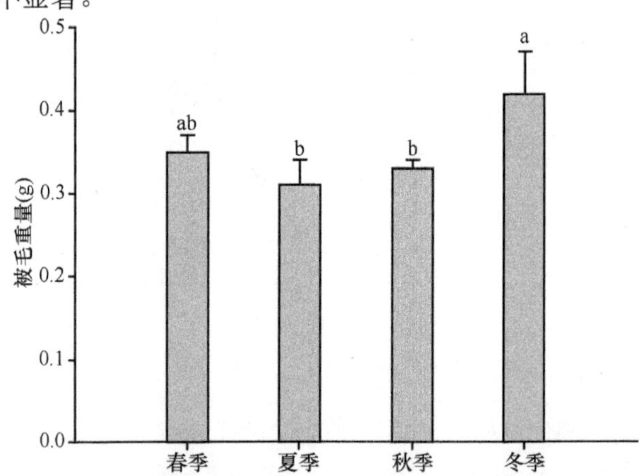

图 3.18　大绒鼠被毛重量的季节性变化（付家豪等，2015）

大绒鼠的非颤抖性产热出现了明显的季节性变化（图 3.19），其中冬季最高，春季次之，而秋季最低。冬季和春季差异不显著，夏季和秋季差异不显著。

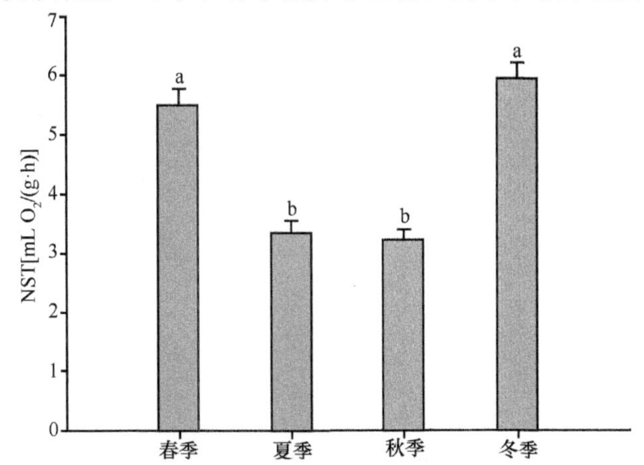

图 3.19 大绒鼠非颤抖性产热的季节性变化（付家豪等，2015）

大绒鼠体温的季节性变化与之前冷驯化和热驯化条件下获得结果一致，即环境温度低时其体温也较低。而被毛重量则相反，在冬季较重，这可能和环境温度有关，NST 的变化也是一样，低温时其 NST 会出现增加的情况。

3.1.5 季节性模拟对大绒鼠能量代谢的影响

实验组体重变化差异显著，实验组体重在 16d 较对照组下降 5.22%，18d 下降 8.11%，实验组和对照组差异显著，22d 后 2 组体重差异极显著，实验组较对照组下降 12.54%（图 3.20）。

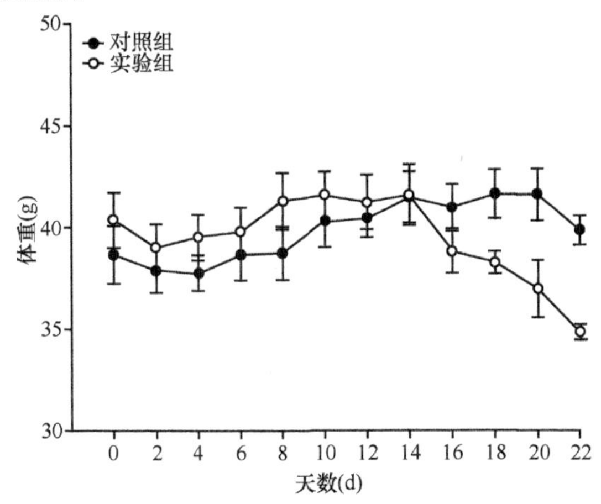

图 3.20 季节性模拟对大绒鼠体重的影响（杨涛等，2016）

对照组摄食量变化差异不显著，实验组摄食量变化差异极显著；22d 后实验组摄食量较对照组增加 58.23%，差异极显著（图 3.21）。

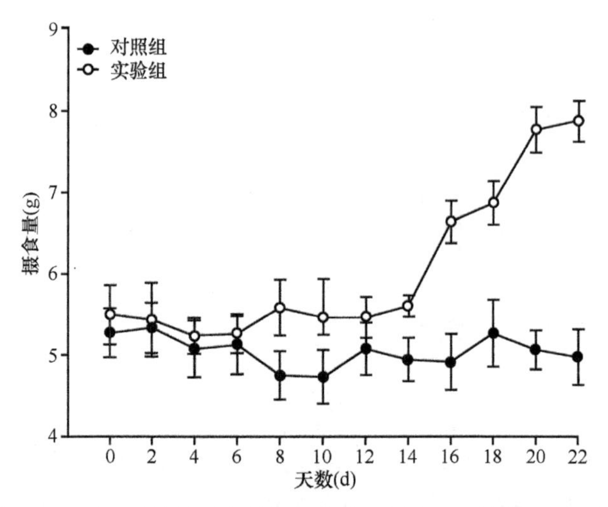

图 3.21　季节性模拟对大绒鼠摄食量的影响（杨涛等，2016）

对照组 RMR 变化差异不显著，实验组 RMR 变化差异极显著；实验组 RMR 较对照组增加 82.22%，差异极显著（图 3.22）。

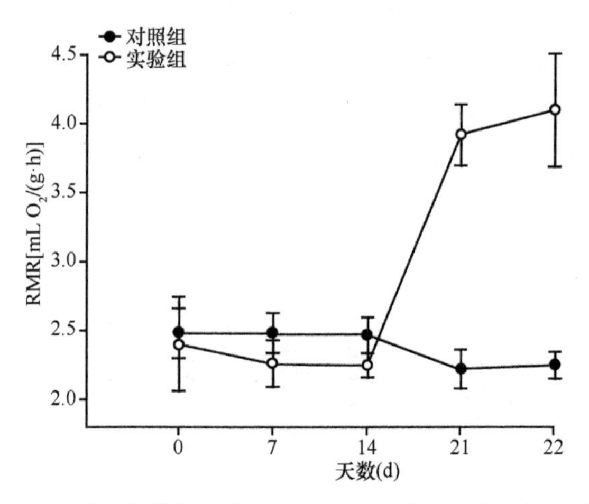

图 3.22　季节性模拟对大绒鼠静止代谢率的影响（杨涛等，2016）

22d 后实验组和对照组体脂重量差异显著；实验组体脂重量较对照组降低 11.69%，血清瘦素浓度较对照组降低 30.29%。相关性分析表明，体脂重量和血清瘦素浓度呈显著正相关（图 3.23）。

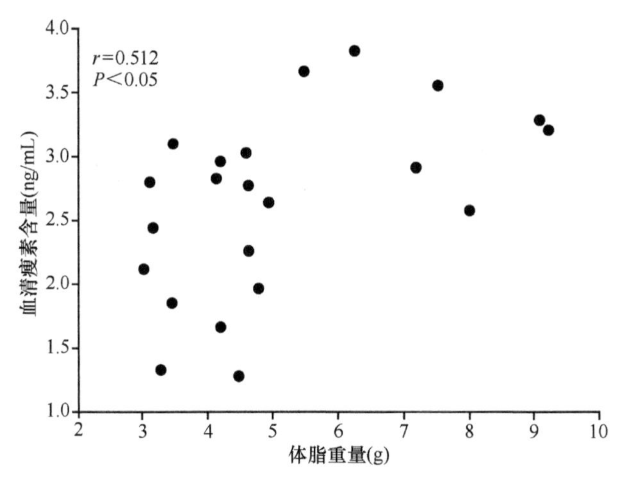

图 3.23　季节性模拟大绒鼠体脂重量与血清瘦素浓度的相关性（杨涛等，2016）

季节性模拟对大绒鼠的胴体重和肝脏重有显著影响，其中实验组胴体重较对照组下降 9.02%，实验组肝脏重较对照组增加 38.14%（表 3.3）。

表3.3　季节性模拟对大绒鼠胴体和器官重量的影响（杨涛等，2016）

参数	对照组	实验组	t	P
胴体湿重（g）	32.48±0.80	29.55±0.74	2.678	<0.05
肝脏（g）	2058.2±112.1	2843.1±210.4	−3.122	<0.01
心脏（g）	263.6±16.4	266.2±16.4	−0.108	>0.05
肺（g）	278.2±17.5	266.9±13.3	0.523	>0.05
脾（g）	77.3±6.0	80.0±8.6	−0.250	>0.05
肾（g）	440.0±26.8	433.1±24.6	0.190	>0.05

22d 后对照组和实验组小肠和盲肠湿重差异极显著，实验组较对照组分别增加 95.93%和 73.72%；大肠湿重差异显著，实验组较对照组增加 50.89%。

本研究表明，在 25℃条件下驯化 14d 后突然转入 5℃和短光条件下，大绒鼠的体重会迅速下降，而其他生理指标也表现出了和冬季适应策略一致的变化。

3.2　大绒鼠能量代谢的日节律变化研究

3.2.1　夏冬两季大绒鼠能量代谢的日节律变化

大绒鼠冬季、夏季的体温在 24h 内出现明显节律性波动，同时冬季与夏季节体温日节律变化趋势同步。在 05:00～07:00 时段最高，23:00～01:00 次之，11:00～

13:00 最低（图 3.24）。

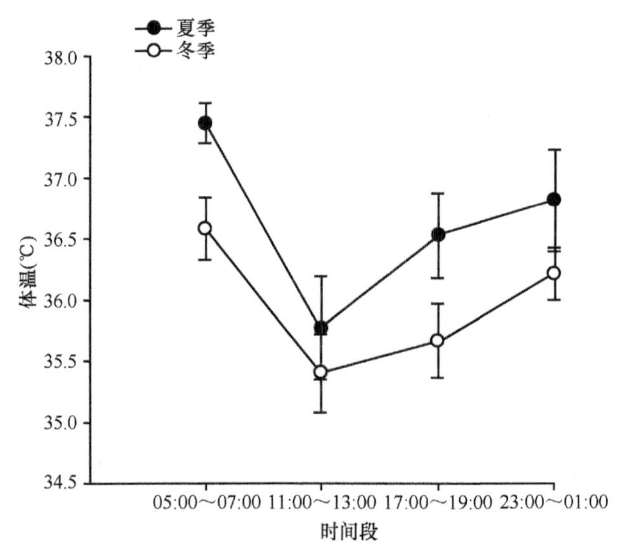

图 3.24　夏冬两季大绒鼠体温的日节律变化（罗谦等，2011）

大绒鼠冬季、夏季节的 BMR 在 24 h 内出现明显节律性波动，夜间 05:00～07:00 和 23:00～01:00 时段的 BMR 显著高于白天 11:00～13:00 和 17:00～19:00 时段的 BMR（图 3.25）。

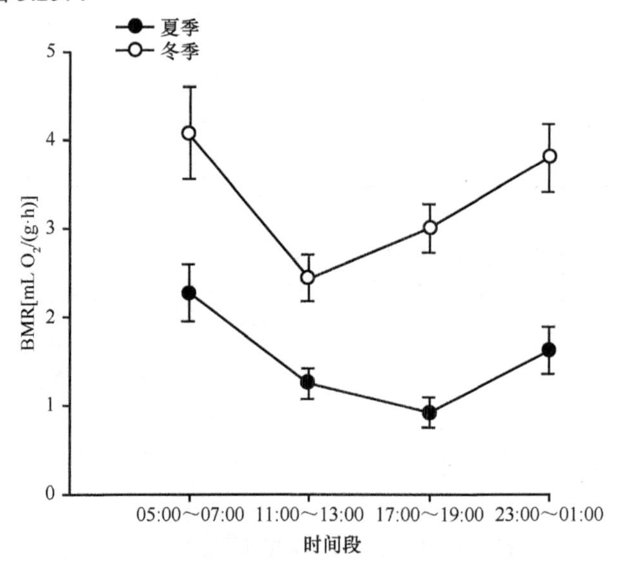

图 3.25　夏冬两季大绒鼠 BMR 的日节律变化（罗谦等，2011）

大绒鼠冬季的 NST 在 24h 内出现明显节律性波动，在 05:00～07:00 最高，23:00～01:00 次之，11:00～13:00 和 17:00～19:00 最低（图 3.26）。

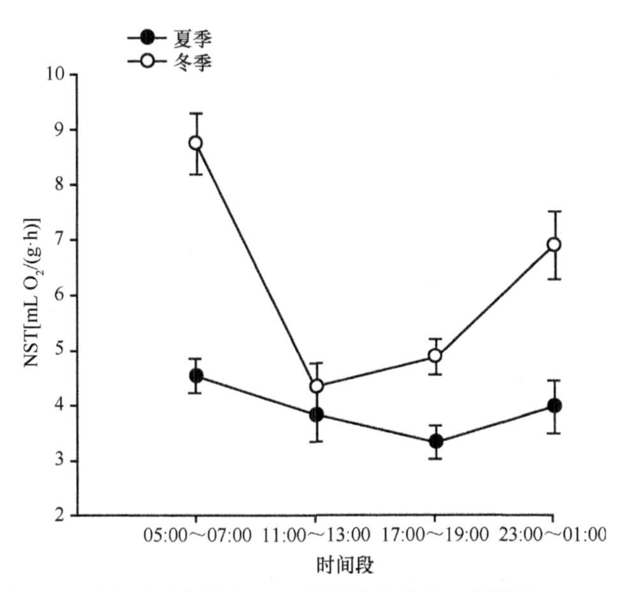

图 3.26　夏冬两季大绒鼠 NST 的日节律变化（罗谦等，2011）

大绒鼠冬夏季节的 EWL 在 24h 内出现明显节律性波动，其日节律变化趋势同步。在 17:00～19:00 最高，11:00～13:00 次之，05:00～07:00 和 23:00～01:00 最低（图 3.27）。

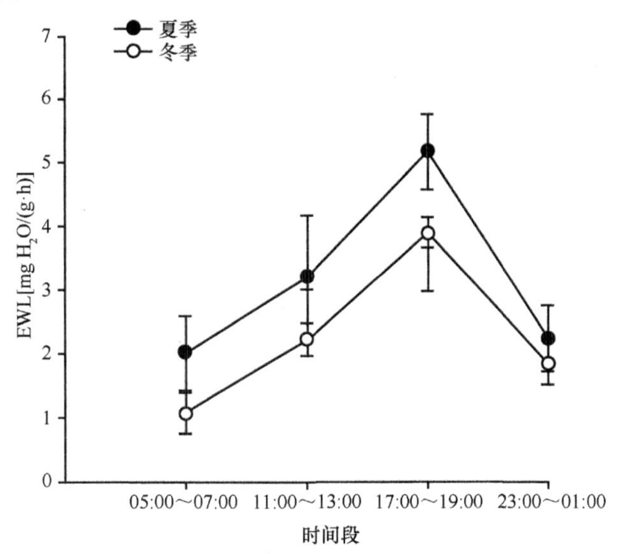

图 3.27　夏冬两季大绒鼠蒸发失水的日节律变化（罗谦等，2011）

大绒鼠日摄入能、消化能、可代谢能冬夏季节差异极显著（图 3.28）。

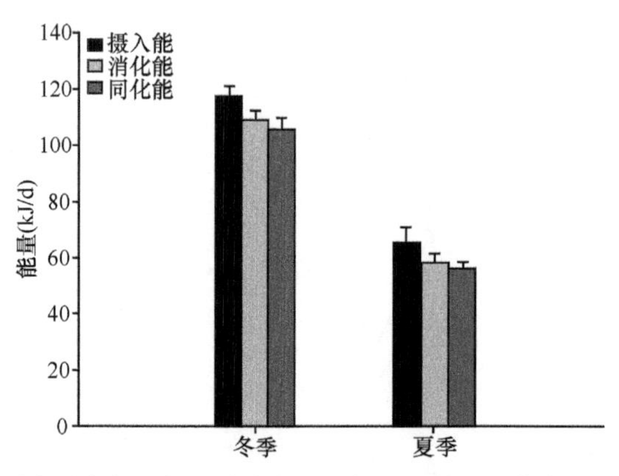

图 3.28　夏冬两季大绒鼠摄入能、消化能和可代谢能的日节律变化（罗谦等，2011）

大绒鼠的日节律变化说明，在环境温度较低时，大绒鼠主要是通过增加 BMR 和 NST 来维持较高的体温，而当环境温度升高时，其产热能力下降，但是蒸发失水量增加。而生理指标的季节性日节律变化和季节性变化趋势一致，即冬季体温较低，而产热能力较高。食物的消化率和同化率也是在冬季较高。

3.2.2　云南横断山 2 种小型哺乳动物产热日节律特征比较

大绒鼠体重调节的季节性日节律变化表明，大绒鼠的体温和蒸发失水在冬季较低、夏季较高，而产热能力则是冬季较高、夏季较低，与之前的季节性研究结果一致。比较大绒鼠和高山姬鼠生理指标的日节律变化，可以发现两者出现了趋同适应，但是在指标上高山姬鼠基本都是高于大绒鼠（表 3.4），这可能是由于高山姬鼠属于北方扩散而来的物种，因此在产热特征上还保留了部分北方物种的特性，即产热能力较高。

表3.4　云南横断山2种小型哺乳动物产热日节律特征比较（罗谦等，2011）

时间段	体温（℃）		BMR［mL O_2/（g·h）］		NST［mL O_2/（g·h）］		EWL［mg H_2O/（g·h）］	
	大绒鼠	高山姬鼠	大绒鼠	高山姬鼠	大绒鼠	高山姬鼠	大绒鼠	高山姬鼠
05:00～07:00	37.45±0.17	37.30±0.24	2.26±0.32	3.30±0.26	4.53±0.31	6.63±0.50	4.02±0.59	3.14±0.36
11:00～13:00	35.77±0.42	36.05±0.11	1.24±0.16	2.69±0.09	3.82±0.48	5.34±0.32	3.23±0.96	2.57±0.15
15:00～19:00	36.73±0.35	36.26±0.29	0.91±0.17	2.83±0.16	3.33±0.31	5.43±0.34	5.18±0.59	2.92±0.23
23:00～01:00	36.22±0.48	37.08±0.13	1.61±0.26	2.85±0.28	3.97±0.47	6.60±0.16	2.25±0.51	3.39±0.20

3.3 总　　结

对大绒鼠的季节性节律和日节律的研究表明，大绒鼠为了适应横断山区环境因子的季节性变化，表现出了显著的表型可塑性，另外在实验室模拟的驯化实验也证实了先前的研究结果。而日节律变化则是为了适应横断山区日温差变化较大这一特点。

参 考 文 献

付家豪，杨涛，张麟，等. 2015. 大绒鼠被毛的季节性变化[J]. 生物过程，5（4）：39-44.

罗谦，柳鹏飞，王政昆，等. 2011. 大绒鼠及高山姬鼠体温调节和蒸发失水的日节律[J]. 动物学杂志，46（1）：36-44.

杨涛，付家豪，陈金龙，等. 2016. 季节性模拟对大绒鼠能量代谢的影响[J]. 四川动物，35（3）：414-420.

章迪，周青宏，何丽娟，等. 2013. 大绒鼠在不同驯化温度下产热和能量代谢的变化[J]. 兽类学报，33（4）：344-351.

朱万龙，罗谦，刘军，等. 2016. 温度和光照对大绒鼠能量收支的影响[J]. 科学技术与工程，16（29）：1671-1815.

Andrzej KG，Taylor RE. 2004. Daily variation of body temperature，locomotor activity and maximum nonshivering thermogenesis in two species of small rodents[J]. Journal of Biological Rhythms，29（2）：123-131.

Aschoff J. 1982. The circadian rhythm of body temperature as a function of body size[A]. Taylor CR，Johanson K，Bolis L. A Companion to Animal Physiology. New York：Cambridge University Press，173-188.

Fuller CA，Sulzman FM，Moore-Ede MC. 1979. Circadian control of thermoregulation in the squirrel monkey，*Saimiri sciureus*[J]. American Journal of Physiology Regulatory，Integrative and Comparative Physiology，236（3）：153-161.

Haim A. 1996. Food and energy intake，non-shivering thermogenesis and daily rhythm of body temperature in the bushy-tailed gerbil *Sekeetamys calurus*：the role of photoperiod manipulations[J]. Journal of Thermal Biology，21（1）：37-42.

Li XS，Wang DH. 2005. Seasonal adjustments in body mass and thermogenesis in Mongolian gerbils（*Meriones unguieulatus*）：the roles of short photoperiod and cold[J]. Journal Comparative Physiology，175：593-600.

Matthew JP，Irving Z，William JS. 2008. Tracking the seasons：the internal calendars of vertebrates[J]. Philosophical Transactions of the Royal Society，363（1490）：341-361.

Refinetti R. 1999. Amplitude of the daily rhythm of body temperature in eleven mammalian species[J]. Journal of Thermal Biology，24（5-6）：477-481.

Refinetti R，Menaker M. 1992. The circadian rhythm of body temperature[J] . Physiology & Behavior，51（3）：613-637.

Rousseau K，Actha Z，Loudon AS. 2003. Leptin and seasonal mammals[J]. Journal Neuroendocrinol，15（4）：409-414.

Wang DH，Pei YX，Yang JC，et al. 2003. Digestive tract morphology and food habits in six species of rodents[J]. Folia Zoologica，52（1）：51-55.

Zhu WL，Zhang H，Zhang L，et al. 2014. Thermogenic properties of Yunnan red-backed voles（*Eothenomys miletus*）from the Hengduan mountain region[J]. Animal Biology，64（2014）：59-73.

第 4 章　不同温度条件下大绒鼠能量代谢的研究

能量代谢水平对物种的分布和丰富度、繁殖成功度和适合度等起重要的决定作用（Bozinovic，1992）。野生动物的能量代谢水平受许多环境和生理因子的影响，温度作为自然环境中最重要的影响因子之一，对动物的体重和产热等有显著的影响（Abelenda et al.，2003）。

小型哺乳动物在持续冷驯化过程中，是靠增加机体代谢产热来抵抗低温胁迫。在此环境下，个体、组织、细胞及分子等各个组织层次均出现与之相适应的各种变化（Chaffee & Roberts，1971；Feder & Block，1991），这些表现反映了动物对其生活环境适应的层次性（Feder & Block，1991），还涉及极为复杂的生理和生化机制（Carrey et al.，1993；John & Joseph，2005），从而影响动物的分布情况及对能量的利用问题，并最终影响动物的生存机制和进化对策。

本章在第 2 章和第 3 章的基础上，进一步研究温度到底是怎么作用于大绒鼠的，进行了冷驯化实验、高温实验及其他和温度有关的实验，为阐明大绒鼠在不同温度条件下的生存适应对策提供基础性材料。

4.1　冷驯化对大绒鼠能量代谢影响的研究

4.1.1　冷驯化对大绒鼠体重调节的影响

冷驯化前，大绒鼠对照组和实验组的体重差异不显著。冷驯化期间大绒鼠的体重变化差异显著，冷驯化条件下，实验组大绒鼠体重变化差异显著，对照组大绒鼠体重变化差异不显著（图 4.1）。

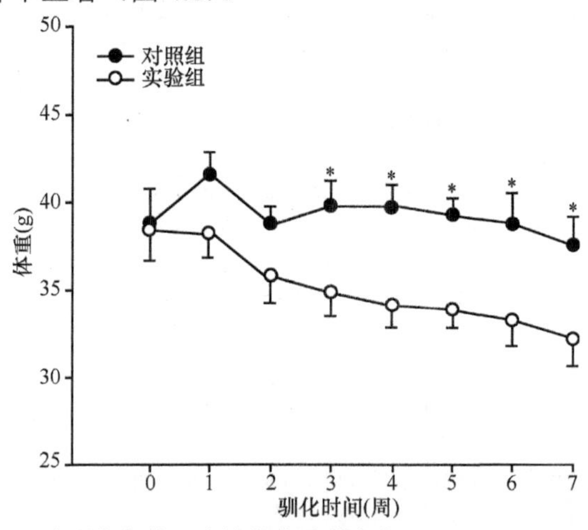

图 4.1　冷驯化条件下大绒鼠体重的变化（Zhu et al.，2010a）

*表示 $P<0.05$，差异显著。全书同

冷驯化前，大绒鼠对照组和实验组的能量摄入总量差异不显著。冷驯化期间大绒鼠的能量摄入总量变化差异极显著，与对照组相比，实验组大绒鼠的能量摄入总量在 7d 内差异显著。冷驯化过程中，对照组大绒鼠的能量摄入总量差异不显著（图 4.2）。

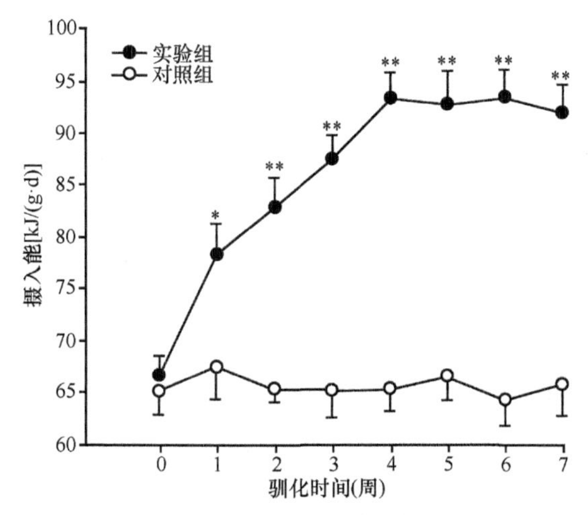

图 4.2　冷驯化条件下大绒鼠摄入能的变化（Zhu et al.，2010a）

*表示 $P<0.05$，差异显著；**表示 $P<0.01$，差异极显著。全书同

冷驯化前，大绒鼠的 BMR 差异不显著。随着冷驯化时间的延长，大绒鼠的 BMR 增加，冷驯化 28d 后增速变缓（图 4.3）。

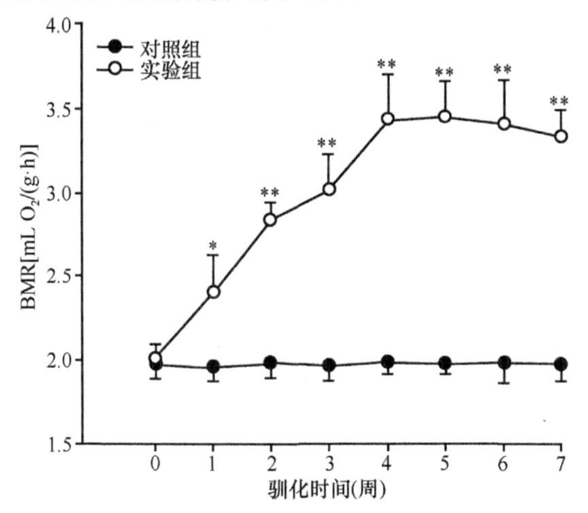

图 4.3　冷驯化对大绒鼠 BMR 的影响（Zhu et al.，2010a）

冷驯化前，大绒鼠的 NST 差异不显著。随着冷驯化时间的延长，大绒鼠的 NST 逐渐增加。冷驯化期间实验组大绒鼠的 NST 差异极显著，对照组差异不显著（图 4.4）。

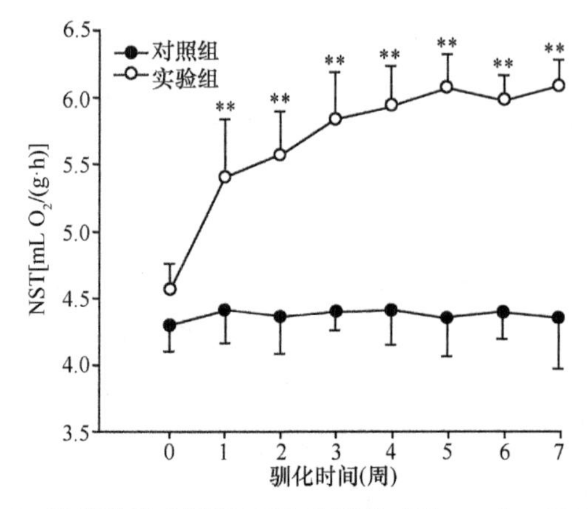

图 4.4　冷驯化对大绒鼠 NST 的影响（Zhu et al.，2010a）

冷驯化过程中，实验组大绒鼠肝重与对照组相比差异显著。实验组大绒鼠肝重增加 23.1%；肝重与体重之比增加 36.8%；蛋白质总含量和线粒体蛋白含量分别增加 74.2%和 57.0%；线粒体状态Ⅲ呼吸和状态Ⅳ呼吸分别增加 77.3%和 49.0%。冷驯化 28d 后实验组大绒鼠细胞色素 c 氧化酶（cytochrome c oxidase，COX）和 α-磷酸甘油氧化酶（α-glycerophophate oxidase，α-PGO）活性分别增加 210.8%和 24.1%。

冷驯化期间大绒鼠 BAT 含量增加 59.2%；实验组大绒鼠冷驯化 28d 后的 BAT 相对含量（BAT/体重）较对照组增长 73.8%；蛋白质总含量和线粒体蛋白含量分别增加 318.4%和 124.6%；UCP1 含量增加 81.0%；线粒体状态Ⅳ呼吸增加 192.1%；冷驯化 28d 后实验组大绒鼠 COX 和 α-PGO 活性分别增加 197.0%和 229.1%。

冷驯化 28d 后，实验组大绒鼠甲状腺素（thyroxine，T_4）水平较对照组降低 29.3%；而在冷驯化 49d 后，三碘甲状腺原氨酸（3,3',5-triiodothyronine，T_3）水平增加 47.7%，T_3/T_4 增加 108.7%。

冷驯化期间大绒鼠血清瘦素水平与体重呈显著正相关（图 4.5）。

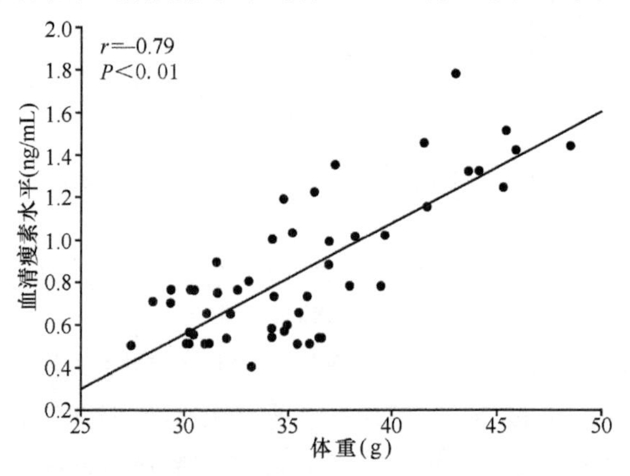

图 4.5　冷驯化条件下大绒鼠血清瘦素水平与体重的相关性（Zhu et al.，2010b）

冷驯化期间大绒鼠血清瘦素水平与摄入能呈显著负相关（图 4.6）。

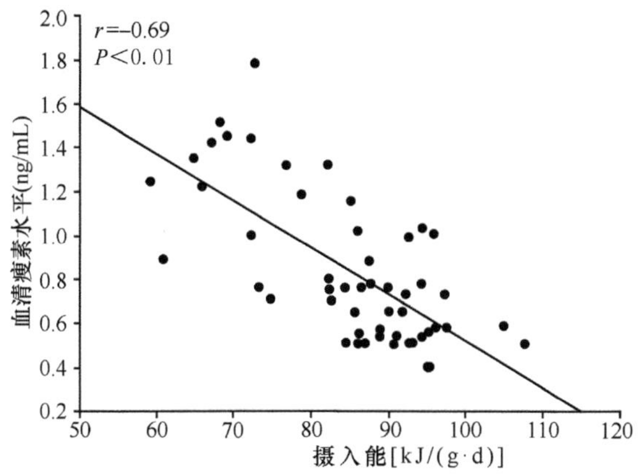

图 4.6　冷驯化条件下大绒鼠血清瘦素水平与摄入能的相关性（Zhu et al.，2010b）

冷驯化期间大绒鼠血清瘦素水平与 BMR 呈显著负相关（图 4.7）。

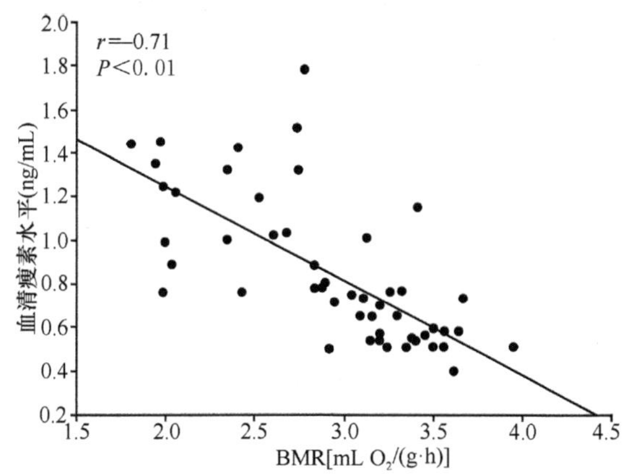

图 4.7　冷驯化条件下大绒鼠血清瘦素水平与 BMR 的相关性（Zhu et al.，2010b）

冷驯化期间大绒鼠血清瘦素水平与 NST 呈显著负相关（图 4.8）。

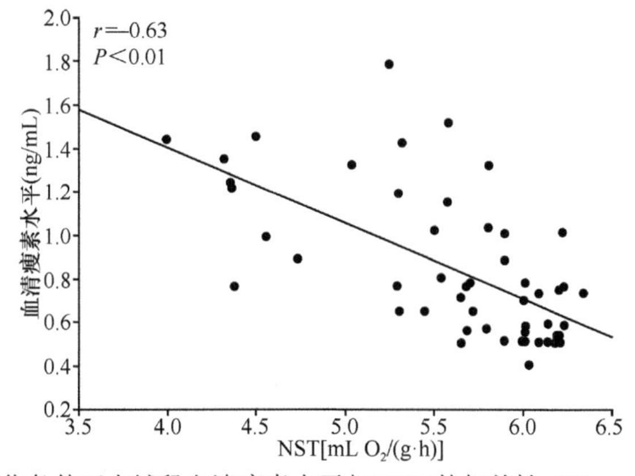

图 4.8　冷驯化条件下大绒鼠血清瘦素水平与 NST 的相关性（Zhu et al.，2010b）

本实验研究表明，大绒鼠在冷驯化条件下会降低体重，增加产热能力和食物摄入量来维持生存。肝脏和 BAT 的相关生化指标在低温条件下显著增加。血清瘦素含量在冷暴露情况下显著降低，而且与体重呈正相关关系，和产热能力、食物摄入量呈负相关关系，这些都说明血清瘦素在冷驯化条件下参与了大绒鼠的体重调节。

4.1.2 冷驯化和脱冷驯化对大绒鼠体重调节的影响

实验前，对照组和实验组大绒鼠体重差异不显著。28d 时实验组大绒鼠体重较对照组显著降低，脱冷驯化后实验组大绒鼠体重较对照组稳定升高（图 4.9）。

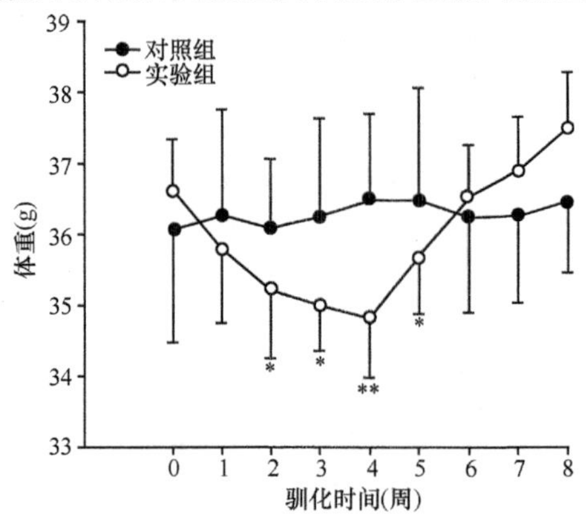

图 4.9 冷驯化和脱冷驯化对大绒鼠体重的影响（Zhu & Wang，2012）

4 周（28d）前冷驯化，4 周（28d）后脱冷驯化。下同

RMR 受环境温度影响。实验前，对照组和实验组大绒鼠 RMR 差异不显著。28d 时实验组大绒鼠 RMR 较对照组极显著增加。整个实验过程中，实验组大绒鼠 RMR 差异极显著，而对照组 RMR 差异不显著（图 4.10）。

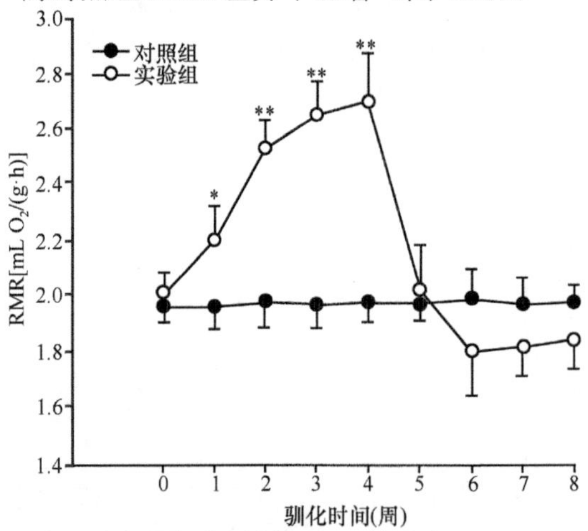

图 4.10 冷驯化和脱冷驯化对大绒鼠 RMR 的影响（Zhu & Wang，2012）

实验前，对照组和实验组大绒鼠摄入能差异不显著，实验 7d 后实验组大绒鼠摄入能较对照组极显著增加。冷驯化 28d 时实验组大绒鼠摄入能较对照组极显著增加。脱冷驯化 7d 后实验组大绒鼠摄入能较对照组差异仍然显著，但在脱冷驯化 28d 后实验组大绒鼠摄入能较对照组差异不显著。整个实验过程中，对照组摄入能差异不显著（图 4.11）。

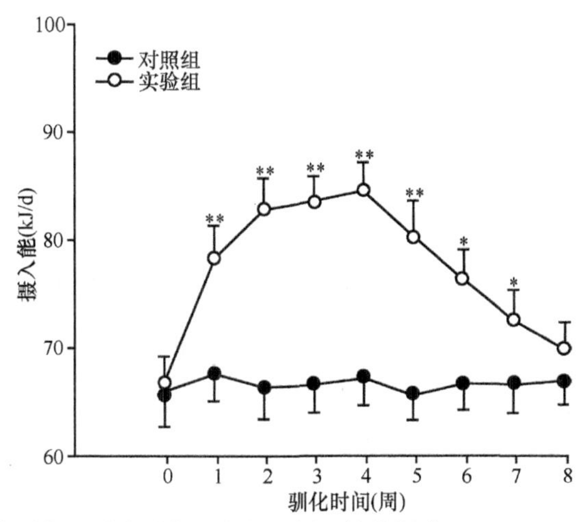

图 4.11　冷驯化和脱冷驯化对大绒鼠摄入能的影响（Zhu & Wang，2012）

冷驯化和脱冷驯化实验中，大绒鼠 BAT 中的 UCP1 含量变化差异显著，脱冷驯化 7d 后实验组大绒鼠 UCP1 含量恢复至初始水平（图 4.12）。

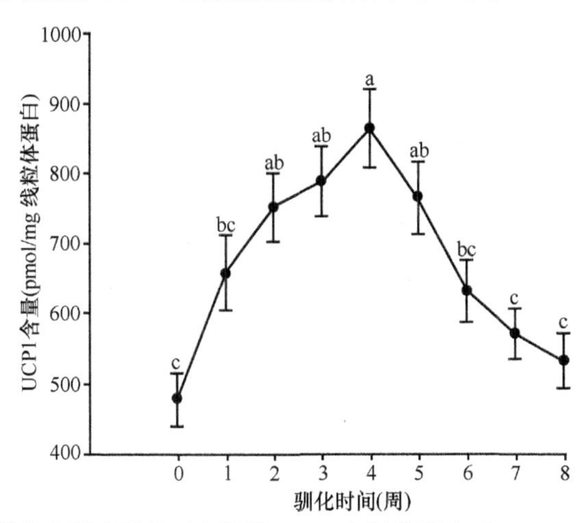

图 4.12　冷驯化和脱冷驯化对大绒鼠 UCP1 含量的影响（Zhu & Wang，2012）

冷驯化 7d 后大绒鼠血清瘦素水平显著下降 23%，脱冷驯化后大绒鼠血清瘦素水平恢复至初始状态。冷驯化和脱冷驯化期间大绒鼠血清瘦素水平与体脂重量呈极显著正相关（图 4.13）。

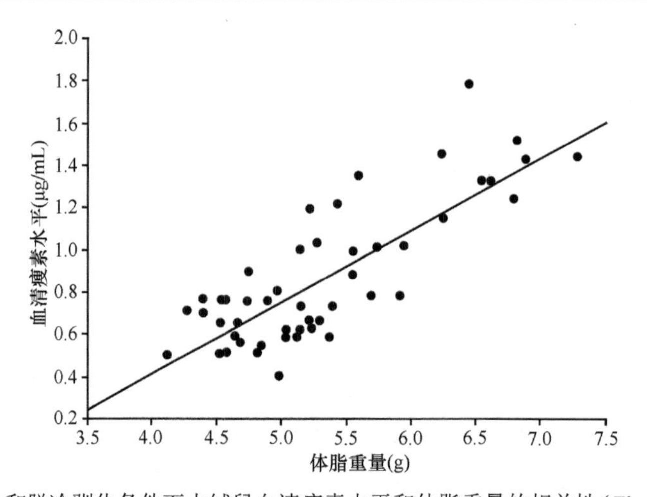

图 4.13　冷驯化和脱冷驯化条件下大绒鼠血清瘦素水平和体脂重量的相关性（Zhu & Wang，2012）

冷驯化和脱冷驯化期间大绒鼠血清瘦素水平与体重呈极显著正相关（图 4.14）。

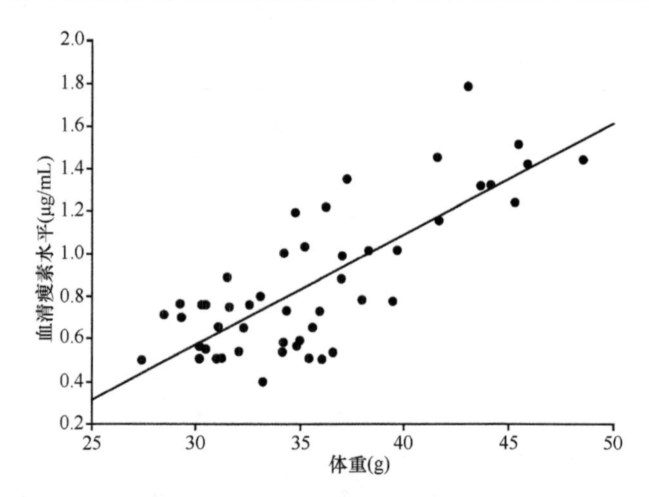

图 4.14　冷驯化和脱冷驯化条件下大绒鼠血清瘦素水平和体重的相关性（Zhu & Wang，2012）

实验前，大绒鼠 BAT 相对含量和肝脏重量均为差异不显著，脱冷驯化大绒鼠 BAT 和肝脏的相对含量随着体重的增加而增加。冷驯化期间大绒鼠 BAT 中的蛋白质含量和 COX 活性显著增加，脱冷驯化后恢复至初始水平。各组之间肝脏线粒体蛋白和 COX 活性均不显著。

大绒鼠对照组冷诱导最大代谢率和冷驯化组冷诱导最大代谢率差异极显著，冷驯化组 MMR 较对照组增加了 11.04%（图 4.15）。大绒鼠夏季静止代谢率为（3.76±0.07）mL O_2/（g·h），冬季的最大代谢率为（4.46±0.04）mL O_2/（g·h）。大绒鼠对照组 MMR 是夏季 RMR 的 2.47 倍，是冬季 RMR 的 2.09 倍，大绒鼠冷驯化组 MMR 是夏季 RMR 的 2.74 倍，是冬季 RMR 的 2.31 倍。

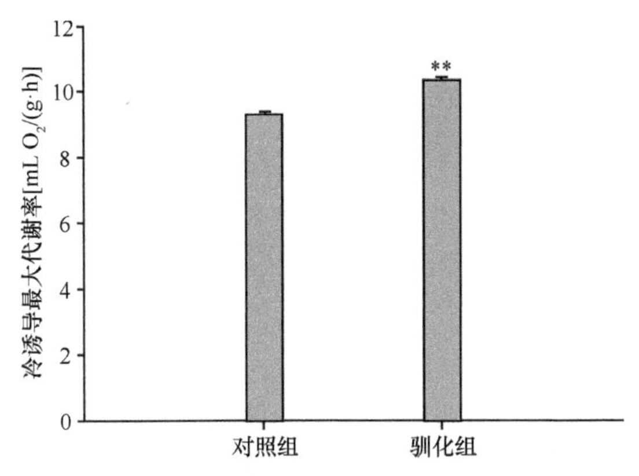

图 4.15　低温暴露对大绒鼠冷诱导最大代谢率的影响（朱万龙和王政昆，2015）

本研究表明，冷驯化条件下大绒鼠的生理指标的变化和第 2 章的温度驯化实验结果是一致的，而 BAT 和肝脏的生化指标基本都是在低温条件下增加，当复温时，这些指标又能回到对照组水平，体现出明显的表型可塑性。

4.2　大绒鼠在不同温度条件下其他相关研究

4.2.1　冷驯化和限食对大绒鼠体重调节的影响

实验前，实验组大绒鼠与对照组体重差异不显著，7d 后有极显著差异。28d 时差异极显著。在实验过程中，实验组大绒鼠体重显著下降，对照组体重无显著变化（图 4.16）。

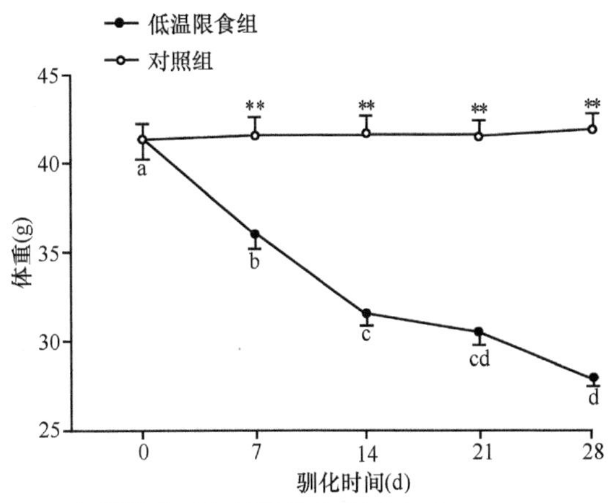

图 4.16　低温限食对大绒鼠体重的影响（Zhu et al.，2014）

实验前，实验组与对照组大绒鼠 RMR 和 NST 差异不显著。实验过程中，对照组大绒鼠的 RMR 和 NST 差异均不显著；但是实验组的 RMR 显著增高，与对照组相比差异极显著。实验 28d 时实验组大绒鼠的 RMR 显著增高（图 4.17）。

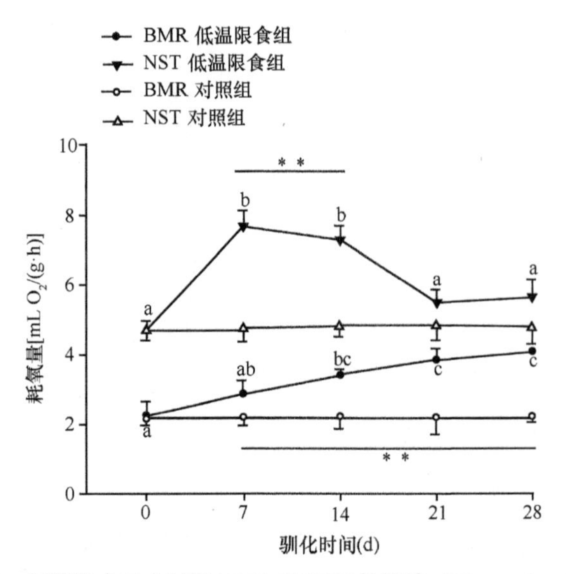

图 4.17　低温限食对大绒鼠 RMR 和 NST 的影响（Zhu et al.，2014）

低温限食条件下大绒鼠血清瘦素水平与体重、体脂含量呈显著正相关；血清瘦素水平与 RMR 和 NST 呈显著负相关（图 4.18）。

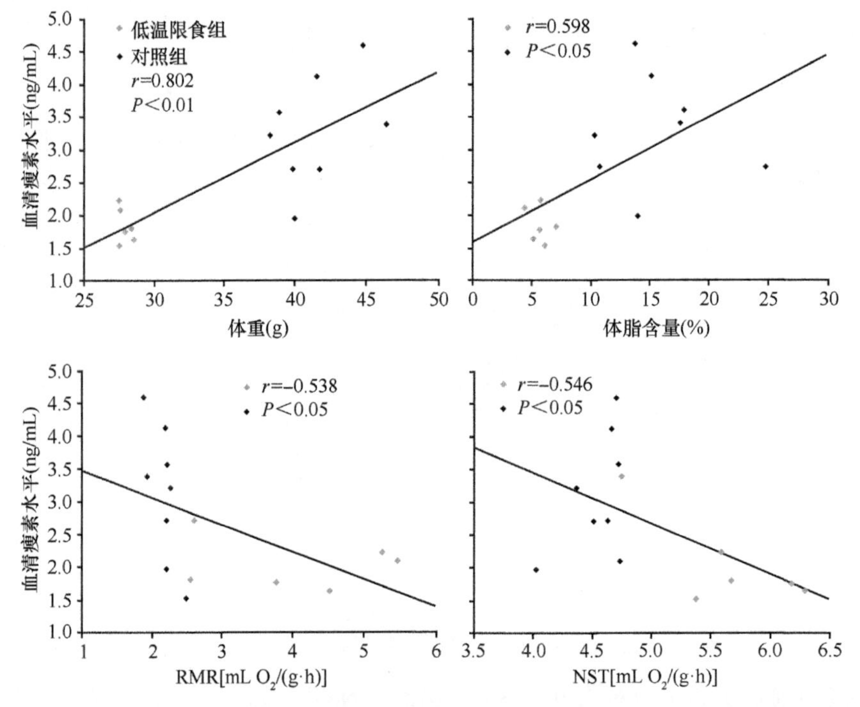

图 4.18　低温限食条件下大绒鼠血清瘦素水平与体重、体脂含量、RMR 和 NST 的相关性（Zhu et al.，2014）

实验组大绒鼠存活率为 18.18%，而对照组无死亡。实验组与对照组体脂重量差异极显著。实验 28d 后，实验组血清瘦素水平显著低于对照组，实验组大绒鼠胴体干重、BAT 重、胃干重、小肠干重均极显著低于对照组。

限食和低温会显著降低大绒鼠的体重，但是温度和限食对大绒鼠产热能力的作用是不一样的，在驯化开始的几周，大绒鼠的 RMR 和 NST 都是增加的，都是到了后期大绒鼠的 RMR 仍然是增加的，和之前的研究结果一致，即在低温条件下，大绒鼠主要是靠 RMR 的增加来维持生存，即使是食物限制，也没有降低 RMR，主要就是为了维持体温相对恒定。而 NST 在驯化后期则出现了下降，说明到了驯化后期，大绒鼠通过增加 RMR 以后，基本可以维持生存，这是由于食物也是受到限制的，所以适应性产热有所下降。

4.2.2　热驯化和限食对大绒鼠体重调节的影响

实验前 4 组大绒鼠的体重差异不显著。42d 时高温对于大绒鼠体重影响差异不显著，而食物限制对于人绒鼠体重影响差异显著（图 4.19）。

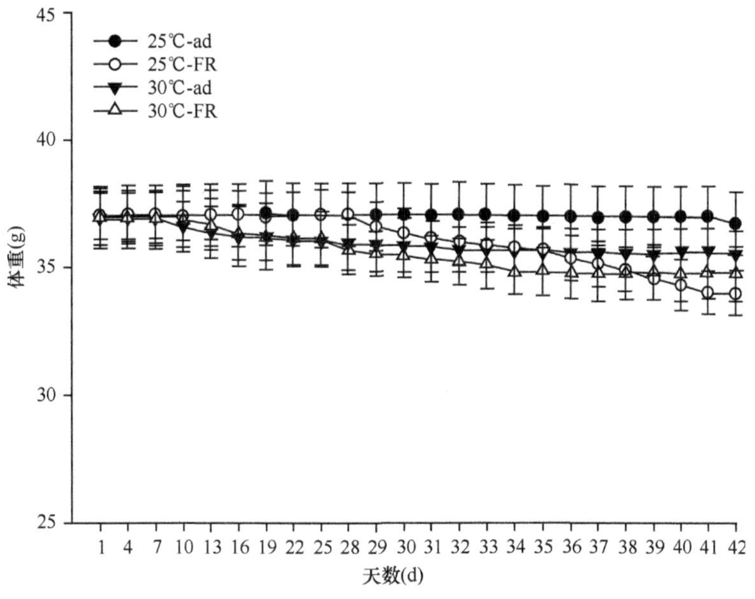

图 4.19　高温和限食对大绒鼠体重的影响（侯东敏等，2017）

25℃-ad 表示常温自由取食组，25℃-FR 表示常温限食组，30℃-ad 表示高温自由取食组，30℃-FR 表示高温限食组。下同

实验前 4 组大绒鼠的食物摄入量差异不显著。42d 时高温对于大绒鼠体重影响差异极显著，而食物限制对于大绒鼠食物摄入量影响差异极显著（图 4.20）。

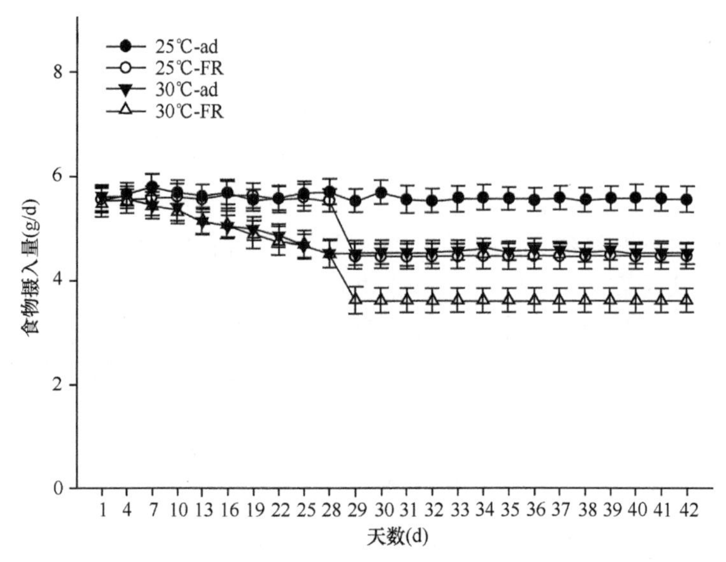

图 4.20　高温和限食对大绒鼠食物摄入量的影响（侯东敏等，2017）

高温对于大绒鼠静止代谢率和非颤抖性产热影响差异显著（图 4.21A、B），但是限食对于代谢率指标没有影响。高温对于大绒鼠线粒体蛋白和 UCP1 含量影响差异极显著（图 4.21C、D），但是限食对于线粒体蛋白和 UCP1 含量没有影响（图 4.21）。

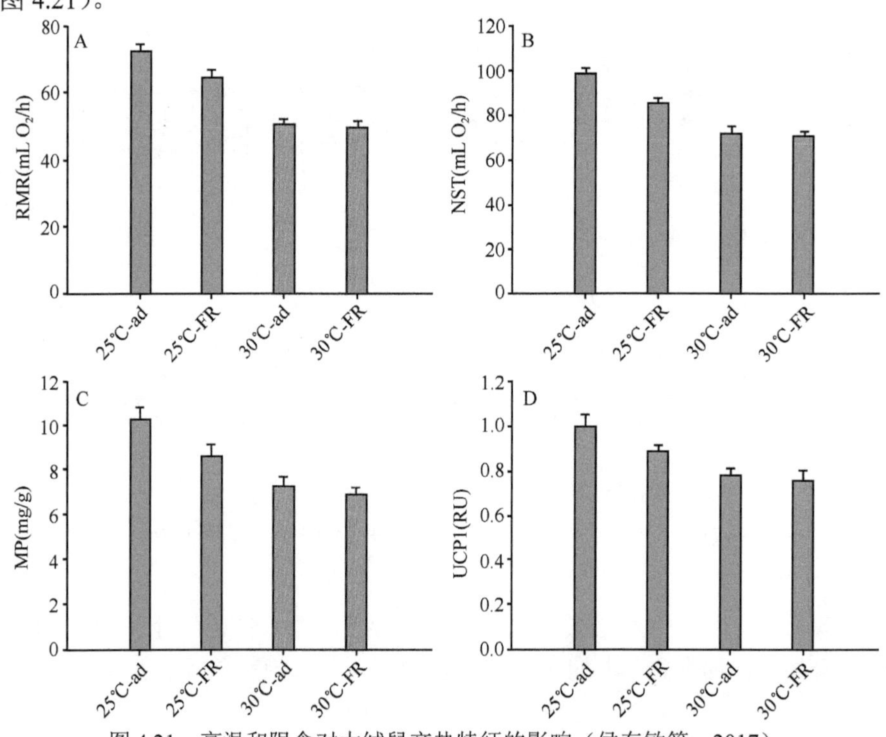

图 4.21　高温和限食对大绒鼠产热特征的影响（侯东敏等，2017）

以上结果说明，大绒鼠在高温条件下降低代谢率和产热可以增加其在食物限制的情况下的生存能力，暗示着在食物利用变化的情况下高温可能对于大绒鼠的体重调节起着非常重要的作用。

4.3 总　结

大绒鼠在低温条件下显示出独特的适应横断山区的特征：①降低体重，增加摄食量、RMR 和 NST；②血清瘦素浓度降低；③BAT 重量和 UCP1 含量增加，UCP1 含量与 BAT 重量和 NST 显著正相关；④消化道形态的改变，通过增加适应性产热和能量摄入来维持体温和应对寒冷环境。限食在低温条件下可以进一步刺激大绒鼠的 RMR 增加，但是 NST 降低。高温可以缓解限食对大绒鼠的生理胁迫。

参 考 文 献

侯东敏，章迪，朱万龙. 2017. 高温和食物限制对大绒鼠能量代谢的影响[J]. 绿色科技，2017(8)：12-15.

朱万龙，王政昆. 2015. 低温暴露对大绒鼠和高山姬鼠最大代谢率的影响[J]. 绿色科技，6（11）：24-27.

Abelenda M，Ledesma A，Rial E，et al. 2003. Leptin administration to cold acclimated rats reduces both food intake and brown adipose tissue thermogenesis[J]. Journal of Thermal Biology，28：525-530.

Bozinovic F. 1992. Rate of basal metabolism of grazing rodents from different habitats[J]. Journal of Mammalogy，73（2）：379-384.

Carrey C，Florant GL，Wunder BA. 1993. Life in the Cold：Ecological，Physiological and Molecular Mechanisms[M]. Boulder：Westview Press，575.

Chaffee RR，Roberts JC. 1971. Comparative effects of temperature exposure on mass and oxidative enzyme activity of brown fat in insectivores，tupaiads and primates[J]. Lipids，5（1）：23-29.

Feder ME，Block BA. 1991. On the future of animal physiological ecology[J]. Functional Ecology，5：135-144.

John LF，Joseph AT. 2005. Effects of cold exposure and hibernation on the liver，brown fat，and testes from golden hamsters[J]. Journal of Experimental Zoology，170（1）：107-116.

Zhu WL，Wang ZK. 2012. Adaptive characters of energy metabolism，thermogenesis and body mass in *Eothenomys miletus* during cold exposure and rewarming[J]. Animal Biology，62：263-276.

Zhu WL，Cai JH，Lian X，et al. 2010a. Adaptive character of metabolism in *Eothenomys miletus* in Hengduan Mountains region during cold acclimation[J]. Journal of Thermal Biology，35：417-421.

Zhu WL，Jia T，Lian X，et al. 2010b. Effects of cold acclimation on body mass，serum leptin level，energy metabolism and thermognesis in *Eothenomys miletus* in Hengduan Mountains region[J]. Journal of Thermal Biology，35：41-46.

Zhu WL，Yang SC，Gao WR，et al. 2014. Effect of cold temperature and food restriction on energy metabolism and thermogenesis in *Eothenomys miletus*[J]. Journal of Stress Physiology & Biochemistry，10（1）：26-36.

第 5 章　光照对大绒鼠能量代谢的影响

光周期的季节性变化作为重要的环境因子之一，对某些小型哺乳动物的形态和生理等特性的影响很大（赵志军，2004）。光是包括人在内的众多生物生存所必需的，许多生物体通过光感受器感受光线明暗的变化，并由此产生多种生命现象（江舟，2005）。在由季节性变化引起的环境其他因子的变化中，光周期是最为直接表现出昼夜节律性和季节性变化特征的因素之一（Bromage et al.，2001），是预测生物季节生理变化的一个最主要的环境因子（Nelson & Demas，1997）。目前，许多解剖学研究表明，脊椎动物具有明显的表型可塑性，以应对外界生态环境及自身生理状态的变化（Zhao & Cao，2009）。

能量的获得和消耗之间的平衡对生物的生存和繁殖非常重要，能量的平衡依赖于食物摄入和消化及动物产热、生长、繁殖和其他活动的能量分配之间的平衡（Kersten & Piersma，1987；Daan et al.，1990；Hammond & Diamond，1997；Bacigalupe & Bozinovic，2002）。能量代谢水平对一个物种的分布、丰富度、繁殖成功度和适合度等起重要的决定作用（Bozinovic & Rosenmann，1989；Bozinovic，1992）。野生动物的能量代谢水平受许多环境和生理因子的影响，其中光周期作为季节性变化的信号无疑是影响动物获能比较重要的因素之一（郑荣泉等，2003）。

本章在第 2 章研究的基础上，通过研究光照这一生态因子，来阐明不同光照处理，大绒鼠的生理特征是如何反应的，包括不同光照时间、冷驯化条件下改变光周期处理对大绒鼠体重调节的影响。

5.1　不同光周期对大绒鼠能量需求的影响

光驯化开始前，短光周期、中等光周期和长光周期下大绒鼠体重差异不显著，驯化后，三组光周期下大绒鼠体重都出现了一定程度的降低。短光周期、中等光周期和长光周期下大绒鼠体重变化量差异极显著，其中大绒鼠在短光照下体重变化最为明显（图 5.1）。

大绒鼠每日干物质和能量摄入随光照的增加而增加，长光周期最高、中等光周期次之、短光周期最低。单因素方差分析显示，各光周期下每日大绒鼠摄入能差异极显著（图 5.2）。

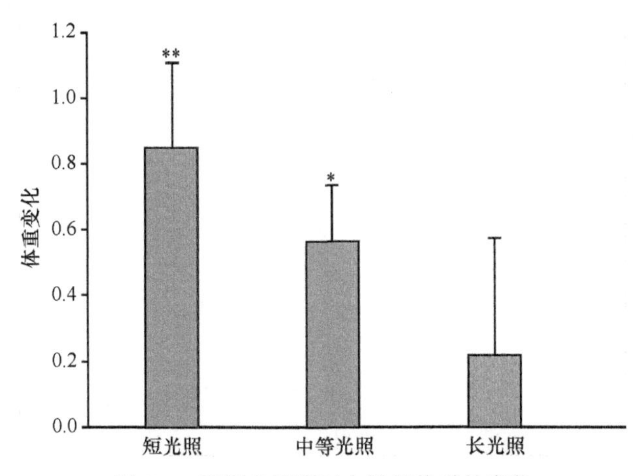

图 5.1　不同光周期下大绒鼠体重的变化

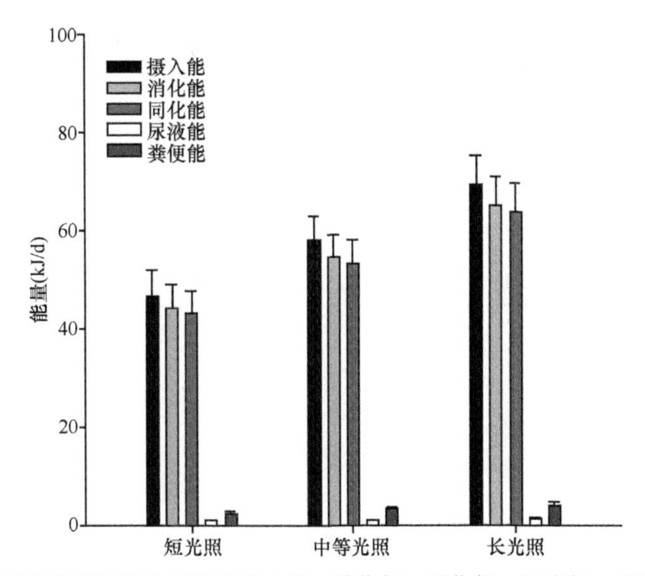

图 5.2　不同光周期下大绒鼠的摄入能、消化能、同化能、尿液能、粪便能变化

消化能和同化能的变化趋势相同（图 5.2），长光周期最高、中等光周期次之、短光周期最低。单因素方差分析显示，各光周期每日大绒鼠消化能差异极显著，同化能差异极显著。尿液能和粪便能在短光照时最低（图 5.2）。单因素方差分析显示，各光周期每日大绒鼠尿液能和粪便能差异均极显著。尿液能占总摄入能的 1.86%～2.203%，粪便能占总摄入能的 5.199%～6.073%。

在不同光周期下大绒鼠的消化率和同化率变化不明显（表 5.1）。单因素方差分析显示，各光周期每日大绒鼠消化率和同化率差异均不显著。

表5.1 不同光周期下大绒鼠的消化率和同化率

	短光照	中等光照	长光照	P
消化率（%）	94.8009±0.9775	93.9506±0.6858	93.9266±0.9234	＞0.05
同化率（%）	92.5977±1.0791	92.0903±0.8090	91.9078±1.1681	＞0.05

本研究结果表明，不同的光周期是会影响大绒鼠的能量收支的，这和第 3 章中温度和光照的双因素实验结果不一致，说明在两种生态因子的共同作用下，大绒鼠对温度的敏感度更高一些。而当单独的光周期来处理时，大绒鼠在某些生理指标上会表现出明显的适应性。而本实验中长光刺激了大绒鼠的能量摄入，这可能和本实验的食物有关，本实验中每天均给大绒鼠喂以苹果，而在后面的实验中，当喂以标准饲料时短光刺激了大绒鼠的能量摄入，说明在不同光周期条件下，食物成分也可以影响其体重调节。

5.2 不同光周期对大绒鼠身体组成的影响

长光照和短光照驯化实验对大绒鼠体重和身体组成的对比结果如表 5.2 所示。从测量数据可以看出，光照时间的长短对体重的影响差异显著，对肝脏湿重影响差异显著，其余脏器湿重与干重均差异不显著。

表5.2 不同光周期下大绒鼠的消化率和同化率（g）（张海姬等，2017）

	短光照组（n=5）	长光照组（n=6）	P
前体重	33.190±2.157	32.695±2.049	0.872
后体重	30.228±1.031	32.617±0.358	0.042
心脏	0.318±0.046	0.254±0.030	0.265
肝脏	1.428±0.022	1.619±0.066	0.033
脾	0.060±0.009	0.075±0.009	0.313
肺	0.406±0.058	0.429±0.031	0.725
肾	0.419±0.041	0.424±0.025	0.915
心脏干重	0.081±0.011	0.064±0.007	0.202
肝脏干重	0.437±0.049	0.491±0.019	0.347
脾干重	0.017±0.002	0.020±0.002	0.407
肺干重	0.146±0.049	0.103±0.008	0.377
肾干重	0.127±0.018	0.132±0.008	0.795

光照时间长短驯化实验对大绒鼠消化道长度的影响如表 5.3 所示，光照对于大绒鼠消化道长短变化影响均差异不显著。

表5.3　大绒鼠消化道长度的光周期变化（cm）（张海姬等，2017）

	短光照组（*n*=5）	长光照组（*n*=6）	*P*
大肠长	16.070±1.777	17.717±0.744	0.385
小肠长	37.480±2.506	34.767±1.252	0.333
胃长	2.152±0.075	2.083±0.166	0.734
盲肠长	9.140±0.573	9.467±1.290	0.834

长光照和短光照驯化实验对大绒鼠消化器官重量的影响如表 5.4 所示，光照时间的长短对小肠含内容物重影响差异显著，对盲肠干重影响差异极显著，其余消化器官差异不显著。

表5.4　大绒鼠消化器官重量的光周期变化（g）（张海姬等，2017）

		短光照组（*n*=5）	长光照组（*n*=6）	*P*
大肠	含内容物重	0.469±0.078	0.522±0.062	0.599
	去内容物重	0.289±0.035	0.271±0.019	0.654
	干重	0.042±0.007	0.036±0.002	0.422
小肠	含内容物重	1.197±0.064	1.471±0.080	0.029
	去内容物重	0.774±0.143	0.630±0.106	0.430
	干重	0.127±0.018	0.086±0.015	0.109
盲肠	含内容物重	1.566±0.084	2.045±0.301	0.194
	去内容物重	0.438±0.066	0.537±0.030	0.182
	干重	0.038±0.006	0.063±0.004	0.005
胃	含内容物重	0.651±0.205	0.907±0.424	0.625
	去内容物重	0.308±0.022	0.335±0.040	0.590
	干重	0.072±0.006	0.073±0.007	0.947

通过研究不同光周期对大绒鼠身体组成的影响，同样可以发现长短光照会影响大绒鼠的内脏器官和消化道形态，进一步证实了单独的光周期处理会影响大绒鼠的生存策略。

5.3　不同光周期对大绒鼠体重调节的影响

光周期驯化实验前，长光照组（LD）和短光照组（SD）大绒鼠体重差异不显著（图 5.3）。驯化过程中长光照组大绒鼠的体重显著高于短光照组。整个实验中，短光照组大绒鼠体重相对稳定，而长光照组大绒鼠的体重逐渐增加。

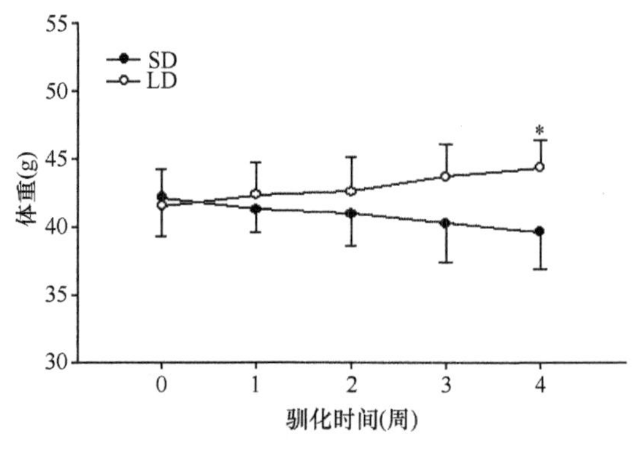

图 5.3 光周期驯化对大绒鼠体重的影响（Zhu et al.，2011）

实验结束后，短光照组大绒鼠的体脂重量低于长光照组，短光照组大绒鼠的胴体干重低于长光照组。两组间胴体脱脂干重差异不显著。实验 28 d 后，短光照组和长光照组大绒鼠之间 BAT 和肝脏线粒体蛋白含量呈显著差异。短光照组大绒鼠的肝脏 COX 活性高于长光照组，BAT 中 COX 活性和 UCP1 含量均差异显著。短光照组和长光照组大绒鼠之间的血清瘦素水平差异不显著（表 5.5）。

表5.5 光周期驯化下大绒鼠BAT和肝脏中线粒体蛋白含量、COX活性、UCP1含量的变化（Zhu et al.，2011）

		短光照组（n=10）	长光照组（n=10）	P
体重	实验前（g）	42.14±2.80	41.51±2.66	ns
	实验后（g）	39.63±2.74	44.31±2.13	<0.05
	胴体干重（g）	7.93±1.30	9.36±1.64	<0.05
	胴体脱脂干重（g）	5.42±0.93	6.42±1.33	ns
	体脂重量（g）	2.44±0.42	2.93±0.36	<0.05
BAT	BAT 重（g）	0.29±0.04	0.26±0.03	ns
	线粒体蛋白（mg/g）	11.6±0.92	7.5±0.51	<0.05
	COX 活性［nmol/（g·min）］	612±42	582±23	<0.05
	UCP1 含量（pmol/mg）	527.20±22.16	480.70±24.11	<0.05
肝脏	肝脏重（g）	2.09±0.12	2.16±0.09	ns
	线粒体蛋白（g）	23.8±1.82	17.9±1.41	<0.05
	COX 活性［nmol/（g·min）］	55.34±2.83	32.53±2.90	<0.05
	血清瘦素（ng/mL）	0.98±0.06	1.07±0.09	ns

光周期驯化实验前，长光照组和短光照组大绒鼠 BMR、NST 和摄入能均差异不显著。驯化结束后，短光照组大绒鼠的 BMR 高于长光照组（图 5.4A）；短光照组大绒鼠 BMR 在实验 28d 时与 0d 差异显著，而长光照组大绒鼠 BMR 实验前

后差异不显著。驯化结束后，短光照组大绒鼠的 NST 高于长光照组（图 5.4B）。短光照组大绒鼠 NST 在实验 28d 时与 0d 差异显著，而长光照组大绒鼠 NST 实验前后差异不显著。实验 28d 时短光照组大绒鼠的摄入能高于长光照组（图 5.4C）。

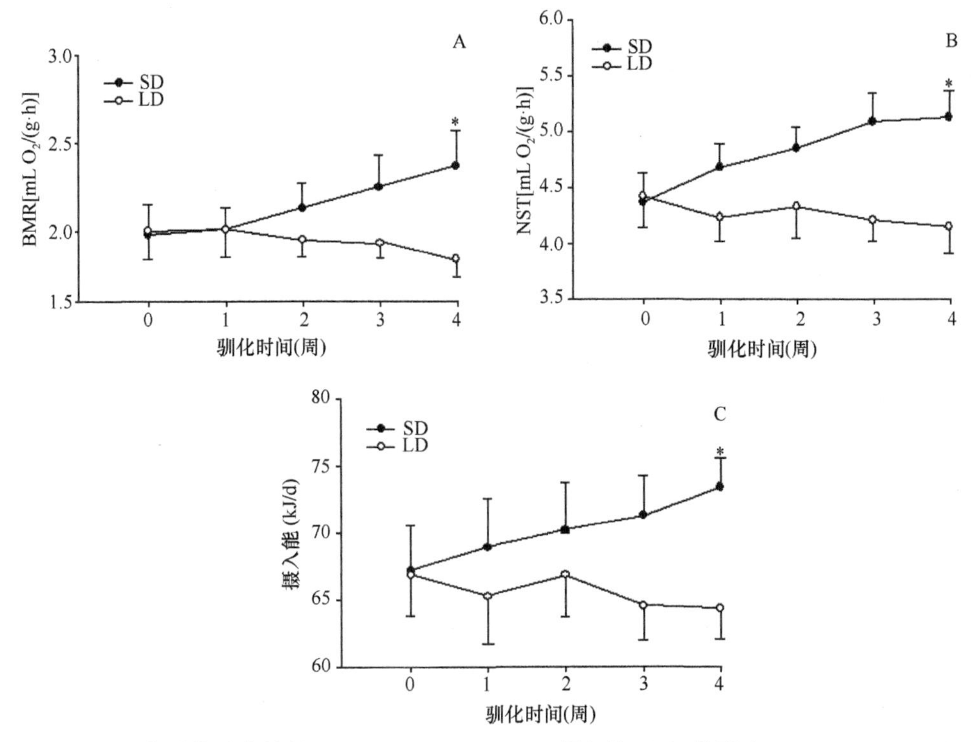

图 5.4　光周期驯化对大绒鼠 BMR（A）、NST（B）、摄入能（C）的影响（Zhu et al.，2011）

大绒鼠血清瘦素与体重和体脂重量呈极显著正相关关系（图 5.5A、B）。大绒鼠血清瘦素与摄入能、NST 和 UCP1 含量呈极显著负相关关系（图 5.5C～E）。

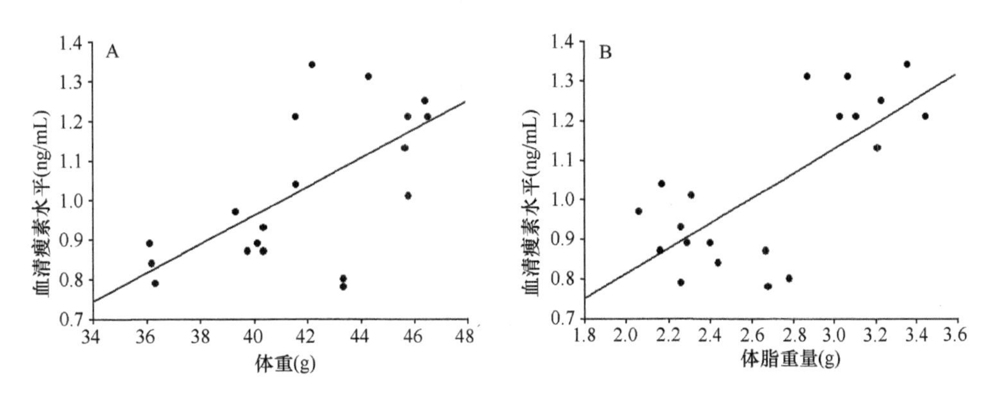

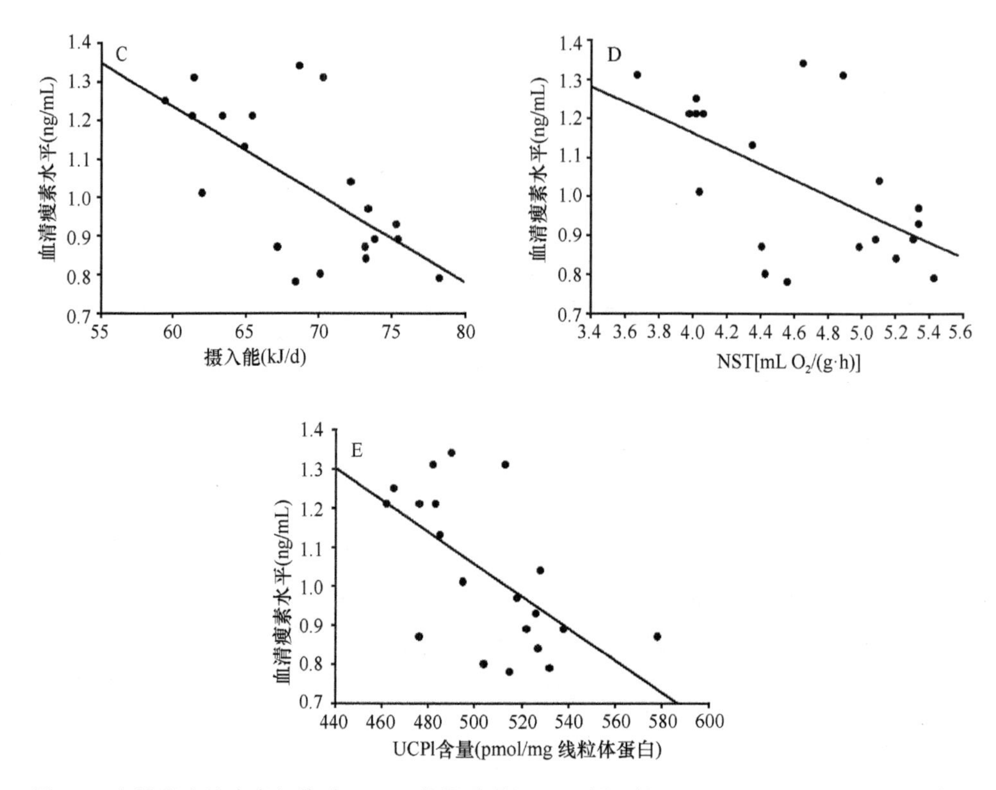

图 5.5　大绒鼠血清瘦素与体重（A）、体脂重量（B）、摄入能（C）、NST（D）和 UCP1 含量（E）的相关性（Zhu et al.，2011）

通过进一步研究不同光周期对大绒鼠的生化指标和血清瘦素含量的影响，可知大绒鼠是受光周期影响的，短光可以刺激大绒鼠产热能力的增加。此外，血清瘦素参与不同光周期条件下大绒鼠的体重调节。

5.4　冷驯化条件下光照对大绒鼠体重和产热特征的影响

实验前，短光照转长光照组（SD→LD）与短光照组（SD）大绒鼠体重差异不显著。驯化 28d 后，两组大绒鼠体重均下降，短光照组大绒鼠 28d 后体重相对稳定，而长光照组大绒鼠 28d 后体重逐渐增加（图 5.6）。

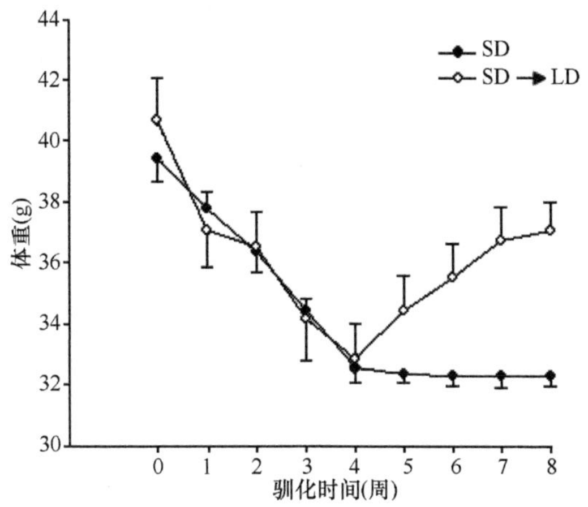

图 5.6　冷驯化条件下不同光照对大绒鼠体重的影响（Zhu et al.，2012）

实验前，长光照组与短光照组大绒鼠 RMR 差异不显著。驯化 28d 后，两组大绒鼠 RMR 均增加，短光照组大绒鼠 RMR 28d 后相对稳定，而长光照组大绒鼠 RMR 28d 后逐渐增加（图 5.7）。

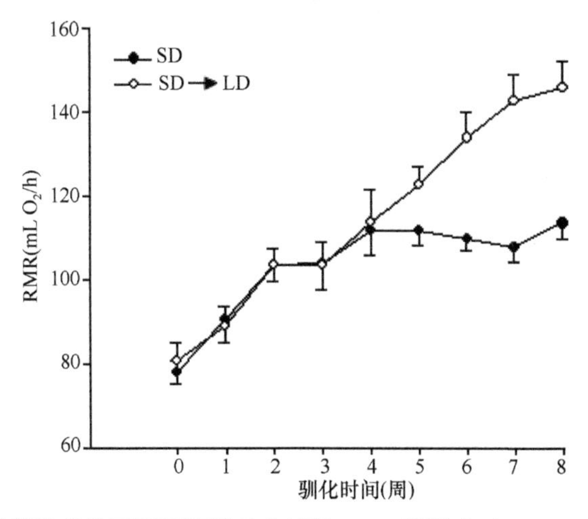

图 5.7　冷驯化条件下不同光照对大绒鼠 RMR 的影响（Zhu et al.，2012）

实验前，长光照组与短光照组大绒鼠摄入能差异不显著。驯化 28d 后，两组大绒鼠摄入能均增加，短光照组大绒鼠摄入能 28d 后相对稳定，而长光照组大绒鼠摄入能 28d 后逐渐增加（图 5.8）。大绒鼠血清瘦素水平与体重呈正相关关系（图 5.9）。大绒鼠血清瘦素水平与体脂重量呈正相关关系（图 5.10）。大绒鼠血清瘦素水平与 RMR 呈正相关关系（图 5.11）。大绒鼠血清瘦素水平与摄入能呈正相关关系（图 5.12）。

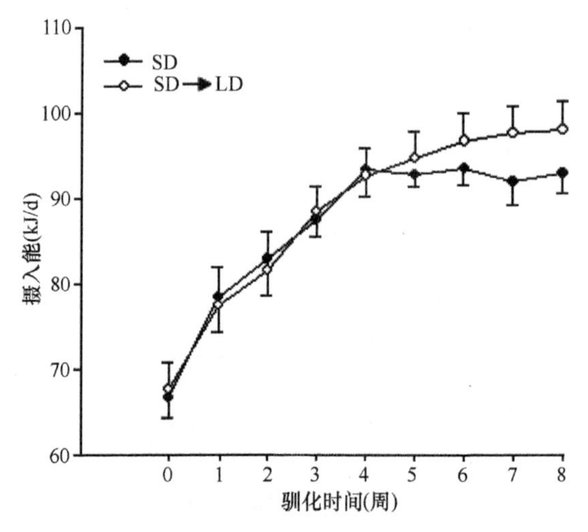

图 5.8　冷驯化条件下不同光照对大绒鼠摄入能的影响（Zhu et al.，2012）

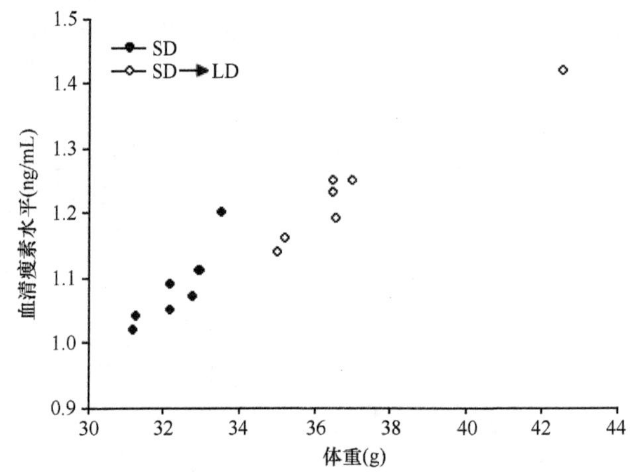

图 5.9　大绒鼠血清瘦素水平与体重的相关性（Zhu et al.，2012）

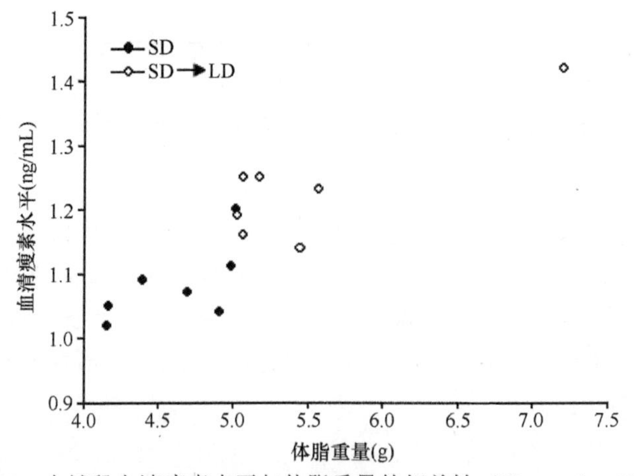

图 5.10　大绒鼠血清瘦素水平与体脂重量的相关性（Zhu et al.，2012）

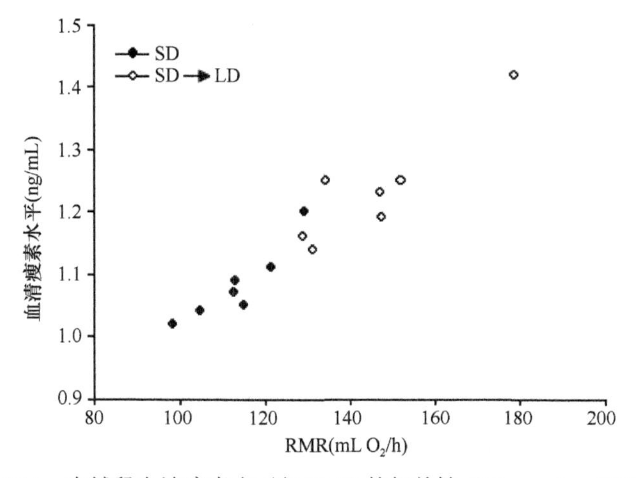

图 5.11　大绒鼠血清瘦素水平与 RMR 的相关性（Zhu et al.，2012）

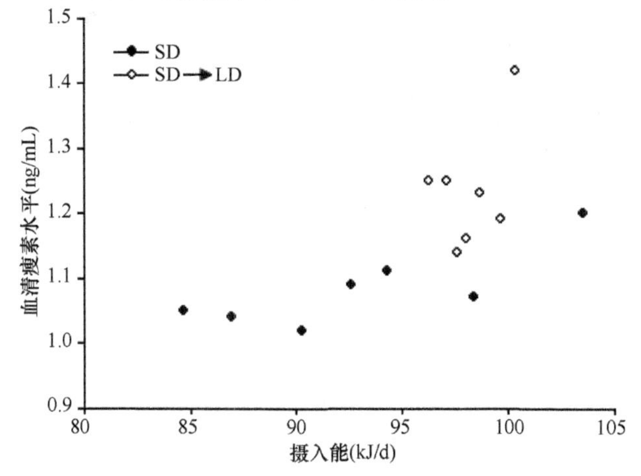

图 5.12　大绒鼠血清瘦素水平与摄入能的相关性（Zhu et al.，2012）

冷驯化条件下由短光转入长光同样是会影响大绒鼠的体重调节，而且在长光条件下，大绒鼠增加食物摄入量，为后续研究大绒鼠的体重调节是否具有血清瘦素抵抗提供了可能性。

5.5　总　　结

无论是短光照还是冷驯化条件下短光照转长光照，大绒鼠都会降低体重和体脂重量，以减少对能量的绝对需求。大绒鼠降低血清瘦素含量，这可能是因为低浓度的血清瘦素有利于体重的增加和防止由于产热导致的能量消耗进一步增加，从而保持能量的相对平衡。此外，大绒鼠还会增加摄入能、RMR 和 NST，从而来应对低温能量需求增加，维持能量平衡。综上，光周期可能参与了大绒鼠体重和产热的适应性调节。

参 考 文 献

江舟. 2005. 不同周期光暗循环对小鼠生长和摄食的影响[D]. 四川大学硕士学位论文.

张海姬，梅丽，侯东敏，等. 2017. 不同光周期对大绒鼠身体组成和消化道形态的影响[J]. 绿色科技，14（2017）：157-159.

赵志军. 2004. 光周期对布氏田鼠产热特性的影响[C]//中国动物学会兽类学分会. 第六届会员代表大会暨学术讨论会论文摘要集. 北京：中国动物学会兽类学分会，2.

郑荣泉，鲍毅新，周慧娣，等. 2003. 光周期对社鼠能量摄入的影响[J]. 动物学报，49(4)：525-528.

Bacigalupe L，Bozinovic F. 2002. Design，limitations and sustained metabolic rate：lessons from small mammals[J]. Journal of Experimental Biology，205：2963-2970.

Bozinovic F. 1992. Rate of basal metabolism of rodents from different habitats. Journal of Mammalogy，73：379-384.

Bozinovic F，Rosenmann M. 1989. Maximum metabolic rate of rodents：physiological and ecological consequences on distribution limits. Functional Ecology，3：173-181.

Bromage N，Porter M，Randall C. 2001. The environmental regulation of maturation in farmed finfish with special reference to the role of photoperiod and melatonin[J]. Aquaculture，197（1/4）：63-98.

Daan S，Masman D，Groenewold A. 1990. Avian basal metabolic rates：their association with body composition and energy expenditure in nature[J]. American Journal of Physiology，259：R333-R340.

Hammond KA，Diamond J. 1997. Maximal sustained energy budgets in humans and animals. Nature，386：457-462.

Kersten M，Piersma T. 1987. High levels of energy expenditure in shorebirds：metabolic adaptations to an energetically expensive way of life[J]. Ardea，75：175-187.

Nelson RJ，Demas GE. 1997. Role of melatonin in mediating seasonal energetic and immunologic adaptations[J]. Brain Research Bulletin，44（4）：423-430.

Zhao ZJ，Cao J. 2009. Plasticity in energy budget and behavior in Swiss mice and striped hamsters under stochastic food deprivation and refeeding[J]. Comparative Biochemistry and Physiology A-Molecular & Integrative Physiology，154（1）：84-91.

Zhu WL，Cai JH，Lian X，et al. 2011. Effects of photoperiod on energy intake，thermogenesis and body mass in *Eothenomys miletus* in Hengduan Mountain region[J]. Journal of Thermal Biology，36（7）：380-385.

Zhu WL，Yang SC，Cai JH，et al. 2012. Effects of photoperiod on body mass，thermogenesis and body composition in *Eothenomys miletus* during cold exposure[J]. Journal of Stress Physiology & Biochemistry，8（2）：39-50.

第6章　食物对大绒鼠能量代谢的影响

动物体重和产热的生理适应性调节是动物应对自然环境中食物短缺的主要策略之一，对提高其生存能力具有重要意义（Zhao & Wang，2007）。自然界中食物质量和数量会受到空间分布的不均匀性、季节更替或环境剧变等原因的影响，从而导致动物在其生活史某些时期面临食物资源的缺乏而受到饥饿胁迫（梁虹和张知彬，2003）。“代谢率转换”假说认为，动物能否适应食物资源变化的关键在于其是否具备调节代谢的能力，在限食的条件下，只有通过“转换”代谢率，降低代谢水平，才能适应长期的食物短缺环境（Merkt & Taylor，1994）。生活在温带地区的小型哺乳动物，常通过降低体重等途径来适应冬季食物缺乏的环境（Voltura & Wunder，1998），这有利于减少对能量的绝对需求量（Nagy et al.，1995）。研究发现，食物限制会对动物的生理特征产生明显影响，除减少能量消耗，降低能量需求外（梁虹和张知彬，2003），还可影响消化道形态（Bozinovic et al.，2007）及血清瘦素含量的变化（Klingenspor et al.，2000；Rousseau et al.，2003）。

本章是在研究大绒鼠在不同温度和光照下体重和产热特征变化的基础上延伸的。在野外环境中，温度、光照和食物是影响小型哺乳动物生存的重要生态因子。本章想阐明大绒鼠在不同的食物条件下的生存策略。

6.1　限食程度对大绒鼠体重和产热特征的影响

限食导致部分动物死亡，FR-70%（70%的限食）和 FR-80%（80%的限食）组动物发生了死亡，4 周后存活率分别为 60%和 90%；FR-90%（90%的限食）组动物没有死亡（图 6.1）。

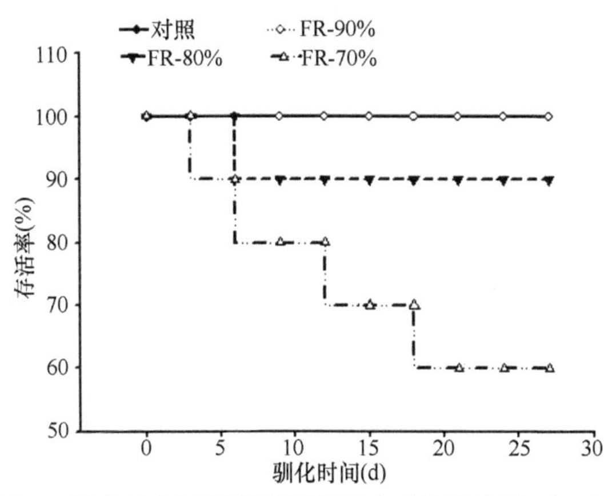

图 6.1　限食对大绒鼠存活率的影响（杨盛昌等，2013a）

限食第 7 天，体重组间差异显著，第 28 天，FR-90%组与对照组差异不显著，而 FR-80%和 FR-70%组体重显著低于对照组（图 6.2）。体脂含量 4 组间差异显著（图 6.3）。

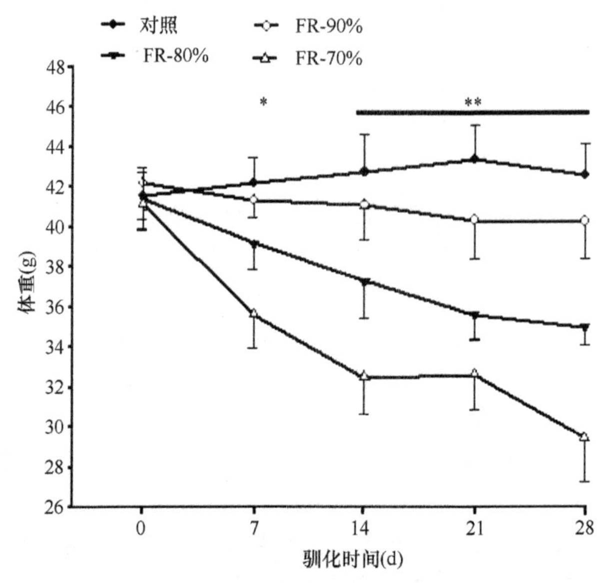

图 6.2　限食对大绒鼠体重的影响（杨盛昌等，2013a）

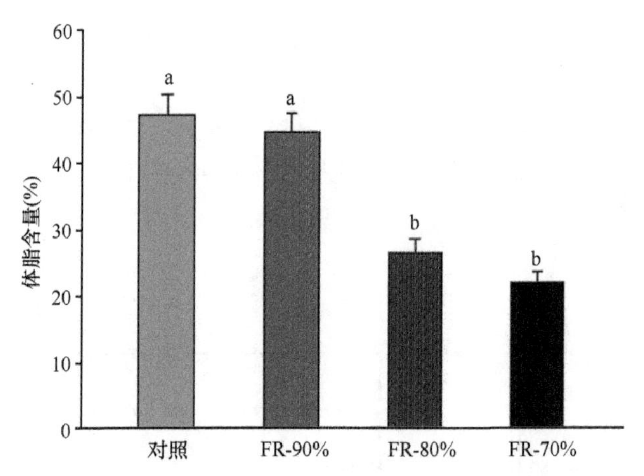

图 6.3　不同程度限食条件下大绒鼠的体脂含量（杨盛昌等，2013a）

实验前各组动物摄食量差异不显著，限食 4 周后，FR-90%组体重维持稳定；FR-80%和 FR-70%组体重显著减低，分别降低了 14.8%和 28.4%（图 6.4）。

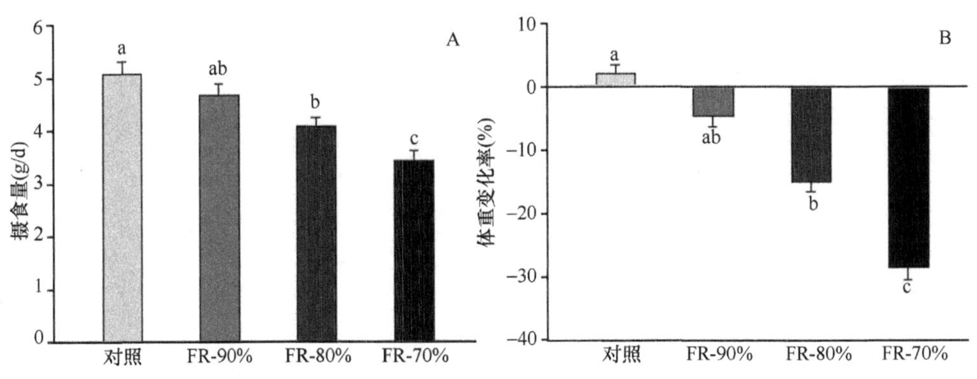

图 6.4　不同程度限食条件下大绒鼠的摄食量（A）和体重变化率（B）（杨盛昌等，2013a）

实验前各组动物 BMR 和 NST 差异不显著，限食 4 周后，FR-90%组 BMR 和 NST 维持稳定；FR-80%组 BMR 和 NST 显著降低，FR-70%组 BMR 极显著降低。限食第 7 天，BMR 组间差异显著；NST 组间差异极显著，第 28 天，BMR 和 NST 组间差异极显著（图 6.5）。限食 4 周后，4 组动物的血清瘦素水平差异极显著（图 6.6）。血清瘦素浓度与体重、BMR 和 NST 显著正相关（图 6.7）。

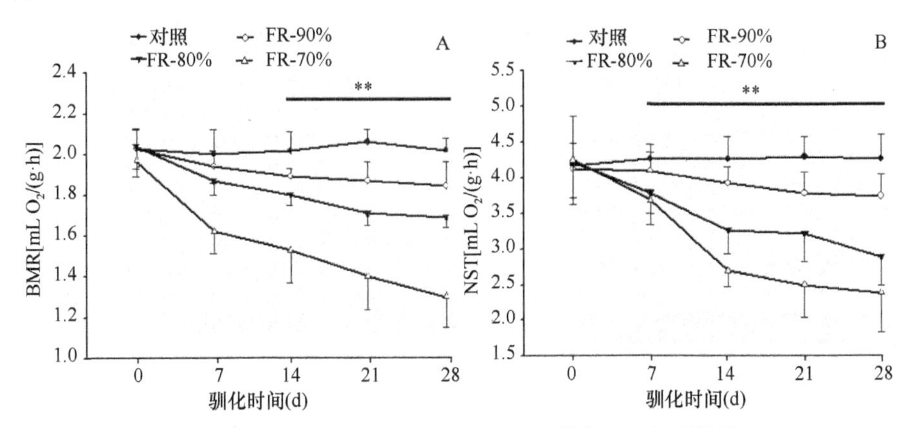

图 6.5　限食对大绒鼠 BMR（A）和 NST（B）的影响（杨盛昌等，2013a）

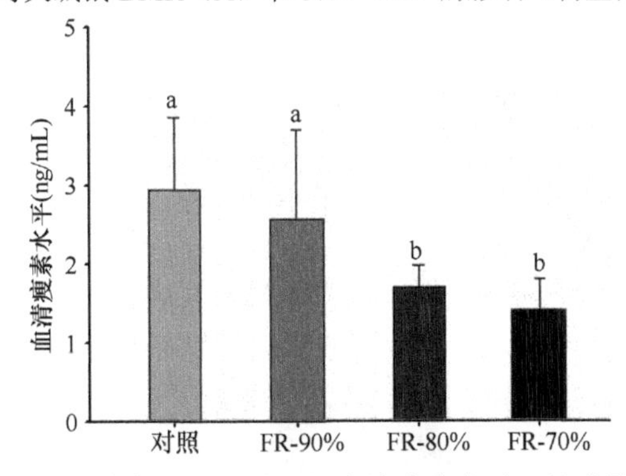

图 6.6　不同程度限食条件下大绒鼠的血清瘦素水平（杨盛昌等，2013a）

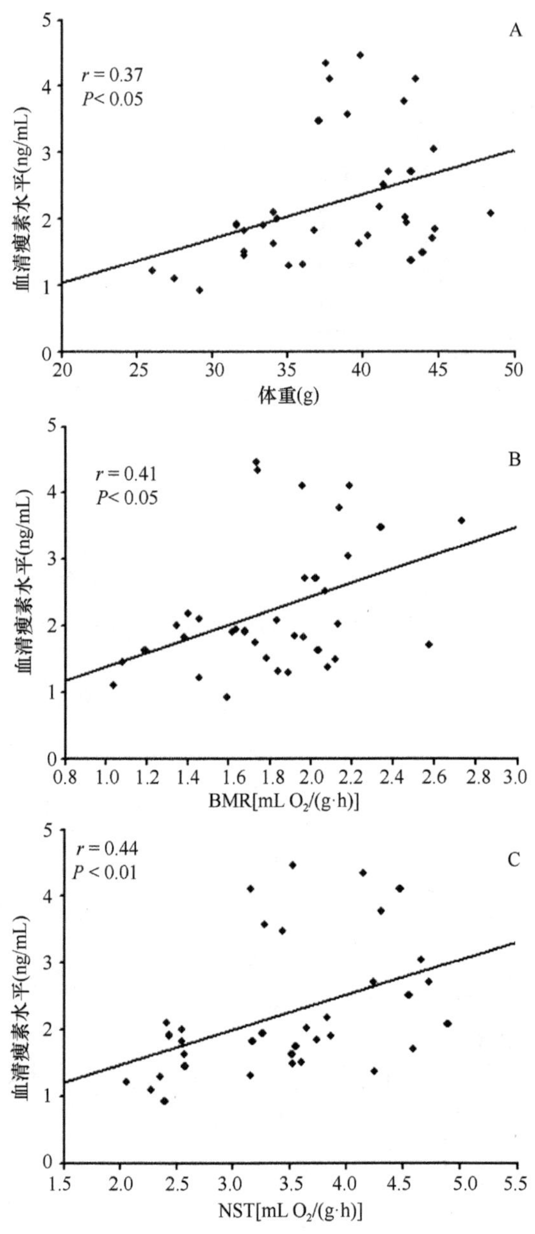

图 6.7　大绒鼠血清瘦素含量与体重（A）、BMR（B）和 NST（C）的相关性（杨盛昌等，2013a）

本实验首先研究了不同限食程度对大绒鼠体重调节的影响，结果表明 90%的限食对大绒鼠的存活率影响不大，而 70%的限食大绒鼠死亡率又太高。只有 80%的限食水平适中，即对大绒鼠的生理指标有影响，但是又不会导致大绒鼠的死亡率太高，这也为后续研究限食条件下大绒鼠的生存策略提供了限食水平的理论基础。

6.2　禁食和重喂食对大绒鼠体重、产热和血清瘦素的影响

禁食后大绒鼠的体重下降，禁食（F）12h 后的体重与对照组差异极显著；重喂食（R）后大绒鼠体重回升，7d 后大绒鼠体重恢复到对照组水平（图 6.8）。大绒鼠体重和禁食时间呈负相关关系。

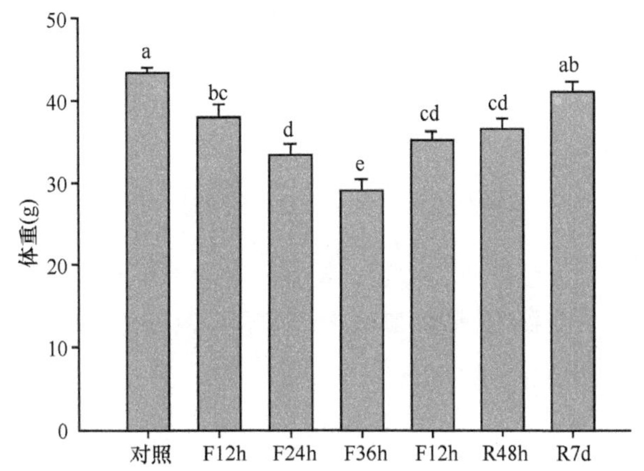

图 6.8　禁食和重喂食对大绒鼠体重的影响（高文荣等，2013a）

禁食和重喂食对大绒鼠的 RMR 有极显著影响。禁食后，大绒鼠的 RMR 下降，禁食 24h 时差异极显著，并在重喂食 7d 后恢复到对照组水平（图 6.9）。

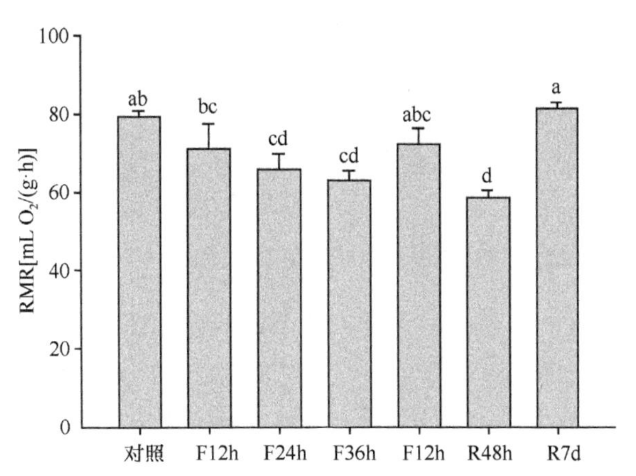

图 6.9　禁食和重喂食对大绒鼠 RMR 的影响（高文荣等，2013a）

禁食 36h 后重喂食组与对照组在驯化时间内的累积摄食量没有显著差异（图 6.10）。这表明大绒鼠在禁食 36h 后重喂食时并没有出现摄食过量的现象。

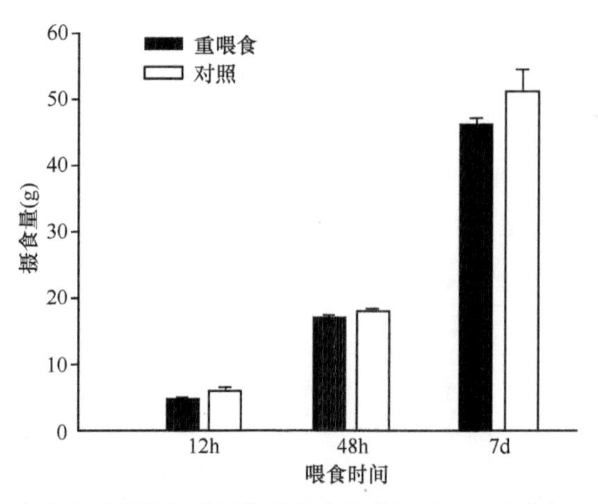

图 6.10　大绒鼠对照组与重喂食组摄食量的比较（高文荣等，2013a）

禁食和重喂食对大绒鼠血清瘦素含量有极显著的影响。禁食 12h 后，血清瘦素含量快速下降。重喂食 7d 后，血清瘦素没有恢复到对照组水平（图 6.11）。血清瘦素含量与体脂重量呈正相关关系。

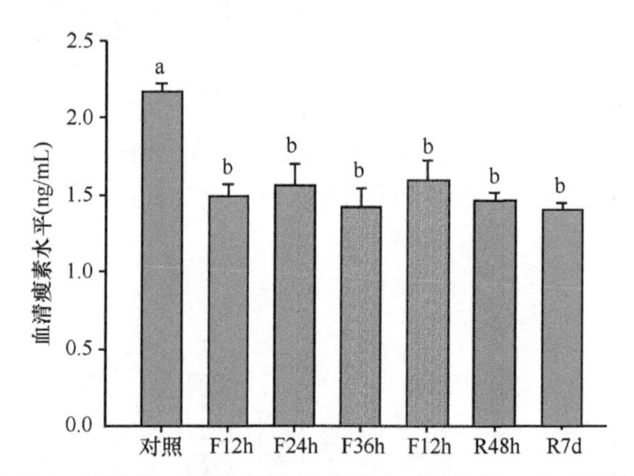

图 6.11　大绒鼠对照组与重喂食组血清瘦素水平的比较（高文荣等，2013a）

禁食和重喂食对大绒鼠体脂重量有极显著影响。禁食 24h 和 36h 后，大绒鼠体脂重量大幅下降。而且，重喂食 7d 后也未能恢复到对照组水平。禁食 24h 和 36h 后 BAT 重量显著下降，重喂食 7d 后恢复到对照组水平；禁食 12h 后肝脏重量显著下降，重喂食 48h 后恢复到对照组水平。这表明在禁食和重喂食期间肝脏重量的下降和恢复比 BAT 快。

禁食和重喂食对大绒鼠总消化道长、去内容物重、干重均没有显著影响；但禁食对大绒鼠总消化道含内容物重有极显著影响 。与对照组相比，禁食 12h 时总消化道含内容物重增加达最大，差异极显著；禁食 24h 时差异极显著；禁食 36h 时差异显著。重喂食 7d 后，大绒鼠总消化道含内容物重恢复到对照组水平。

禁食和重喂食条件下，大绒鼠胃含内容物重差异显著，胃去内容物重差异极显著；小肠含内容物重差异极显著。禁食后，胃去内容物重和胃含内容物重均增加，重喂食 7d 后恢复到对照水平。小肠含内容物重在禁食 12h 时增加达到最大，重喂食 12h 时最小，重喂食 48h 后恢复到对照水平。

本实验结果表明，短期禁食会影响大绒鼠的体重及其生理指标，尤其是在重喂食后大绒鼠的血清瘦素含量不能恢复到对照组，说明血清瘦素含量的恢复存在滞后性。此外，其他指标均能在重喂食 7d 后回到对照组水平，说明大绒鼠具有明显的表型可塑性。此外，大绒鼠在重喂食后并没有出现过度进食的现象，说明短时间尺度的禁食还不足以影响大绒鼠的日摄食量，可能通过增加禁食时间，大绒鼠才会出现在自由取食日时食物摄入量的增加。

6.3 随机限食对大绒鼠能量代谢的影响

实验前，对照组和实验组大绒鼠的体重分别为（41.00±1.82）g 和（40.86±1.02）g，两组间差异不显著（图 6.12）。随机限食条件下，大绒鼠血清瘦素水平与体脂重量呈正相关关系（图 6.13）。

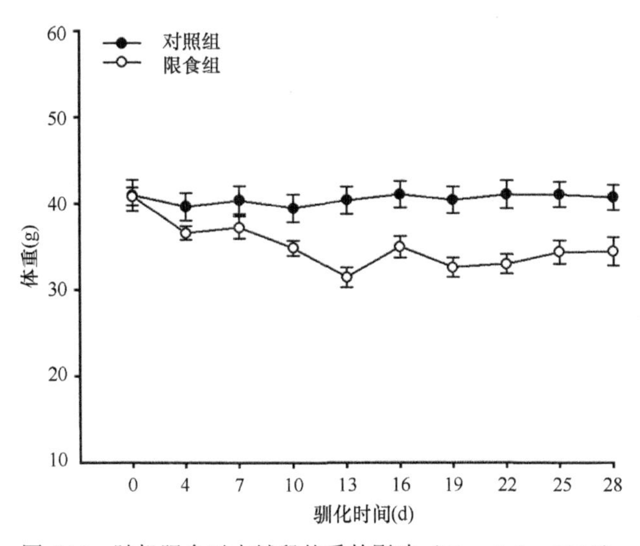

图 6.12 随机限食对大绒鼠体重的影响（Zhu et al.，2014）

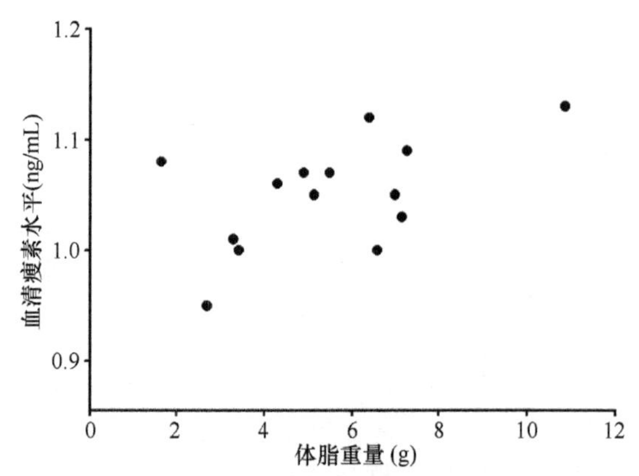

图 6.13 随机限食条件下大绒鼠血清瘦素水平和体脂重量的相关性（Zhu et al.，2014）

实验前，实验组与对照组大绒鼠摄食量差异不显著。实验过程中，实验组的摄食量较高，但与对照组无显著差异。实验组大绒鼠摄食量在 26d 时达到最大值为（7.73±0.34）g/d，高于对照组 47%（图 6.14）。

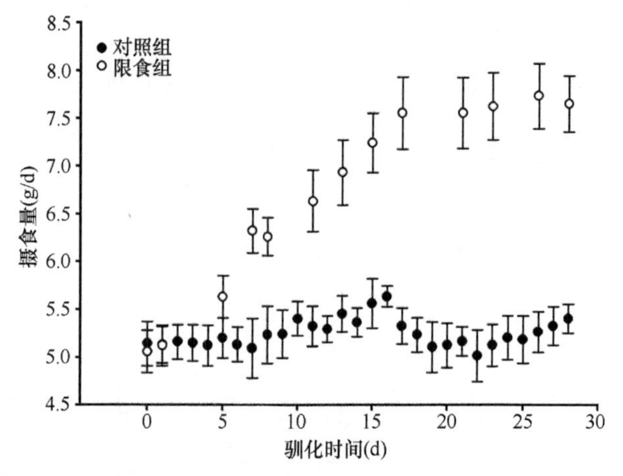

图 6.14 随机限食对大绒鼠摄食量的影响（Zhu et al.，2014）

实验组大绒鼠体重极显著下降，对照组体重相对稳定；对照组与实验组大绒鼠体重存在极显著差异。对照组和实验组大绒鼠的体脂重量存在极显著差异，但血清瘦素水平差异不显著。实验前大绒鼠的 RMR 和 NST 差异不显著。实验过程中，限食对实验组和对照组大绒鼠的 RMR 和 NST 均有显著差异（表 6.1）。

表6.1 限食对大绒鼠体重和血清瘦素水平的影响（Zhu et al.，2014）

参数		对照组	实验组	t	P
体重（g）	0 d	41.00±1.82	40.86±1.02	0.07	>0.05
	28 d	40.75±1.49	34.52±1.64	3.23	<0.01

续表

参数		对照组	实验组	t	P
RMR[mL O_2/(g·h)]	0 d	2.29±0.16	2.21±0.20	0.32	>0.05
	28 d	2.22±0.11	1.80±0.11	2.54	<0.05
NST[mL O_2/(g·h)]	0 d	5.38±0.31	5.31±0.06	0.20	>0.05
	28 d	5.50±0.27	4.51±0.22	2.43	<0.05
胴体湿重（g）		29.82±1.03	22.73±1.02	4.45	<0.01
体脂重量（g）		6.87±0.66	3.50±0.54	3.72	<0.01
血清瘦素水平（ng/mL）		1.07±0.16	1.02±0.02	1.68	>0.05

非限食条件下，实验组大绒鼠的取食行为较高，但活动、修饰和休息行为较少（图 6.15）。

限食条件下，实验组大绒鼠的活动行为显著高于对照组，但实验组和对照组大绒鼠的修饰和休息行为差异不显著（图 6.16）。

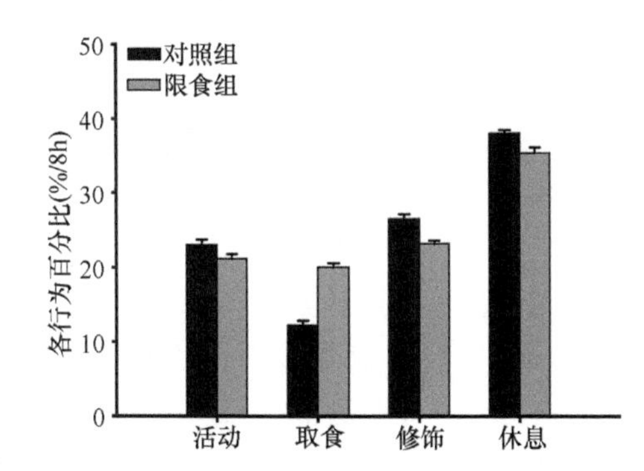

图 6.15　非限食条件下大绒鼠活动、取食、修饰、休息行为百分比（Zhu et al.，2014）

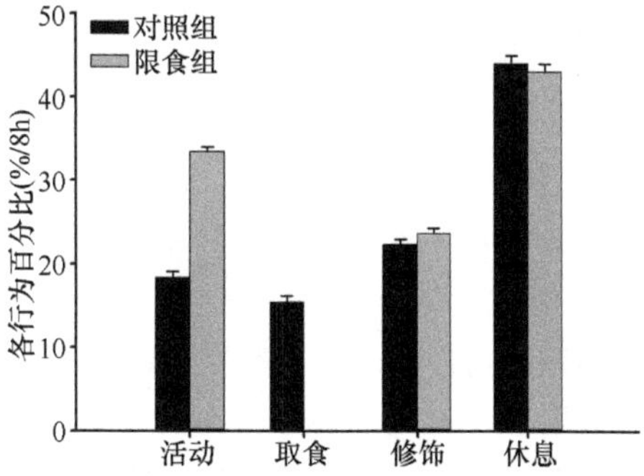

图 6.16　限食条件下大绒鼠活动、取食、修饰、休息行为百分比（Zhu et al.，2014）

限食条件下实验组与对照组大绒鼠的心、肺、肝脏、肾、脾等器官重量无显著差异。

限食条件下实验组的小肠长度和重量显著大于对照组，但两组之间胃和盲肠的长度和质量无显著差异。实验组大绒鼠的大肠干重显著大于对照组。

本实验结果表明，当增加禁食时间尺度后，大绒鼠在自由取食日时的确会通过增加其食物摄入量来维持生存。此外，大绒鼠还会调节其行为来适应食物短缺的环境。

6.4　食物限制对大绒鼠能量代谢的影响

实验前，对照组和限食组大绒鼠体重差异不显著。在 21d 时两组动物的体重差异极显著，限食组比对照组降低了 15.59%；在 28d 时差异极显著，限食组比对照组降低了 17.26%。随着限食时间的增加，对照组动物的体重无显著变化；限食组体重持续降低，在 21d 与 0d 时差异显著，比 0d 降低了 13.04%，28d 与 0d 时差异极显著，降低了 14.75%（图 6.17）。限食组大绒鼠体脂含量极显著低于对照组（图 6.18）。

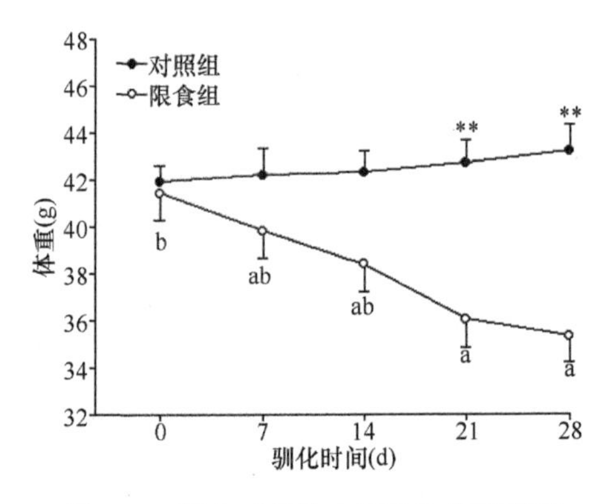

图 6.17　限食对雄性大绒鼠体重的影响（杨盛昌等，2013b）

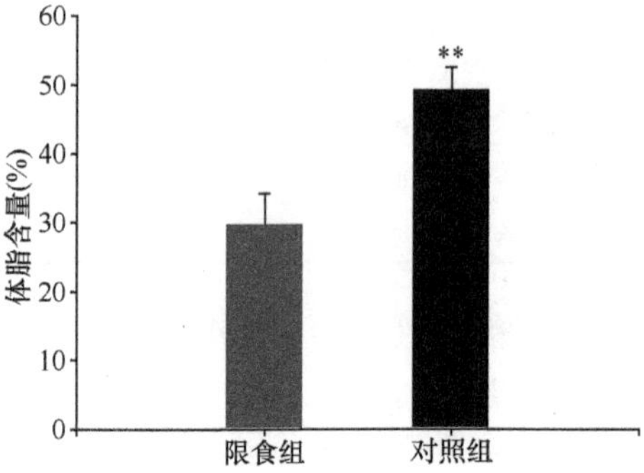

图 6.18　限食对雄性大绒鼠体脂含量的影响（杨盛昌等，2013b）

实验前，对照组和限食组大绒鼠 RMR 和 NST 无差异。在 21d 时两组动物的 RMR 和 NST 均差异显著，限食组 RMR 和 NST 比对照组分别降低了 11.32%和 21.42%；在 28d 时两组动物的 RMR 差异显著，NST 差异极显著，限食组 RMR 和 NST 比对照组分别降低了 15.57%和 30.56%。随限食时间的延长，对照组动物的 RMR 和 NST 无显著变化；限食组动物的 RMR 和 NST 随限食时间的延长均显著降低，在 21d 时 RMR 和 NST 分别比 0d 降低了 14.54%和 21.5%，在 28d 时 RMR 和 NST 分别比 0d 降低了 19.09%和 29.58%（图 6.19）。

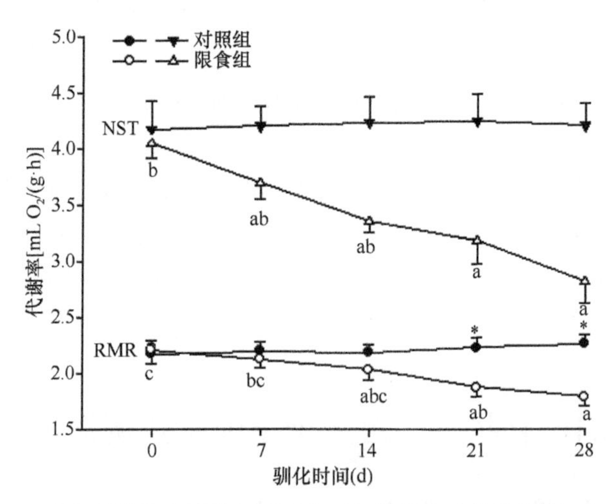

图 6.19　限食对雄性大绒鼠 RMR 和 NST 的影响（杨盛昌等，2013b）

80%的限食会降低大绒鼠的体重、产热能力和体脂含量，这主要是因为食物的不足导致大绒鼠的能量摄入减少，这时为了维持生存，大绒鼠需要通过降低自身的能量消耗来适应这一环境。

6.5 限食对不同代谢水平的大绒鼠能量摄入和产热的影响

实验前，高 BMR 和低 BMR 大绒鼠的体重无显著差异，但高 BMR 大绒鼠比低 BMR 大绒鼠重 5.01%。实验结束后，两组体重稳定下降，但高 BMR 大绒鼠和低 BMR 大绒鼠组内无显著差异（图 6.20）。实验 28d 后，高 BMR 和低 BMR 大绒鼠均有死亡，存活率分别为 80%和 60%（图 6.21）。

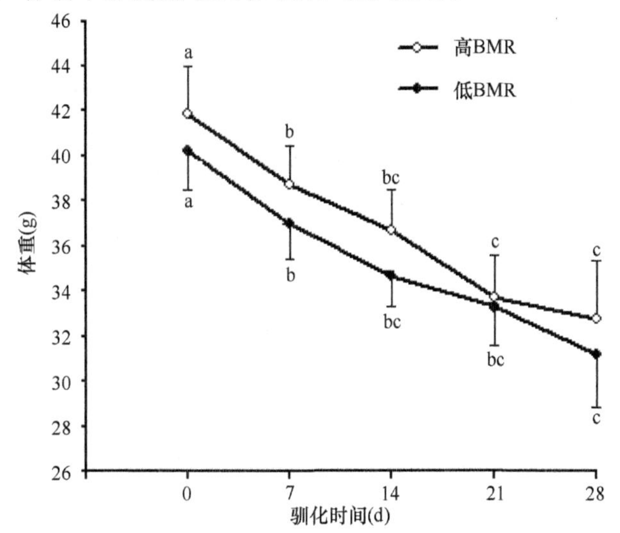

图 6.20　随机限食条件下高 BMR 和低 BMR 大绒鼠的体重变化（Yang et al.，2014）

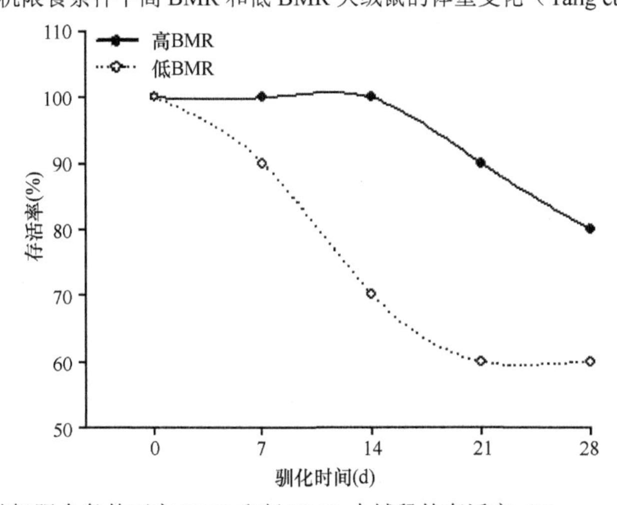

图 6.21　随机限食条件下高 BMR 和低 BMR 大绒鼠的存活率（Yang et al.，2014）

实验前，高 BMR 组的 BMR 水平显著高于低 BMR 组，NST 无显著差异。限食驯化期间，两组动物的 BMR 和 NST 都显著降低。第 28 天，两组动物的 BMR 和 NST 都无显著差异（图 6.22）。高 BMR 和低 BMR 组大绒鼠血清瘦素水平差异不显著。血清瘦素水平与体重、BMR 和 NST 呈显著正相关（图 6.23）。

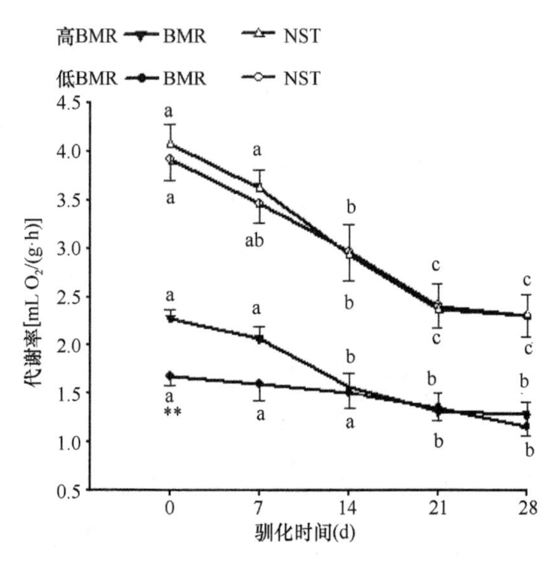

图 6.22　随机限食条件下高 BMR 和低 BMR 大绒鼠的 BMR 和 NST 变化（Yang et al.，2014）

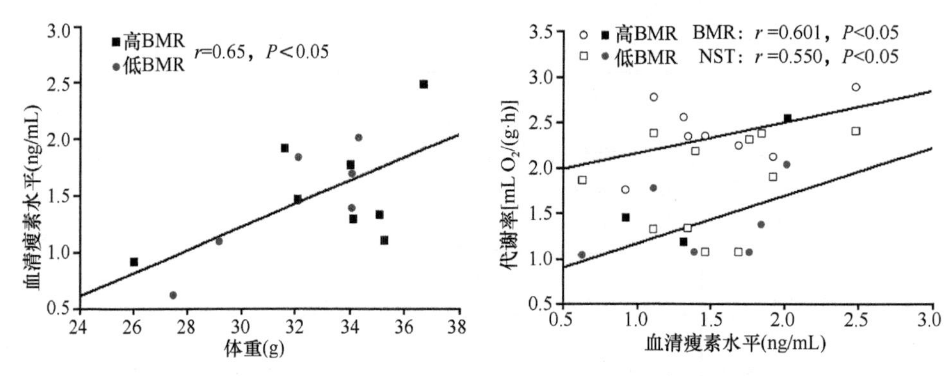

图 6.23　随机限食条件下大绒鼠血清瘦素水平和体重、代谢率的相关关系（Yang et al.，2014）

本实验的研究结果表明，在不同代谢率的条件下，限食对低代谢率组的影响更大，而高代谢率组因为有代谢率降低的可能性，因此存活率更高。

6.6　总　　结

综上所述，大绒鼠在冬季、冷驯化、限食和短光条件下体重、体脂含量、血清瘦素水平降低，而 BMR 和 NST 增加；同时体重、体脂含量、血清瘦素水平、摄入能、BMR 和 NST 存在季节性变化。说明大绒鼠在季节性环境、冷胁迫、食物短缺和短光照条件下，通过降低体重，减少能量的绝对需求，增加基础代谢率和产热及动用体内脂肪以应对低温和食物资源短缺的环境。血清瘦素可能作为脂肪信号参与了不同环境条件下大绒鼠体重和产热的适应性调节。此外，大绒鼠基础代谢率存在高度可塑性的变化，在限食的条件下，通过“转换”代谢率，降低代谢水平，应对长期的食物短缺环境，支持“代谢率转换”假说。

大绒鼠通过调节体重、脂肪储存及个体产热和能量收支，调节消化道形态、内脏器官的重量和产热能力及调节血清瘦素含量及其在不同环境条件下的能量和产热特征最终来适应横断山年温差小，日温差大，干湿季节分明，温度、光照和食物出现季节性变化的生存环境。

参 考 文 献

高文荣，朱万龙，曹能，等. 2013a. 禁食和重喂食对大绒鼠体重、产热和血清瘦素的影响[J]. 兽类学报，33（2）：106-112.

高文荣，朱万龙，余婷婷，等. 2013b. 禁食和重喂食对大绒鼠消化道长度与重量的影响[J]. 动物学杂志，48（4）：626-633.

梁虹，张知彬. 2003. 食物限制对鼠类生理状况的影响[J]. 兽类学报，23（3）：175-182.

杨盛昌，朱万龙，黄春梅，等. 2013b. 食物限制对雄性大绒鼠能量代谢特征的影响[J]. 兽类学报，33（1）：55-62.

杨盛昌，朱万龙，郑佳，等. 2013a. 限食程度对大绒鼠体重和产热特征的影响[J]. 四川动物，32（4）：208-514.

Bozinovic F，Muoz JLP，Naya DE，et al. 2007. Adjusting energy expenditures to energy supply：food availability regulates torpor use and organ size in the Chilean mouse-opossum *Thylamy selegans*[J]. Journal of Comparative Physiology B，177（4）：393-400.

Klingenspor M，Nigemann H，Heldmaier G. 2000. Modulation of leptin sensitivity by short photoperiod acclimation in the Djungarian hamster，*Phodopus sungorus*[J]. Journal of Comparative Physiology B，170（1）：37-43.

Merkt JR，Taylor CR. 1994. “Metabolic switch” for desert survival[J]. Proc Natl Acad Sci USA，91（25）：12313-12316.

Nagy TR，Gower BA，Stetson MH. 1995. Endocrine correlates of seasonal body mass dynamics in the collared lemming（*Dicrostonyx groenlandicus*）. American Zoologist，35（3）：246-250.

Rousseau K，Actha Z，Loudon ASI. 2003. Leptin and seasonal mammals[J]. Journal Neuroendocrinol，15（4）：409-414.

Voltura MB，Wunder BA. 1998. Effects of ambient temperature，diet quality，and food restriction on body composition dynamics of the prairie vole，*Microtus ochrogaster*[J]. Physiological Zoology，71（3）：321-328.

Yang SC，Zhu WL，Zhang L，et al. 2014. Effect of food restriction on energy intake and thermo genesis in Yunnan red-backed vole（*Eothenomys miletus*）with different metabolic levels[J]. Acta Ecologica Sinica，34（6）：320-324.

Zhao ZJ，Wang DH. 2007. Effects of diet quality on energy budgets and thermogenesis in Brandt's voles[J]. Comparative Biochemistry & Physiology Part A，148（1）：168-177.

Zhu WL，Mu Y，Zhang H，et al. 2014. Effects of random food deprivation on body mass，behavior and serum leptin levels in *Eothenomys miletus*（Mammalia：Rodentia：Cricetidae）[J]. Italian Journal of Zoology，81（2）：227-234.

第7章 运动、外源激素等对大绒鼠能量代谢的影响

小型哺乳动物的体重调节受食物摄入、代谢水平和能量消耗等多种因素的影响，其中运动训练是影响动物体重和能量平衡的一个重要因素（李玉莲等，2008）。目前，关于运动对啮齿动物体重影响的研究主要集中在实验鼠（Levin & Dunn-Meynell，2004；Kawaguchi et al.，2005），而对野生鼠的研究相对较少，相关的研究结果也不一致。有研究表明，运动使动物的摄食量增加或短暂抑制，体重下降（Levin & Dunn-Meynell，2004）；也有研究表明，运动使动物的摄食量增加或不变，体重维持恒定（Kimura et al.，2004）；还有研究表明，动物的摄食量增加，体重就增加（Gattermann et al.，2004）。可见，运动对动物体重影响的结果并不一致，这可能与动物的属种、年龄和性别等不同有关（胡振东等，2007）。体重的变化主要体现在动物胴体、内脏器官、体脂、体水重量的改变上，研究运动对动物身体组成的影响，有助于更好地了解体重变化的机理。运动对不同小型啮齿动物身体组成的影响也不同。

7.1 长期强迫运动对大绒鼠代谢率和能量收支的影响

随着训练时间的延长，大绒鼠的体重在训练的1周出现了下降。经单因素方差分析检验，大绒鼠体重在运动训练期间差异不（图7.1）。

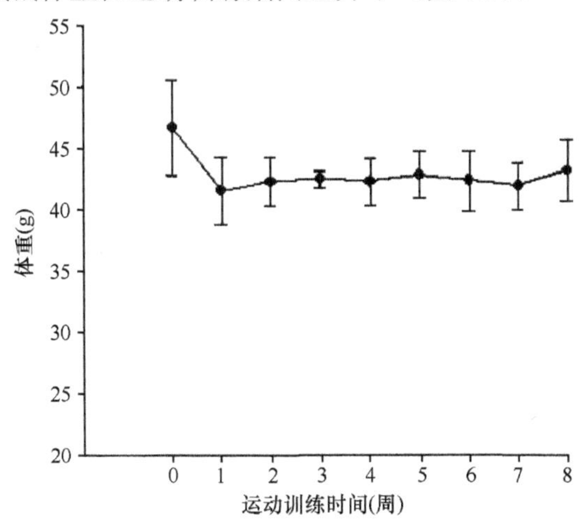

图7.1 运动训练期间大绒鼠体重的变化（朱万龙等，2011）

随着训练时间的延长，大绒鼠的RMR逐渐增加。经单因素方差分析检验，大绒鼠RMR在运动训练期间差异极显著，训练8周后RMR较对照组增加了29.9%（图7.2）。

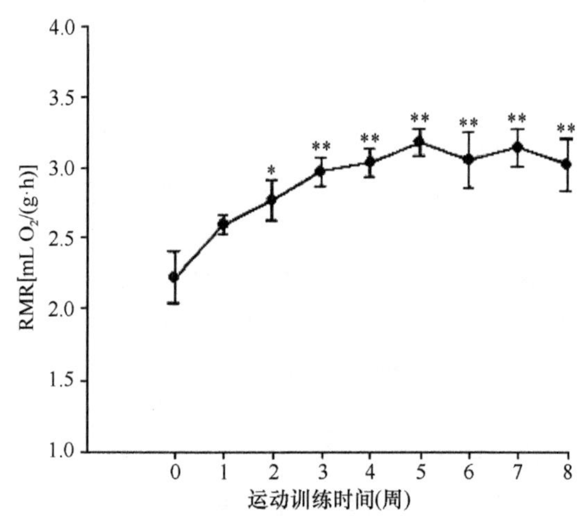

图 7.2　运动训练对大绒鼠静止代谢率的影响（朱万龙等，2011）

随着训练时间的延长，大绒鼠的运动最大代谢率逐渐增加。经单因素方差分析检验，大绒鼠运动最大代谢率在运动训练期间差异极显著，训练 8 周后运动最大代谢率较对照组增加了 10.7%（图 7.3）。

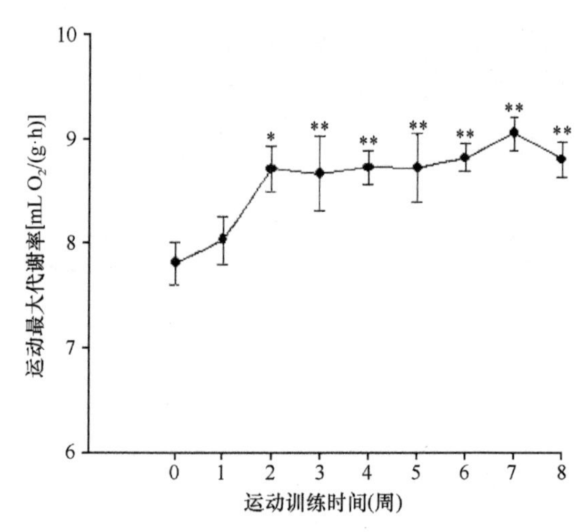

图 7.3　运动训练对大绒鼠运动最大代谢率的影响（朱万龙等，2011）

随着训练时间的延长，大绒鼠的摄入能逐渐增加。经单因素方差分析检验，大绒鼠摄入能在运动训练期间差异极显著（图 7.4）。

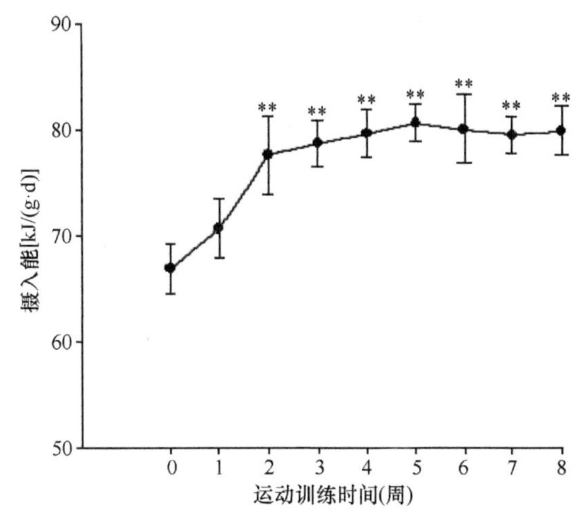

图 7.4　运动训练对大绒鼠摄入能的影响（朱万龙等，2011）

长期强迫运动对大绒鼠的产热能力和食物摄入有影响，但是对大绒鼠的体重影响不大，说明当能量摄入和能量消耗达到平衡时，动物的体重是可以维持稳定的。此外，由于本实验并没有设置对照组，因此大绒鼠在整个实验期间体重的变化是不是仅仅受到运动的影响还存在质疑，因此后一个实验在此基础进一步研究长期运动对大绒鼠体重调节的影响。

7.2　长期强迫运动对大绒鼠体重、能量代谢和血清瘦素的影响

训练开始时，运动组和对照组的体重差异不显著。随着训练时间的延长，对照组体重维持稳定，运动组的体重出现降低的趋势，但是运动 8 周后组间差异不显著（图 7.5）。

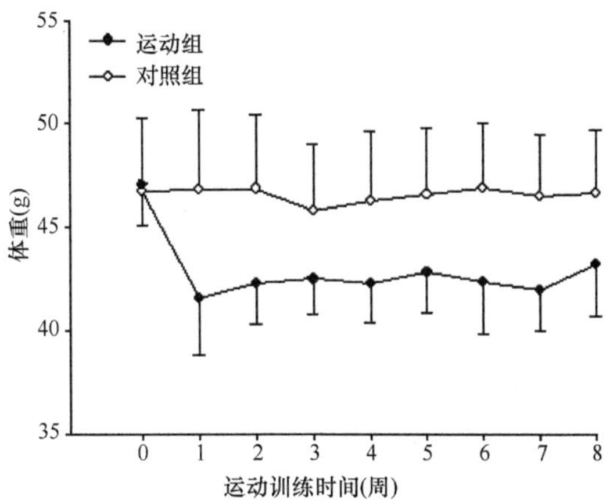

图 7.5　运动训练期间大绒鼠体重的变化（朱万龙等，2012）

运动训练 8 周后，运动组和对照组的体脂重量分别为 4.72g 和 6.64g，组间差异显著（图 7.6）。

运动训练 8 周后，运动组大绒鼠的血清瘦素含量显著低于对照组（图 7.7），运动组比对照组下降了 27.4%。

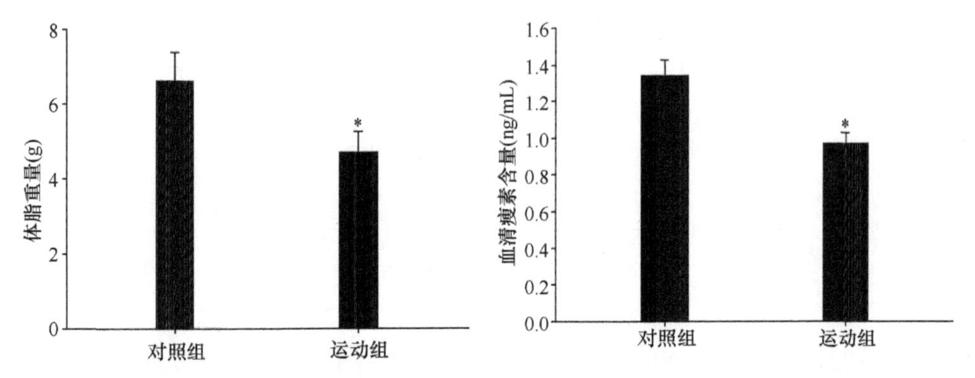

图 7.6 运动训练对大绒鼠体脂重量的影响（朱万龙等，2012）

图 7.7 运动训练对大绒鼠血清瘦素含量的影响（朱万龙等，2012）

对照组大绒鼠的血清瘦素含量与体脂重量呈明显的正相关关系，但运动组则不具有这种相关性（图 7.8）。

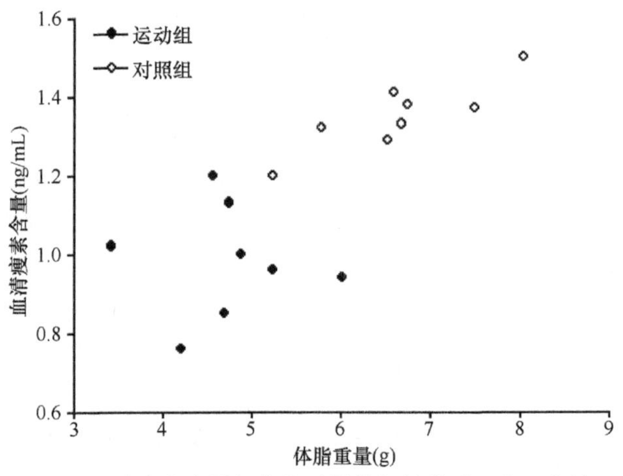

图 7.8 大绒鼠血清瘦素含量与体脂重量的相关关系（朱万龙等，2012）

训练开始时，运动组和对照组的 RMR 差异不显著。随着训练时间的延长，大绒鼠的 RMR 逐渐增加。经单因素重复测量方差分析检验，运动组大绒鼠 RMR 在运动训练期间差异极显著，对照组 RMR 在实验期间差异不显著，训练 8 周后 RMR 较对照组增加了 29.9%（图 7.9）。

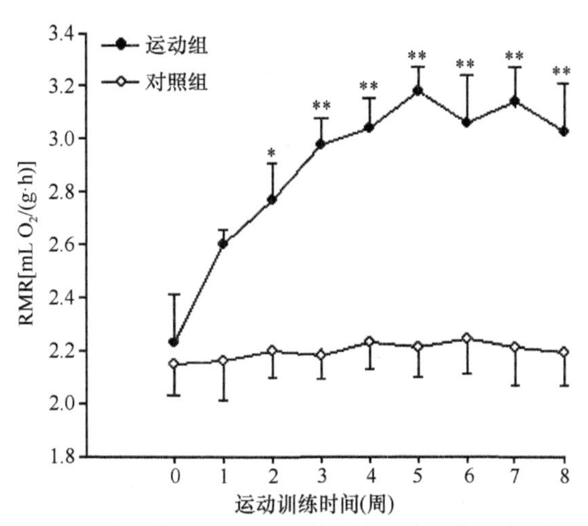

图 7.9 运动训练对大绒鼠静止代谢率的影响（朱万龙等，2012）

训练开始时，运动组和对照组的运动最大代谢率差异不显著。随着训练时间的延长，大绒鼠的运动最大代谢率逐渐增加。经单因素重复测量方差分析检验，运动组大绒鼠运动最大代谢率在运动训练期间差异极显著，对照组运动最大代谢率在实验期间差异不显著，训练 8 周后运动最大代谢率较对照组增加了 10.7%（图 7.10）。

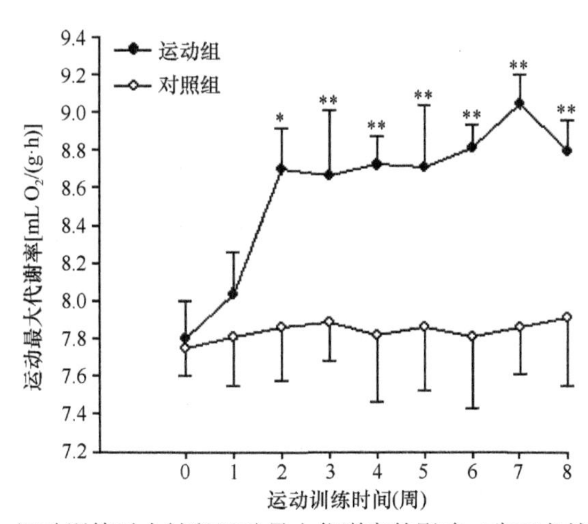

图 7.10 运动训练对大绒鼠运动最大代谢率的影响（朱万龙等，2012）

训练开始时，运动组和对照组的摄入能差异不显著。随着训练时间的延长，大绒鼠的摄入能逐渐增加。经单因素重复测量方差分析检验，运动组大绒鼠摄入能在运动训练期间差异极显著，对照组摄入能在实验期间差异不显著（图 7.11）。

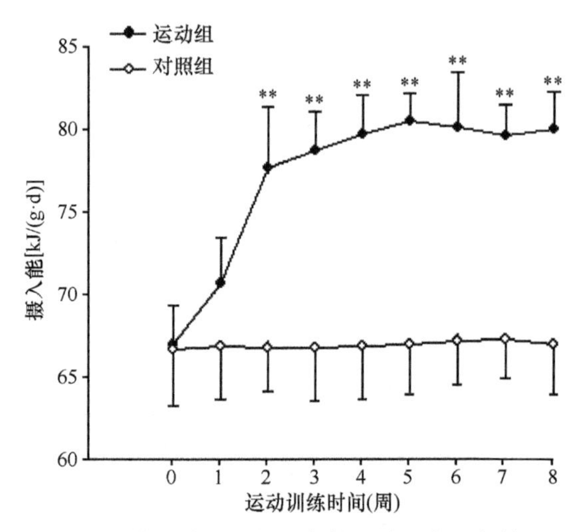

图 7.11　运动训练对大绒鼠摄入能的影响（朱万龙等，2012）

运动训练8周后，运动组和对照组胴体湿重差异显著，体水重量差异显著(表7.1)。

表7.1　运动训练对大绒鼠胴体和体水重量的影响（g）（朱万龙等，2012）

参数	对照组	运动组	*P*
体重	46.70±5.52	43.22±4.58	ns
胴体湿重	36.17±5.13	31.77±2.98	<0.05
胴体干重	14.27±0.92	13.84±0.68	ns
体水	19.91±4.85	17.93±2.56	<0.05

运动训练8周后，运动组和对照组大绒鼠肝重量差异显著，小肠重量差异显著（表7.2）。

表7.2　运动训练对大绒鼠器官重量的影响（g）（朱万龙等，2012）

参数	对照组	运动组	*P*
心	0.268±0.017	0.265±0.014	ns
肺	0.319±0.042	0.284±0.038	ns
肝	1.727±0.166	2.213±0.418	<0.05
肾	0.190±0.011	0.202±0.014	ns
脾	0.021±0.004	0.020±0.003	ns
胃	0.434±0.034	0.454±0.042	ns
小肠	0.684±0.063	0.812±0.073	<0.05
盲肠	0.441±0.046	0.434±0.039	ns
大肠	0.406±0.035	0.393±0.041	ns

本研究结果表明，虽然长期强迫运动对大绒鼠的体重影响不大，但是运动影响了大绒鼠的体脂重量和血清瘦素含量，说明在该条件下大绒鼠已经动用了体内的脂肪含量来维持能量消耗的增加。血清瘦素参与了该条件下的体重调节。大绒

鼠的体重并没有太大变化的另一个原因可能是运动后大绒鼠的内脏器官重量和消化道重量增加了，最终弥补了体脂的降低。

7.3　外源注射瘦素对大绒鼠能量代谢的影响

实验 0～2 周内，大绒鼠体重差异不显著。实验 2～6 周内，长光照组大绒鼠体重较短光照组显著增加，而短光照组大绒鼠的体重保持稳定水平。实验 6 周后，长光照组大绒鼠体重较短光照组显著增加（图 7.12）。

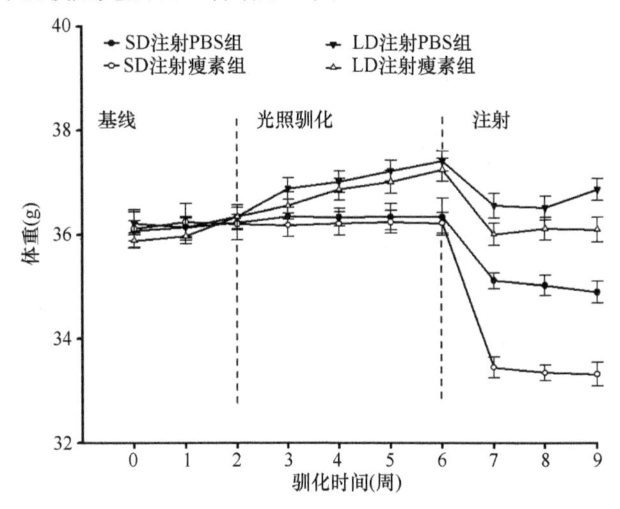

图 7.12　光周期驯化条件下外源瘦素对大绒鼠体重的影响（Zhu et al.，2013a）

实验结束后，短光照注射瘦素组大绒鼠与短光照注射 PBS 组的 RMR 和 NST 差异显著，而长光照注射瘦素组大绒鼠与长光照注射 PBS 组的 RMR 和 NST 差异不显著（图 7.13）。

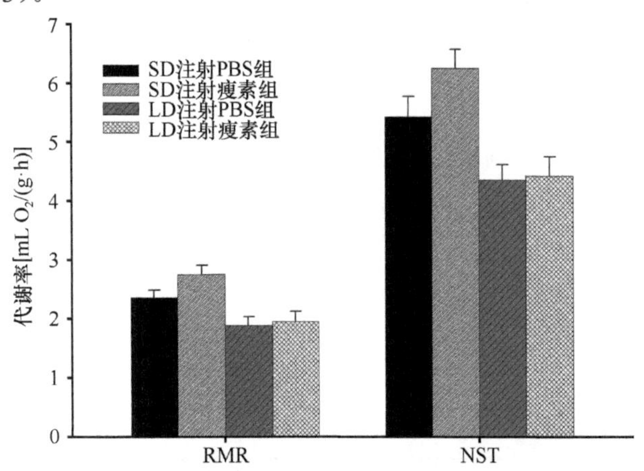

图 7.13　光周期驯化条件下外源瘦素对大绒鼠 RMR 和 NST 的影响（Zhu et al.，2013a）

实验 0～2 周时，长光照组和短光照组大绒鼠的摄入能无显著差异（图 7.14）。注射瘦素的长光照组合短光照组大绒鼠与注射 PBS 相比在 7 周后摄入能均有所增加。实验结束后，注射 PBS 的长光照组和短光照组大绒鼠的摄入能恢复至初始水平。在短光照组中，注射瘦素与注射 PBS 的大绒鼠摄入能显著不同。

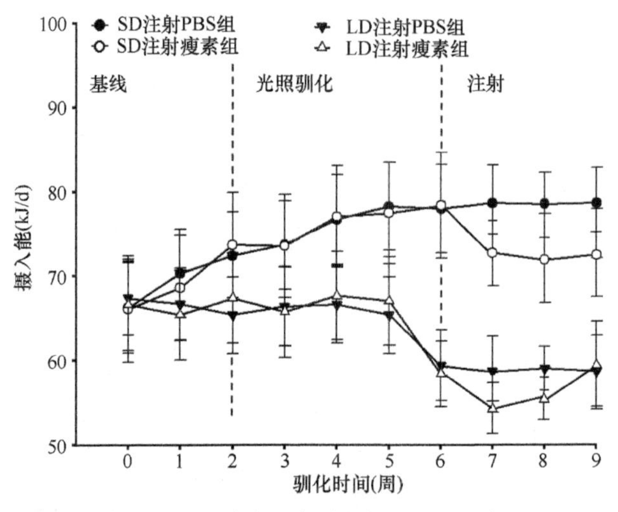

图 7.14　光周期驯化条件下外源瘦素对大绒鼠摄入能的影响（Zhu et al.，2013a）

实验结束后，4 组大绒鼠肝脏和 BAT 的重量差异不显著（表 7.3）。外源瘦素处理诱导短光照组大绒鼠的 COX 活性、UCP1 含量、T_3、血清瘦素水平、T_3/T_4、下丘脑 TRH 和 CRH 水平均高于长光照组。短光照注射激素组大绒鼠 BAT 中 UCP1 含量有显著变化，但长光照组无变化。在短光照注射 PBS、短光照注射瘦素、长光照注射 PBS 和长光照注射瘦素的大绒鼠平均瘦素循环水平分别为：(1.61±0.02) ng/mL、(9.62±0.72) ng/mL、(1.65±0.03) ng/mL、(8.36±0.56) ng/mL。注射外源瘦素大绒鼠的瘦素水平显著高于注射 PBS 的个体（表 7.3）。注射瘦素的大绒鼠瘦素循环水平与 UCP1 含量呈正相关关系。

表7.3　外源瘦素对光周期驯化中大绒鼠酶活性和激素含量的影响（Zhu et al.，2013a）

参数		SD 注射 PBS	SD 注射瘦素	LD 注射 PBS	LD 注射瘦素	*P*
肝	重量（g）	2.12±0.11	2.16±0.08	2.18±0.12	2.14±0.07	ns
	线粒体蛋白含量（mg/g）	25.32±1.52	29.24±1.24	22.21±1.54	23.21±1.25	<0.05
	COX 活性［nmol/（g·min）］	52.21±2.23	63.21±2.01	41.20±3.05	42.36±2.36	<0.01

续表

参数		SD 注射 PBS	SD 注射瘦素	LD 注射 PBS	LD 注射瘦素	*P*
BAT	重量（g）	0.25±0.02	0.28±0.01	0.26±0.02	0.24±0.03	ns
	线粒体蛋白含量（mg/g）	10.62±0.62	12.63±0.56	8.56±0.44	8.65±0.36	<0.01
	COX 活性［nmol/（g·min）］	589±23	632±35	545±25	562±33	<0.05
	UCP1 含量（pmol/mg）	512±32	562±23	482±15	503±32	<0.05
激素	T_4（ng/mL）	52.36±3.01	48.25±2.23	51.23±2.14	49.36±1.88	ns
	T_3（ng/mL）	1.65±0.16	1.89±0.14	1.35±0.26	1.44±0.24	<0.05
	T_3/T_4	0.032±0.005	0.039±0.002	0.026±0.003	0.029±0.003	<0.05
	下丘脑中 TRH 浓度（ng/mg）	3.36±0.15	3.56±0.21	2.68±0.19	2.82±0.14	<0.01
	下丘脑中 CRH 浓度（ng/mg）	3.15±0.24	3.45±0.23	2.38±0.35	2.48±0.26	<0.05
	血清瘦素水平（ng/mL）	1.61±0.02	9.62±0.72	1.65±0.03	8.36±0.56	<0.01

外援注射瘦素会明显降低大绒鼠的体重和食物摄入量，增加产热能力，这和瘦素的功能是一致的。此外，外源瘦素的注射同样会影响大绒鼠的肝脏和 BAT 的生化指标，也会影响大绒鼠血清内的相应指标。

7.4　外源注射褪黑激素对大绒鼠能量代谢的影响

实验前，三组大绒鼠体重无显著差异。经过 4 周驯化，经过注射外源性褪黑激素的 MLT 组大绒鼠体重显著下降（图 7.15）。与对照组（42.71±1.13）g 相比，MLT 组体重下降（3.84±0.88）g。与对照组和 PBS 组相比，褪黑激素（melatonin，MLT）组的 RMR 和 NST 均差异显著（图 7.16、图 7.17）。

三组中注射外源性褪黑激素对大绒鼠体重有显著影响。与对照组和 PBS 组相比，MLT 组大绒鼠的肝脏总蛋白、线粒体蛋白、T_3、T_4 和 COX 含量增加，但 α-PGO 含量在实验期间无显著差异。

三组中注射外源性褪黑激素对大绒鼠 BAT 重量无显著影响。但 MLT 组大绒鼠的 BAT 总蛋白、线粒体蛋白与对照组和 PBS 组差异极显著。MLT 组的 T_4 显著高于对照组和 PBS 组，且 COX 和 α-PGO 含量也有显著差异。MLT 组较对照组和

PBS 组的 $T_4$5’脱碘酶（5’-DⅡ）浓度高。

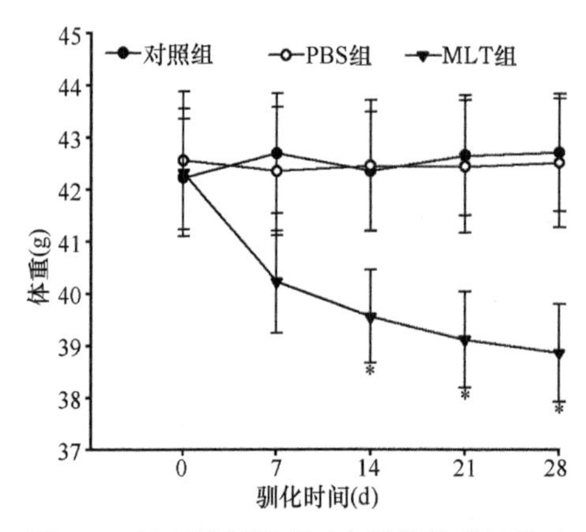

图 7.15　注射褪黑激素对大绒鼠体重的影响（Zhu et al.，2013b）

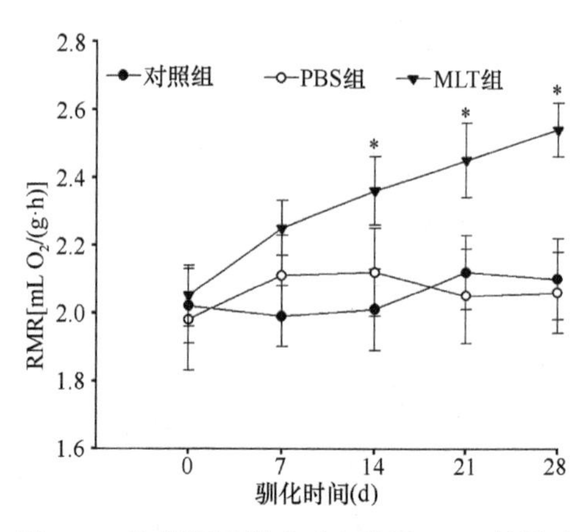

图 7.16　注射褪黑激素对大绒鼠 RMR 的影响（Zhu et al.，2013b）

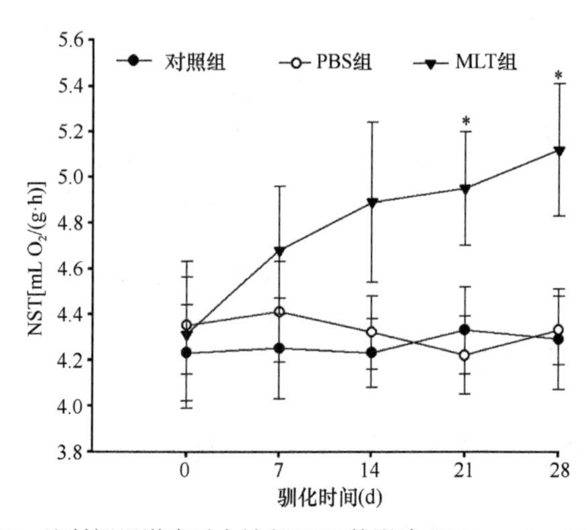

图 7.17　注射褪黑激素对大绒鼠 NST 的影响（Zhu et al.，2013b）

MLT 组的血清 T_3 极显著高于对照组和 PBS 组，血清 T_4 极显著低于对照组和 PBS 组。三组的血清瘦素水平无显著差异。

外源注射褪黑激素同样会降低大绒鼠的体重，增加其产热能力，而且和外源注射瘦素一样，其生化指标和血清内的相应指标也发生了变化。这些变化的发生是为了适应外源褪黑激素处理带来的适应策略。

7.5　单宁酸对大绒鼠能量摄入的影响

实验前，三组大绒鼠体重无显著差异。实验期间，三组之间体重也没有显著变化（图 7.18）。

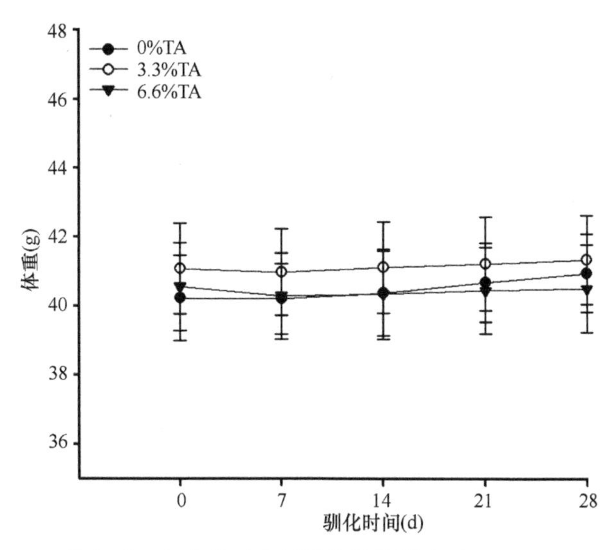

图 7.18　单宁（TA）食物对大绒鼠体重的影响（Mei et al.，2018）

实验前，三组大绒鼠 RMR 无显著差异。实验第 14 天，RMR 在三组间表现出显著差异（图 7.19A）。大绒鼠 RMR 在 3.3%TA 组和 6.6%TA 组分别比 0%TA 组高 19.68%和 20.91%。但在实验 28d 后，三组间 RMR 无显著差异（图 7.19A）。

实验前，三组大绒鼠 NST 无显著差异。实验第 14 天也无显著差异（图 7.19B）。实验 28d 后，虽然 3.3%TA 组和 6.6%TA 组大绒鼠 NST 高于 0%TA 组，但三组间 NST 无显著差异（图 7.19B）。

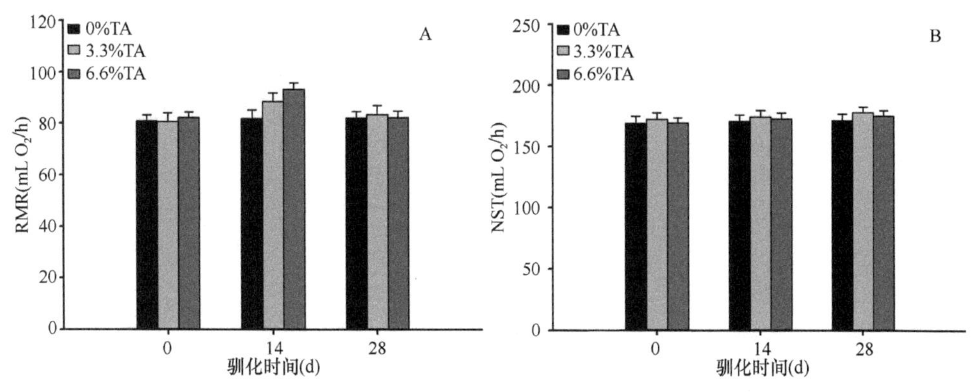

图 7.19　单宁食物对大绒鼠 RMR（A）和 NST（B）的影响（Mei et al.，2018）

实验前，三组干物质摄入（dry matter intake，DMI）、摄入能（gross energy intake，GEI）和消化能（digestible energy intake，DEI）无显著差异（表 7.4）。实验第 14 天，6.6%TA 组大绒鼠的 DMI 和 GEI 极显著低于 0%TA 组，3.3%TA 组和 6.6%TA 组

大绒鼠的DEI极显著低于0%TA组。实验28d后，三组间大绒鼠的DMI、GEI和DEI差异不显著（表7.4）。三组间大绒鼠的消化率无显著差异（表7.4）。

表7.4　单宁酸对大绒鼠DMI、GEI、DEI和消化率的影响（Mei et al.，2018）

参数		0d	14d	28d
0%TA组	DMI（g/d）	5.45±0.45	5.94±0.39	5.31±0.32
	GEI（kJ/d）	95.71±6.65	104.31±7.36	93.24±5.32
	DEI（kJ/d）	67.51±4.35	73.25±3.21	64.35±3.16
	消化率（%）	70.54±4.36	70.23±3.21	69.02±3.32
3.3%TA组	DMI（g/d）	5.24±0.41	5.01±0.33	5.12±0.29
	GEI（kJ/d）	91.81±6.58	87.78±5.52	89.70±5.13
	DEI（kJ/d）	63.23±3.87	60.15±3.32	61.59±2.89
	消化率（%）	68.87±3.12	68.52±2.69	68.66±2.13
6.6%TA组	DMI（g/d）	4.98±0.26	4.88±0.25	4.91±0.22
	GEI（kJ/d）	87.11±6.32	85.35±6.89	85.88±6.59
	DEI（kJ/d）	59.32±2.32	57.21±2.11	58.39±2.03
	消化率（%）	68.09±2.21	67.02±1.26	67.99±1.69

实验28d时，三组小肠和盲肠的湿重呈显著差异（表7.5），其余器官差异不显著。

表7.5　单宁酸对大绒鼠身体成分的影响（Mei et al.，2018）

参数		0%TA组	3.3%TA组	6.6%TA组
心	湿重（g）	0.232±0.014	0.229±0.008	0.225±0.007
	干重（g）	0.065±0.003	0.064±0.002	0.063±0.002
肺	湿重（g）	0.302±0.021	0.306±0.019	0.298±0.012
	干重（g）	0.068±0.005	0.065±0.004	0.062±0.004
肝脏	湿重（g）	1.624±0.125	1.615±0.142	1.602±0.129
	干重（g）	0.395±0.012	0.394±0.013	0.389±0.009
BAT	湿重（g）	0.201±0.005	0.198±0.004	0.202±0.003
	干重（g）	0.053±0.002	0.051±0.001	0.049±0.002
肾	湿重（g）	0.187±0.006	0.182±0.003	0.178±0.006
	干重（g）	0.038±0.003	0.039±0.004	0.036±0.002
脾	湿重（g）	0.019±0.002	0.018±0.002	0.018±0.001
	干重（g）	0.004±0.001	0.004±0.001	0.003±0.001

续表

参数		0%TA组	3.3%TA组	6.6%TA组
胃	湿重（g）	0.412±0.021	0.406±0.019	0.402±0.017
	干重（g）	0.095±0.006	0.096±0.005	0.097±0.003
小肠	湿重（g）	0.665±0.054	0.756±0.049	0.769±0.052
	干重（g）	0.031±0.003	0.029±0.002	0.031±0.004
盲肠	湿重（g）	0.426±0.021	0.458±0.023	0.489±0.028
	干重（g）	0.043±0.003	0.041±0.002	0.044±0.003
大肠	湿重（g）	0.328±0.012	0.325±0.009	0.321±0.006
	干重（g）	0.045±0.003	0.042±0.002	0.044±0.003

用不同浓度单宁食物去处理大绒鼠时，发现高单宁食物对大绒鼠的生理指标影响较大，而且是短时间尺度的影响，当时间延长，很多生理指标均会恢复到对照组水平。

7.6　总　　结

综上所述，在强迫运动训练期间大绒鼠主要通过动员储存的脂肪、增加代谢率和食物摄入的方式来维持自身的体重及能量平衡。瘦素在长期强迫运动过程中对身体脂肪含量的变化具有调节作用。外源注射瘦素显著降低了短光照条件下大绒鼠的体重和体脂重量，但是增加了大绒鼠的产热能力和激素水平。此外，大绒鼠对短光的敏感性更强一些。外源注射褪黑激素显著降低了大绒鼠的体重和体脂重量，但是增加了大绒鼠的产热能力和生化水平。此外，注射褪黑激素对大绒鼠的血清瘦素水平影响差异不显著。单宁在短时期可以增加产热并降低能量摄入，但是长时间的驯化后又可以回到基础水平。单宁浓度对大绒鼠的体重和NST在整个驯化期间都没有影响。

参 考 文 献

胡振东，姚雪，王德华. 2007. 自愿转轮运动对长爪沙鼠身体组成的影响[J]. 动物学杂志，42（5）：1-7.

李玉莲，战新梅，刘秀珍，等. 2008. 长期强迫运动对布氏田鼠体重和血清瘦素浓度的影响[J]. 兽类学报，28（2）：151-156.

朱万龙，王政昆，杨盛昌，等. 2012. 长期强迫运动对大绒鼠体重、能量代谢和血清瘦素的影响[J]. 动物学杂志，47（4）：28-35.

朱万龙，张麟，王政昆. 2011. 长期强迫运动对大绒鼠代谢率和能量摄入的影响[J]. 中国科技论文在线，4（5）：411-416.

Gattermann R，Weinandy R，Fritzsche P. 2004. Running-wheel activity and body composition in golden hamsters（*Mesocricetus auratus*）[J]. Physiol Behavior，82（2/3）：541-544.

Kawaguchi M，Scott KA，Moran TH，et al. 2005. Dorsomedial hypothalamic corticotropin-releasing factor mediation of exercise-induced anorexia[J]. American Journal of Physiology-Regulatory Integrative and Comparative Physiology，288（6）：1800-1805.

Kimura M，Tateishi N，Shiota T，et al. 2004. Long-term exercise down-regulates leptin receptor mRNA in the arcuate nucleus[J]. NeuroReport，15（4）：713-716.

Levin BE，Dunn-Meynell AA. 2004. Chronic exercise lowers the defended body weight gain and adiposity in diet-induced obese rats[J]. American Journal of Physiology-Regulatory Integrative and Comparative Physiology，286（4）：R771-R778.

Mei L，Zhang D，Zhu WL. 2018. Effects of Tannic Acid Food on Energy Metabolism in Male *Eothenomys miletus*[J]. Pakistan Journal of Zoology，50（4）：1205-1210.

Zhu WL，Zhang L，Wang ZK. 2013a. Effects of Exogenous Leptin on Body Mass，Thermogenesis Capacity and Hormone Concentrations of Yuman Chinese Vole，*Eothenomys miletus*，Under Varied Photoperiod[J]. Pakistan Journal of Zoology，45（4）：997-1006.

Zhu WL，Zhang D，Zhang L，et al. 2013b. Effects of exogenous melatonin on body mass regulation and hormone concentrations in *Eothenomys miletus*[J]. Journal of Stress Physiology & Biochemistry，9（2）：118-130.

第8章　血清瘦素与下丘脑神经肽对大绒鼠体重和能量代谢的调节

下丘脑在维持能量代谢活动中发挥着关键的作用，下丘脑核团之间通过神经肽形成的调控网络是能量平衡的基础（焦广发等，2010）。下丘脑神经元会分泌一些神经肽，这些神经肽可分为两类：①促进食欲神经肽：如神经肽Y（neuropeptide Y，NPY）、刺鼠相关肽（agouti related peptide，AgRP），可刺激进食和抑制能量消耗；②抑制食欲神经肽：如阿黑皮素原（proopiomelanocortin，POMC）、可卡因-苯丙胺转录调节肽（cocaine and amphetamine regulated transcript peptide，CART），可抑制食物摄入和刺激能量消耗（Tang et al.，2009）。NPY是一个由36个氨基酸组成的高度保守的多肽，是摄食最强的刺激因子，最早在1982年被分离出来（Tatemoto，1982），在下丘脑中广泛分布，是中枢神经组织含量最高的神经肽之一（Aboumder et al.，1999），主要参与调节动物的摄食行为、生物节律性、平滑肌的收缩及影响下丘脑神经内分泌活动（Larhammar，1996）。AgRP是调控体脂性状的重要因子，自从1997年被发现以来（Shutter et al.，1997；Ollmann et al.，1997），经过多年的研究，被认为是能量平衡的强有力调节剂。POMC是一种由267个氨基酸组成的前体蛋白，是一类厌食的神经肽，可加工成多种不同功能的肽类激素，包括促肾上腺皮质激素、脂肪酸释放激素等，这些活性肽类在动物的应急、摄食和能量代谢等的调节中起着重要作用（Arends et al，1998；Pritchard et al.，2002）。CART是一种在体内分布广泛的神经肽类物质（Kuhar and Yoho，1999），首先由Spiess等（1981）在羊下丘脑的抽提物中分离出来，可抑制动物的摄食行为，降低其体重，并受瘦素的调节（Kristensen et al.，1998）。NPY和AgRP主要存在于下丘脑弓状核（arcuate nucleus，ARC），常位于ARC同一神经元内（Benoit et al，2002），多数ARC分泌NPY神经元的同时也表达AgRP；POMC和CART与机体的能量调节有关（Heijboer et al.，2005）。下丘脑分泌的这些神经肽调节食欲和机体能量代谢活动，NPY/AgRP和POMC/CART的平衡代表下丘脑能量调节平衡的正常状态（Bouret et al.，2004）。

本章是在第2章至第7章研究的基础上，证实了温度、光照和食物的确会对大绒鼠的体重调节产生影响，而血清瘦素参与了该过程。但是瘦素参与大绒鼠的能量摄入是需要和下丘脑食物神经肽作用以后才可以影响其食物摄入。所以本章就是进行了下丘脑神经肽表达量的季节性变化研究，3种生态因子单独处理对大绒鼠下丘脑神经肽表达量的影响及3种生态因子共同作用时大绒鼠下丘脑神经肽表达量又是如何变化的，如何调节大绒鼠的生存适应对策。

8.1　下丘脑神经肽对大绒鼠体重和能量代谢季节性变化的影响

大绒鼠血清瘦素水平在冬季最低、夏季最高。血清瘦素与体脂重量呈极显著正相关关系（图 8.1）。

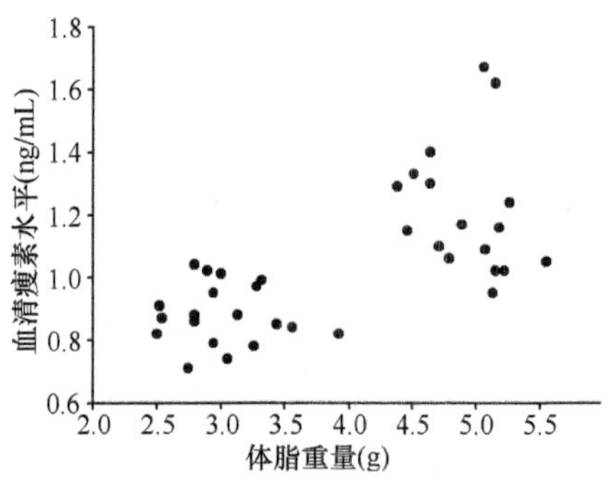

图 8.1　不同季节大绒鼠血清瘦素水平与体脂重量的相关性研究（Zhu et al.，2017）

大绒鼠下丘脑 NPY 和 AgRP 基因表达量呈极显著的季节性变化（图 8.2A、B）。但是 POMC 和 CART 基因表达量无显著的季节性变化（图 8.2C、D）。

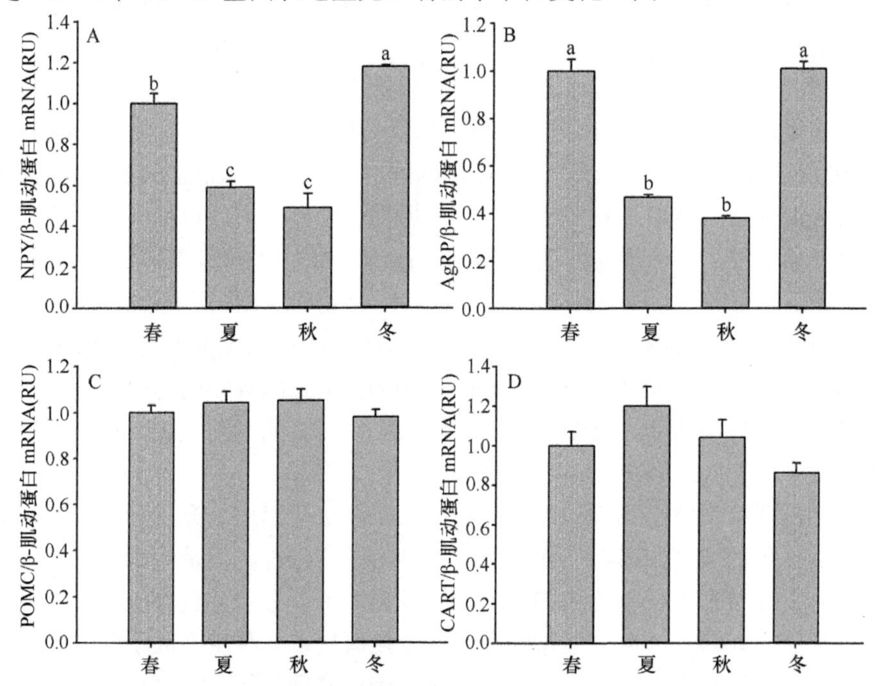

图 8.2　不同季节大绒鼠下丘脑 NPY（A）、AgRP（B）、POMC（C）和 CART（D）表达量的变化（Zhu et al.，2017）

大绒鼠血清瘦素水平与 NPY 和 AgRP 基因表达量呈极显著的正相关关系（图 8.3A、B）。大绒鼠血清瘦素水平与 POMC 和 CART 基因表达量呈显著的负相关关系（图 8.3C、D）。

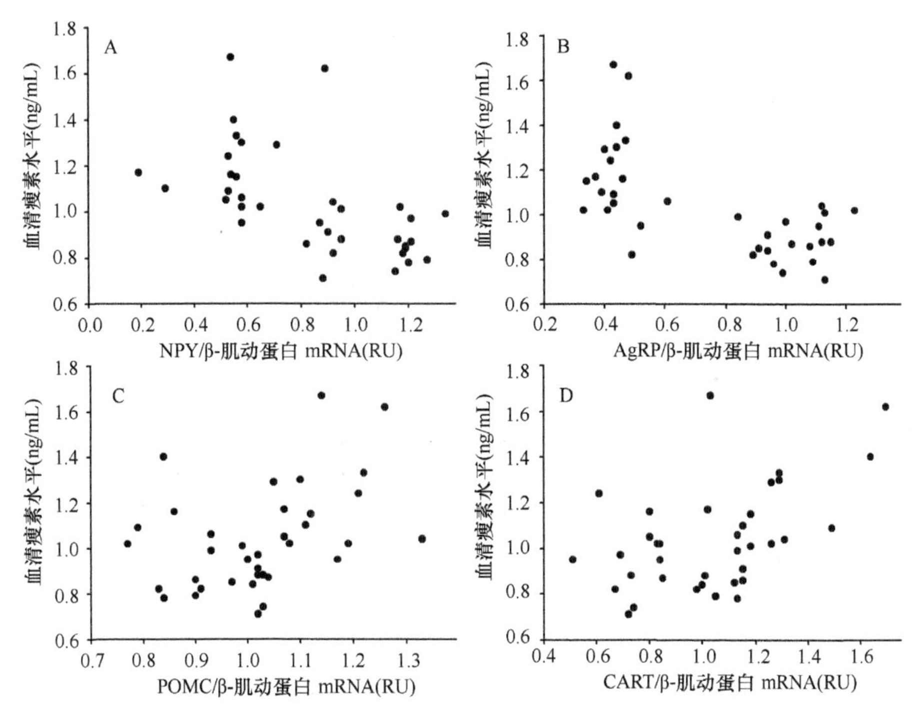

图 8.3　不同季节大绒鼠血清瘦素水平与下丘脑 NPY（A）、AgRP（B）、POMC（C）和 CART（D）表达量的相关性（Zhu et al.，2017）

以上结果表明，大绒鼠在季节性变化过程中冬季通过降低体重、体脂，增加摄食量来维持生存。瘦素通过作用于下丘脑 4 种神经肽基因调节大绒鼠的体重和能量代谢。

8.2　冷驯化时下丘脑神经肽对大绒鼠体重和能量代谢的影响

实验前，对照组和实验组大绒鼠的体重分别为（44.11±1.23）g 和（44.43±1.57）g，差异不显著。28d 后，两组体重差异显著（图 8.4），实验组大绒鼠的体重比对照组低 10.76%。

实验 28d 后，对照组与实验组大绒鼠的体脂重量差异极显著（图 8.5），对照组和实验组大绒鼠的体脂重量分别为（7.99±0.56）g 和（3.57±0.53）g，实验组大绒鼠的体脂重量比对照组下降 55.3%。

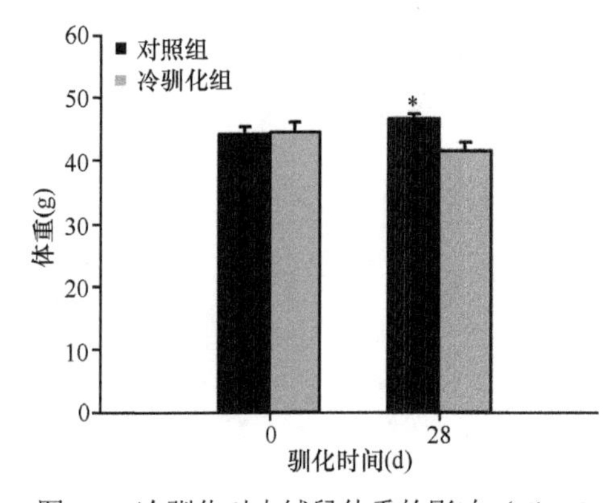

图 8.4 冷驯化对大绒鼠体重的影响（Zhu & Yang，2016a）

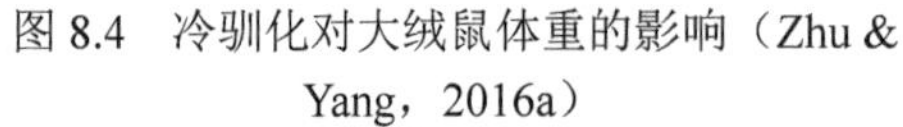

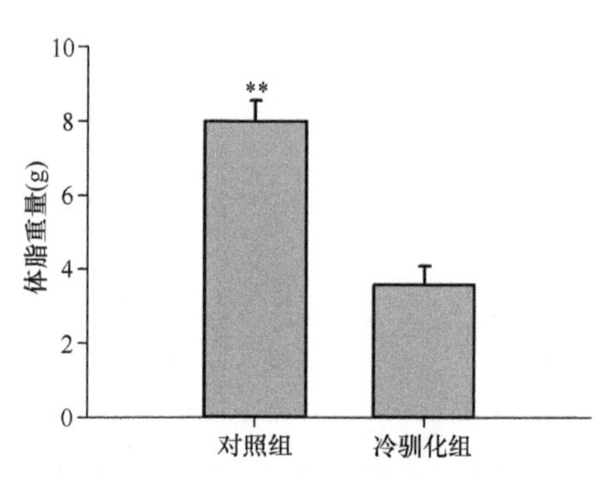

图 8.5 冷驯化对大绒鼠体脂重量的影响（Zhu & Yang，2016a）

实验前，对照组和实验组大绒鼠的食物摄入量分别为（5.80±0.56）g 和（5.16±0.51）g，差异不显著。28d 后，两组食物摄入量差异极显著（图 8.6），实验组大绒鼠的体重比对照组高 70.94%。

实验 28d 后，对照组与实验组大绒鼠的血清瘦素水平差异显著，实验组大绒鼠的血清瘦素水平较对照组下降 25.89%。大绒鼠血清瘦素水平与体脂重量呈显著正相关关系（图 8.7）。

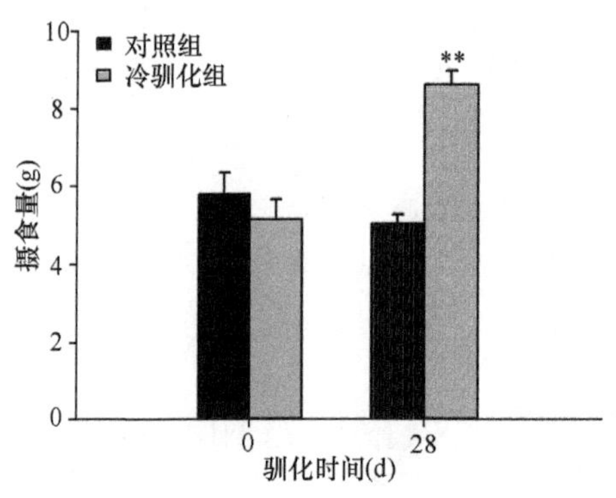

图 8.6 冷驯化对大绒鼠摄食量的影响（Zhu & Yang，2016a）

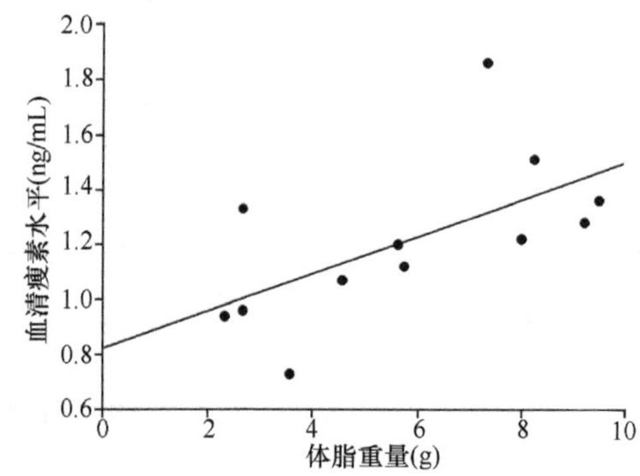

图 8.7 冷驯化条件下大绒鼠血清瘦素水平与体脂重量的相关性（Zhu & Yang，2016a）

实验 28d 后，对照组与实验组大绒鼠的 NPY 基因表达量差异极显著；两组大绒鼠 AgRP、POMC 和 CART 基因表达量差异不显著（图 8.8）。

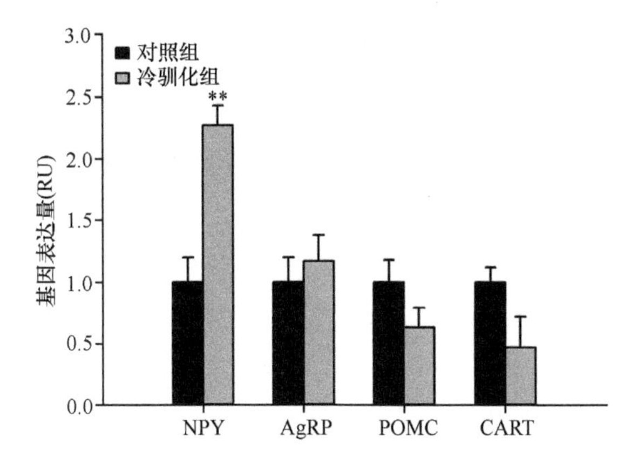

图 8.8　冷驯化对大绒鼠基因表达量的影响（Zhu & Yang，2016a）

大绒鼠血清瘦素水平与 NPY 基因表达量呈显著的负相关关系（图 8.9A），与 AgRP 和 POMC 基因表达量无相关性（图 8.9B、C），与 CART 基因表达量呈显著的正相关关系（图 8.9D）。

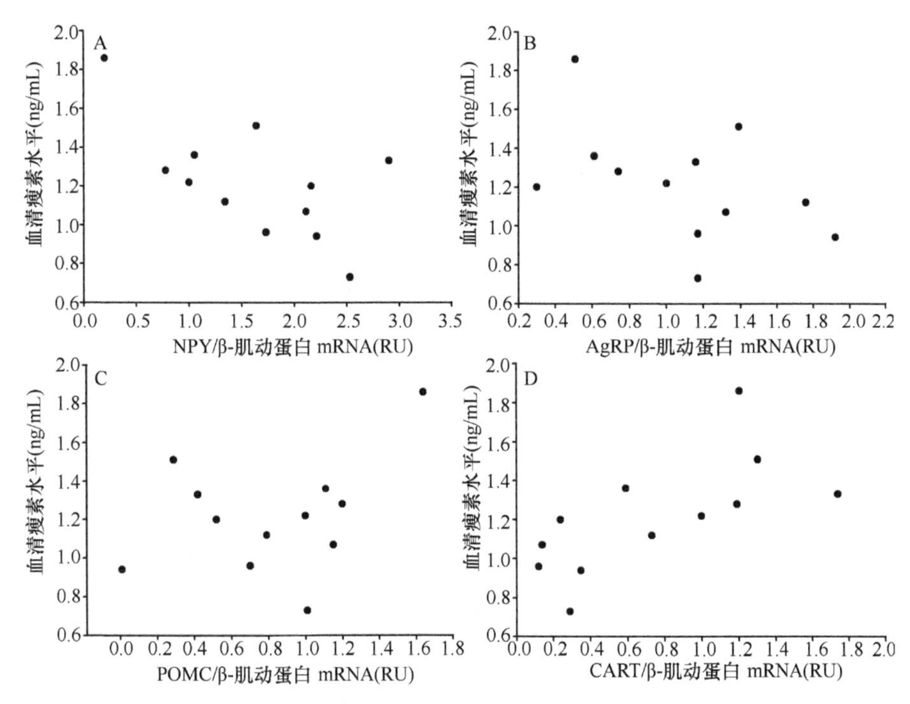

图 8.9　冷驯化条件下大绒鼠血清瘦素水平与下丘脑 NPY（A）、AgRP（B）、POMC（C）和 CART（D）表达量的相关性（Zhu & Yang，2016a）

以上结果表明，低温可以降低大绒鼠的体重、体脂和瘦素含量，增加摄食量和 NPY 表达量。而在该条件下，瘦素仅通过调节 NPY 和 CART 表达量来调节大绒鼠的体重和能量代谢。

8.3 不同光照中下丘脑神经肽对大绒鼠体重和能量代谢的影响

实验前，短光照组和长光照组大绒鼠的体重分别为(39.55±2.59)g 和(39.31±1.34）g，差异不显著。实验 28d 后，两组的体重差异显著（图 8.10），短光照组大绒鼠的体重较长光照组低 6.91%。

实验 28d 后，短光照组和长光照组大绒鼠的体脂重量差异显著（图 8.11），短光照组和长光照组大绒鼠的体脂重量分别为（5.71±0.52）g 和（7.63±0.46）g，短光照组大绒鼠的体脂重量较长光照组低 25.16%。

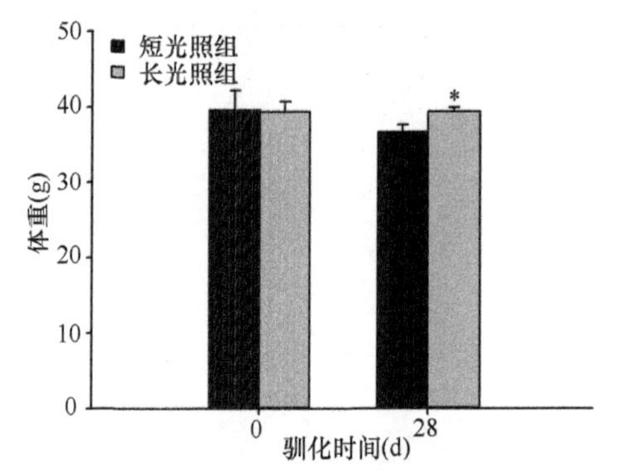

图 8.10　光周期变化对大绒鼠体重的影响（Zhu & Yang，2017）

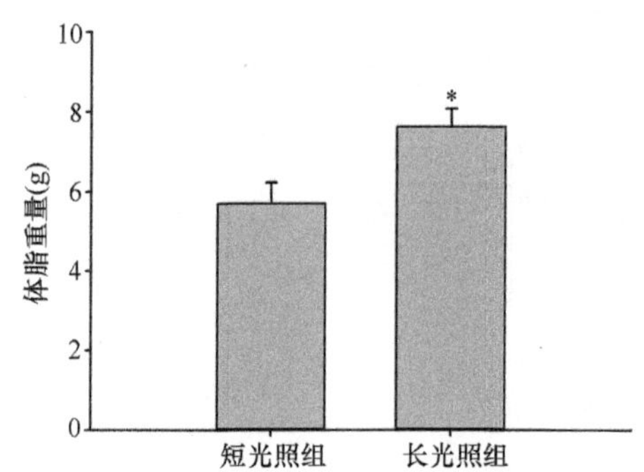

图 8.11　光周期变化对大绒鼠体脂重量的影响（Zhu & Yang，2017）

实验前，短光照组和长光照组大绒鼠的摄食量分别为（6.40±0.43）g 和（5.87±0.34）g，差异不显著。实验 28d 后，两组的摄食量差异显著（图 8.12），长光照组大绒鼠的摄食量较短光照组低 27.33%。

实验 28d 内，短光照组和长光照组大绒鼠的血清瘦素水平差异不显著，短光照组大绒鼠的血清瘦素水平较长光照组低 13.90%。光周期变化条件下大绒鼠血清瘦素水平与体脂重量呈正相关关系（图 8.13）。

实验 28d 后，短光照组大绒鼠 NPY、AgRP、POMC 和 CART 与长光照组的基因表达量均差异不显著（图 8.14）。

大绒鼠血清瘦素水平与 NPY 基因表达量呈显著的负相关关系（图 8.15A），但与 AgRP、POMC 和 CART 基因表达量无相关性（图 8.15B～D）。

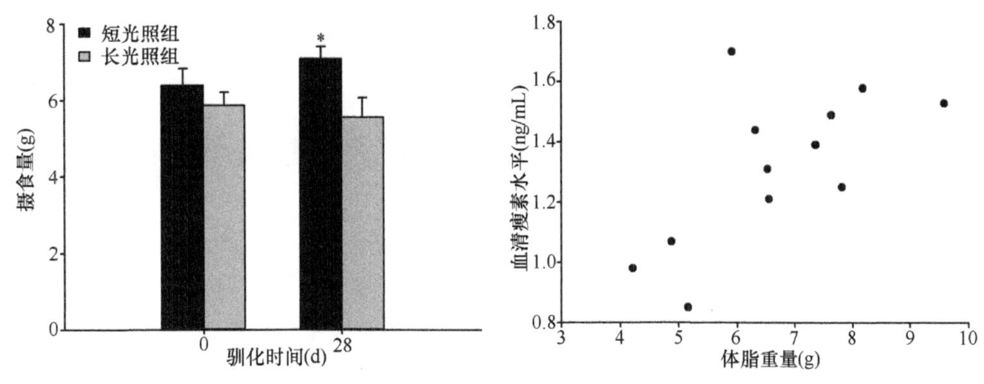

图 8.12　光周期变化对大绒鼠摄食量的影响（Zhu & Yang，2017）

图 8.13　光周期变化条件下大绒鼠血清瘦素水平与体脂重量的相关性（Zhu & Yang，2017）

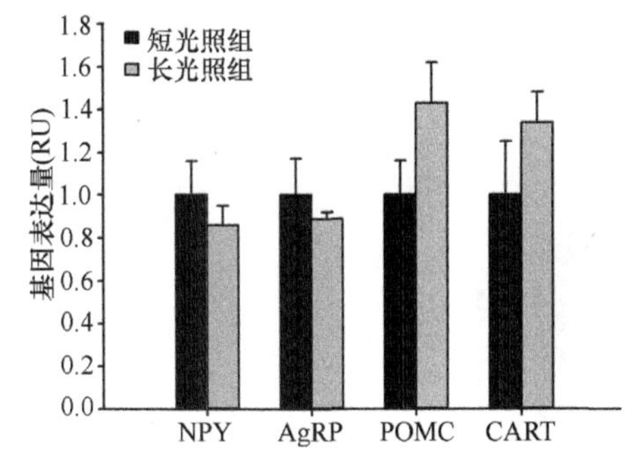

图 8.14　光周期变化对大绒鼠基因表达量的影响（Zhu & Yang，2017）

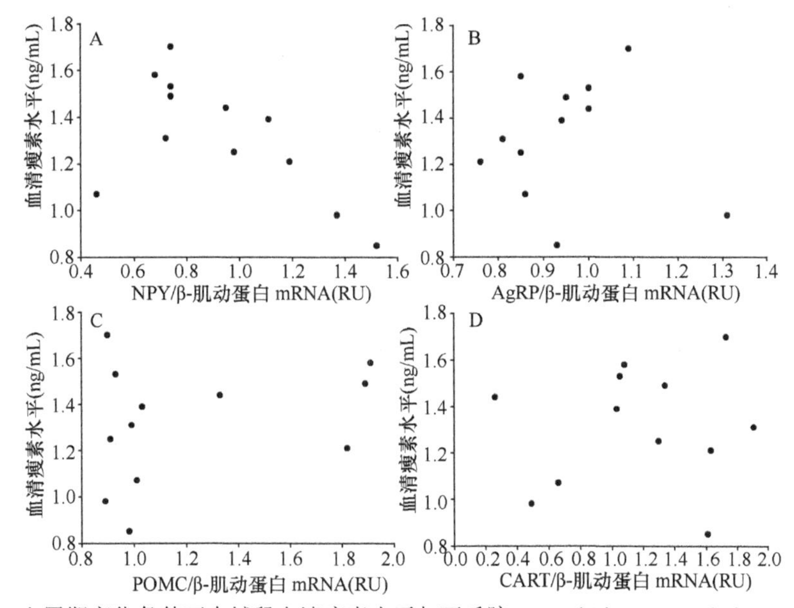

图 8.15　光周期变化条件下大绒鼠血清瘦素水平与下丘脑 NPY（A）、AgRP（B）、POMC（C）和 CART（D）表达量的相关性（Zhu & Yang，2017）

以上结果表明，短光可以降低大绒鼠的体重和体脂，增加摄食量。瘦素通过调节 NPY 表达量来调节大绒鼠的体重和能量代谢。

8.4 限食条件中下丘脑神经肽对大绒鼠体重和能量代谢的影响

实验前，对照组和实验组大绒鼠的体重分别为（45.24±1.65）g 和（45.82±1.47）g，差异不显著。实验 28d 后，两组的体重有极显著差异（图 8.16），实验组大绒鼠的体重较对照组低 15.86%。

实验 28d 后，对照组和实验组大绒鼠的体脂重量有极显著差异（图 8.17），对照组和实验组大绒鼠的体脂重量分别为（6.27±0.49）g 和（3.43±0.37）g，实验组大绒鼠的体脂重量较对照组低 45.29%。

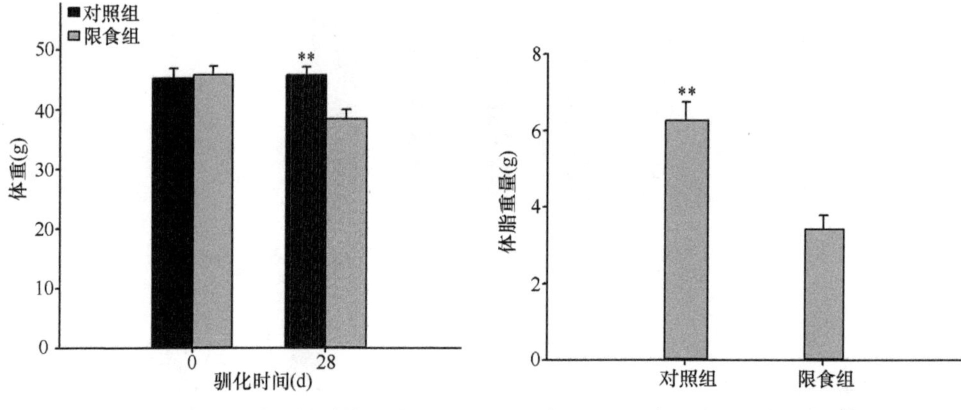

图 8.16　限食对大绒鼠体重的影响（Zhu & Yang，2016b）

图 8.17　限食对大绒鼠体脂重量的影响（Zhu & Yang，2016b）

实验 28d 内对照组和实验组大绒鼠的血清瘦素水平无显著差异，实验组大绒鼠的血清瘦素水平较对照组低 33.79%。血清瘦素水平与体脂重量呈显著正相关关系（图 8.18）。

实验 28d 后，实验组与对照组大绒鼠的 NPY、AgRP、POMC 和 CART 基因表达量均差异显著（图 8.19）。

大绒鼠血清瘦素水平与 NPY、AgRP 基因表达量呈显著的负相关关系，与 POMC、CART 基因表达量呈显著的正相关关系（图 8.20A～D）。

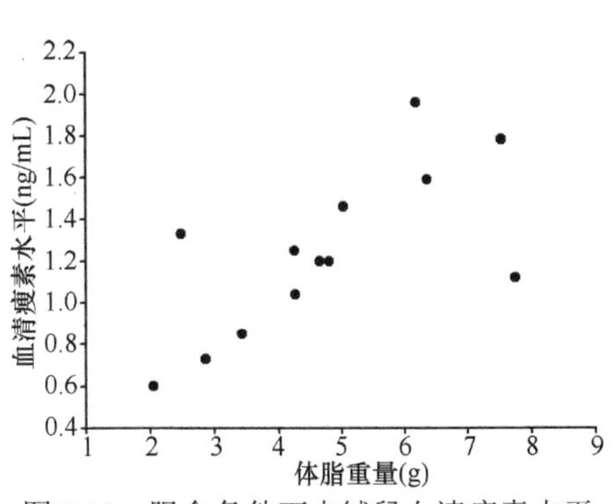

图 8.18 限食条件下大绒鼠血清瘦素水平与体脂重量的相关性（Zhu & Yang，2016b）

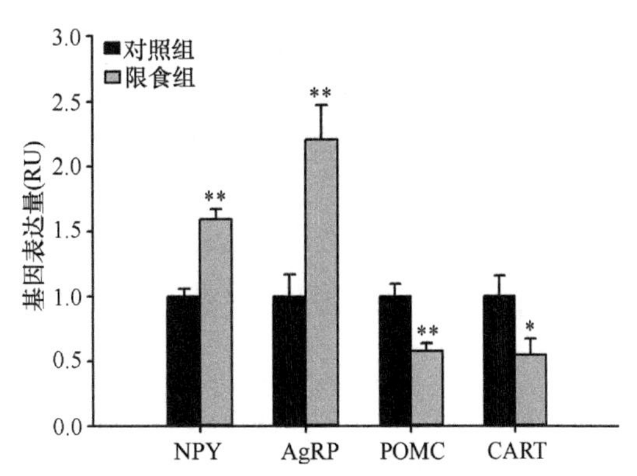

图 8.19 限食对大绒鼠基因表达量的影响（Zhu & Yang，2016b）

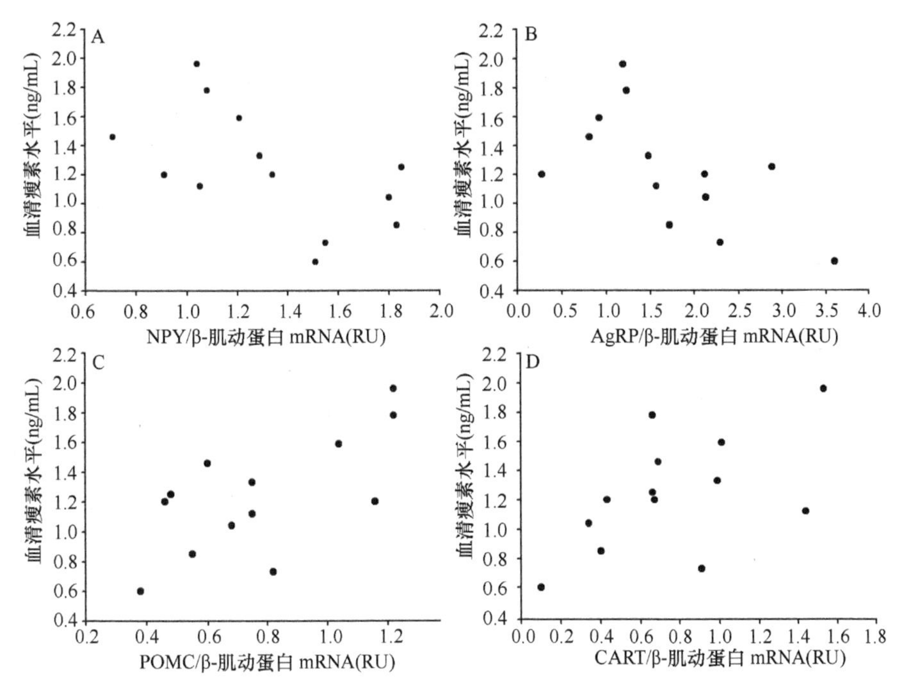

图 8.20 限食条件下大绒鼠血清瘦素水平与下丘脑 NPY（A）、AgRP（B）、POMC（C）和 CART（D）表达量的相关性（Zhu & Yang，2016b）

以上结果表明，限食可以降低大绒鼠的体重、体脂和瘦素含量，增加摄入量和下丘脑神经肽基因表达量。瘦素通过调节 NPY/AgRP 和 POMC/CART 表达量来调节大绒鼠的体重和能量代谢。

8.5 3种因素对大绒鼠体重和下丘脑神经肽表达量的影响

低温和限食可以降低大绒鼠体重和体脂，瘦素含量也显著降低，NPY 和 AgRP 表达量显著增加，POMC 和 CART 表达量显著降低，而光照对于以上指标的影响均不显著（表 8.1）。瘦素与体脂、POMC 和 CART 表达量呈正相关（图 8.21、图 8.22），与 NPY 和 AgRP 表达量呈负相关（图 8.22）。

表8.1 温度、光照和食物对大绒鼠体重、体脂、瘦素含量和下丘脑神经肽表达量的影响（Zhu et al.，2017）

	常温			
	长光照		短光照	
	充足（$n=7$）	限食（$n=10$）	充足（$n=6$）	限食（$n=6$）
前体重（g）	38.07±1.81	39.56±0.99	39.85±1.42	39.48±1.87
后体重（g）	40.01±2.59	32.56±2.66	39.14±3.04	29.08±1.13
体脂（g）	7.06±0.21	4.72±0.68	6.93±0.51	3.43±0.25
瘦素（ng/mL）	1.42±0.12	0.91±0.03	1.32±0.09	0.83±0.08
NPY（RU）	1.00±0.04	1.22±0.03	1.02±0.07	1.31±0.02
AgRP（RU）	1.00±0.02	1.25±0.04	1.01±0.05	1.26±0.04
POMC（RU）	1.00±0.05	0.86±0.03	0.95±0.04	0.76±0.03
CART（RU）	1.00±0.05	0.82±0.03	0.95±0.05	0.81±0.04
	低温			
	长光照		短光照	
	充足（$n=8$）	限食（$n=6$）	充足（$n=6$）	限食（$n=6$）
前体重（g）	40.51±1.23	38.07±2.34	38.99±2.12	39.69±0.55
后体重（g）	35.06±2.34	24.31±1.27	33.89±2.33	24.01±1.84
体脂（g）	4.33±0.43	2.96±0.31	4.08±0.21	2.16±0.24
瘦素（ng/mL）	0.97±0.03	0.98±0.04	0.78±0.02	0.64±0.02
NPY（RU）	1.29±0.11	1.42±0.04	1.33±0.01	1.52±0.05
AgRP（RU）	1.30±0.03	1.49±0.06	1.34±0.06	1.51±0.07
POMC（RU）	0.84±0.05	0.63±0.03	0.77±0.04	0.64±0.05
CART（RU）	0.76±0.03	0.60±0.02	0.71±0.04	0.53±0.02

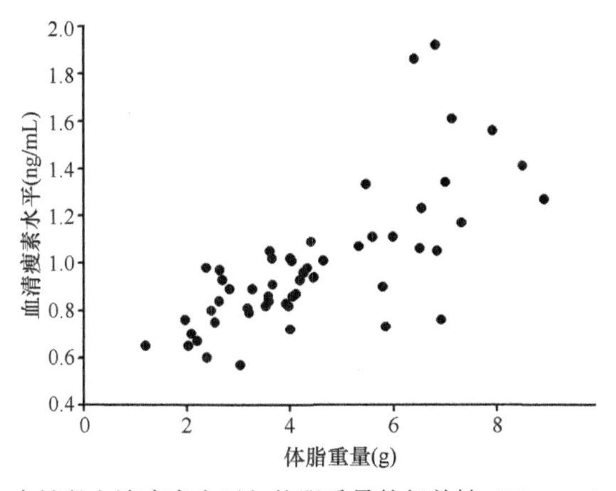

图 8.21　大绒鼠血清瘦素水平与体脂重量的相关性（Zhu et al.，2017）

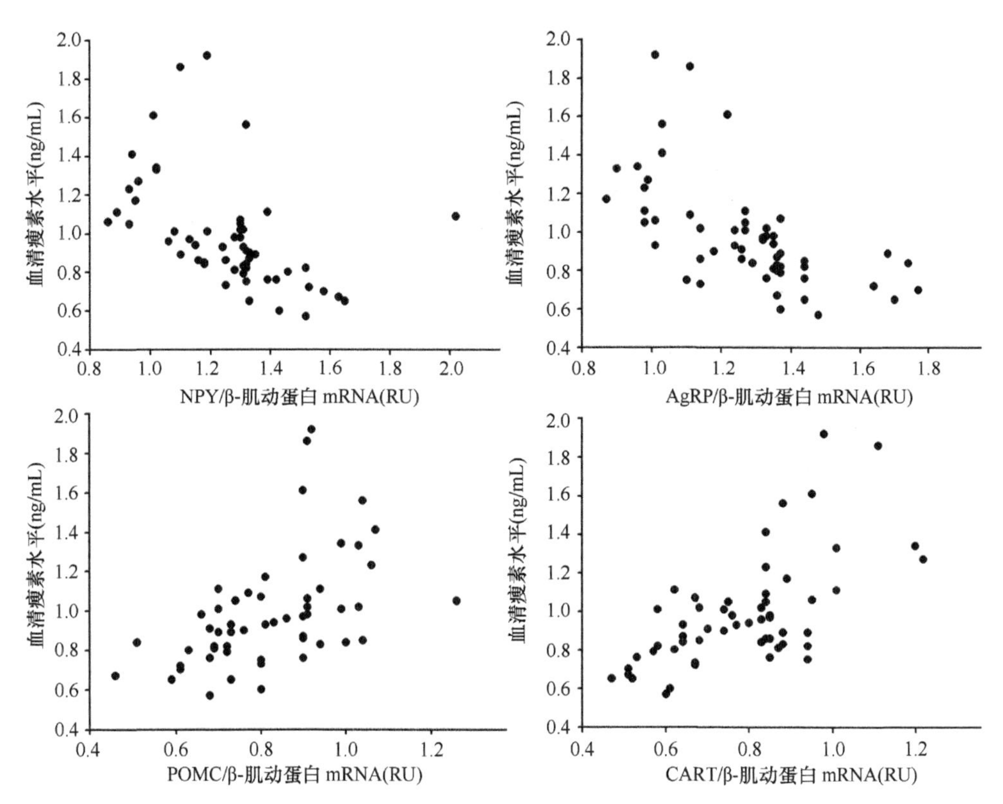

图 8.22　大绒鼠血清瘦素水平与下丘脑 NPY（A）、AgRP（B）、POMC（C）和 CART（D）表达量的相关性（Zhu et al.，2017）

以上结果表明，温度和食物是影响大绒鼠体重和能量代谢的因素，瘦素在该环境下通过调节下丘脑神经肽基因的表达量来调节大绒鼠的能量稳态。

8.6 总　结

综上所述，大绒鼠在季节性变化过程中通过调整下丘脑神经肽基因表达量来调节体重和能量代谢。具体表现在：低温条件下主要通过调节 NPY 和 CART 表达量、短光可以刺激 NPY 表达量增加，限食可以改变 NPY/AgRP 和 POMC/CART 表达量。对于环境因子影响作用的大小，低温和限食使 NPY 和 AgRP 表达量显著增加，而 POMC 和 CART 表达量显著降低，而光照对于以上指标影响不显著。大绒鼠在季节性变化和不同环境因子条件下通过下丘脑神经肽基因表达量的变化最终来适应横断山区年温差小、日温差大、食物资源相对丰富的栖息环境。

参 考 文 献

焦广发，高峰，陈玉娟，等. 2010. 运动对摄食活动的影响及其神经肽相关机制研究进展[J]. 中国运动医学杂志，29（4）：498-501.

Aboumder R，Elhusseing A，Cohen X，et al. 1999. Expression of neuropeptide Y receptors mRNA and protein in human brain vessels and cerebromicrovascular cells in culture[J]. Journal of Cerebral Blood Flow and Metabolism，19（2）：155-163.

Arends RJ，Vermeer H，Martens GJ，et al. 1998. Cloning and expression of two proopiomelanocortin mRNA in the common carp（*Cyprinus carpio* L.）[J]. Molecular and Cellular Endocrinology，143（1/2）：23-31.

Benoit SC，Air EL，Coolen LM，et al. 2002. The catabolic action of insulin in the brain is mediated by melanocortins[J]. The Journal of Neuroscience，22（20）：9048-9052.

Bouret SG，Draper SJ，Simerly RB. 2004. Trophic action of leptin on hypothalamic neurons that regulate feeding[J]. Science，304（5667）：108-110.

Heijboer AC，Voshol PJ，Donga E，et al. 2005. High fat diet induced hepatic insulin resistance is not related to changes in hypothalamic mRNA expression of NPY，AgRP，POMC and CART in mice[J]. Peptides，26（12）：2554-2558.

Kristensen P，Judge ME，Thim L，et al. 1998. Hypothalamic CART is a new anorectic peptide regulated by leptin[J]. Nature，393：72-76.

Kuhar MJ，Yoho LL. 1999. CART peptide analysis by western blotting[J]. Synapse，33（3）：163-171.

Larhammar D. 1996. Evolution of neuropeptide Y，peptide YY and pancreatic polypeptide[J]. Regulatory Peptides，62（1）：1-11.

Ollmann MM，Wilson BD，Yang YK，et al. 1997. Antagonism of central melanocortin receptors *in vitro* and *in vivo* by agouti-related protein[J]. Science，278（5335）：135-138.

Pritchard LE，Turnbull AV，White A. 2002. Pro-opiomelanocortin processing in the hypothalamus：impact on melanocortin signaling and obesity[J]. Journal of Endocrinology，172：411-421.

Shutter JR，Graham M，Kinsey AC，et al. 1997. Hypothalamic expression of ART，a novel gene related to agouti，is up-regulated in obese and diabetic mutant mice[J]. Genes & Development，11（5）：593-602.

Spiess J，Vilarreal J，Vale W. 1981. Isolation and sequence analysis of a somatostatin-like polypeptide from ovine hypothalamus[J]. Biochemistry，20（7）：1982-1988.

Tang GB，Cui JG，Wang DH. 2009. Role of hypoleptinemia during cold adaptation in Brandt's voles（*Lasiopodomys brandtii*）[J]. American Journal of Physiology - Regulatory，Integrative and Comparative Physiology，297（5）：1293-1301.

Tatemoto K. 1982. Neuropeptide Y：complete amino acid sequence of the brain peptide[J]. Proceedings of the National Academy of Sciences USA，79（18）：5485-5489.

Zhu WL，Yang G. 2016a. Role of hypothalamic neuropeptides genes expression on body mass regulation under cold acclimation in *Eothenomys miletus*[J]. Journal of Zoological and Bioscience Research，3（1）：1-6.

Zhu WL，Yang G. 2016b. Role of hypothalamic neuropeptides genes expression on body mass regulation under food restriction in *Eothenomys miletus*[J]. Octa Journal of Biosciences，4（2）：36-39.

Zhu WL，Yang G. 2017. Role of hypothalamic neuropeptides genes expression on body mass regulation under different photoperiods in Yunnan Red-Backed Vole，*Eothenomys miletus*[J]. Pakistan Journal of Zoology，49（2）：647-654.

Zhu WL，Zhang D，Hou DM，et al. 2017. Roles of hypothalamic neuropeptide gene expression in body mass regulation in *Eothenomys miletus*（Mammalia：Rodentia：Cricetidae）[J]. The European Zoological Journal，84（1）：322-333.

第9章 大绒鼠繁殖生物学的研究

动物的生长是动物生活史进化研究的一个重要内容，通过比较不同分类单元之间或物种之间生长参数的特征，可以揭示动物生活史的进化特征及动物对环境的适应特征（Millar，1977；Case，1978）。对田鼠属（*Microtus*）和白足鼠属（*Peromyscus*）种群统计学资料的研究表明，小型哺乳动物的新生个体大约只有50.8%能活到断乳前后（Isler et al.，1987）。恒温动物在胚胎时期，母体提供了恒定的发育环境，动物出生以后将直接面对周围环境，幼年时期的死亡率很高，可能是自然选择的主要时期（Hill，1972）。因此，研究小型哺乳动物幼年时期的生理生态学特征，对理解其生态适应意义和进化特征是必要的。

瘦素（leptin）是由白色脂肪细胞分泌的一种蛋白类激素，高浓度的血清瘦素具有抑制摄食、促进产热和降低体重的作用（Friedman & Halaas，1998），其发现为"脂肪自稳理论"（lipostatic theory）假设"体脂信号"（adiposity signal）激素决定哺乳动物能量稳态维持假说提供强有力的支持。瘦素抵抗（leptin resistance）的发现为人们对动物能量稳态提供了崭新的认识（Myers et al.，2008）。瘦素抵抗主要表现出两种状态：一种是病理性，如食物诱导性肥胖；另一种为允许体重调定点出现变化的适应性反应，如哺乳动物的妊娠期（Tups，2009）。通常，动物为了适应环境变化造成的胁迫压力，往往对未来环境的变化产生新的适应变化，包括改变体重调定点而致使体重水平高于或低于"缺失值"（default value）水平，从而满足环境变化对动物生存适应带来的挑战（Tups，2009）。

妊娠期是哺乳动物繁殖的初始阶段，也是重要环节。妊娠期动物的新陈代谢及生理和生化指标发生变化，其能量消耗主要包括胎儿的组织生长、子宫和胎盘的增大、乳腺的发育及维持这些组织的能量消耗（裴恩乐和陆健健，1994）。研究发现，妊娠期动物的瘦素水平明显上升，体重和摄食量增加，表明妊娠期机体可能对瘦素不敏感，可能产生了瘦素抵抗（Mantzoros et al.，1997），增加摄食量，允许体重调定点高于"缺失值"水平，适应妊娠期的能量需求的增加。

本章是本研究组在研究了大绒鼠的非繁殖期生理生态适应机制之后逐步开展的研究。主要研究了大绒鼠的基础代谢率与繁殖输出的关系、大绒鼠在妊娠期是否会出现瘦素抵抗的现象、大绒鼠幼仔发育的基本特征及幼仔在胎后发育过程中肝脏和BAT的作用又是如何的。

9.1 大绒鼠的基础代谢率与繁殖输出的关系

繁殖期大绒鼠第3天和第22天的体重分别为（40.03±1.13）g和（26.92±0.69）g

（表 9.1）。繁殖前期的 RMR（Pri RMR）和繁殖后期的 RMR（LL RMR）分别为（84.09±2.41）mL O_2/h 和（117.40±2.76）mL O_2/h，LL RMR 比 Pri RMR 高 39.61%。繁殖期大绒鼠的体重与 Pri RMR 和 LL RMR 呈极显著正相关关系（图 9.1）。但 Pri RMR 和 LL RMR 之间差异不显著（图 9.2）。

表9.1　繁殖期大绒鼠的体重、摄食量、胎仔数和胎仔重（Zhu & Wang，2014）

参数	3d	22d	*t*	*P*
体重（g）	40.03±1.13	26.92±0.69	8.54	<0.01
摄食量（g）	5.45±0.16	11.49±0.35	−15.70	<0.01
胎仔数	3.00±0.52	2.33±0.37	1.033	>0.05
胎仔重（g）	3.94±0.14	13.66±0.39	−23.43	<0.01

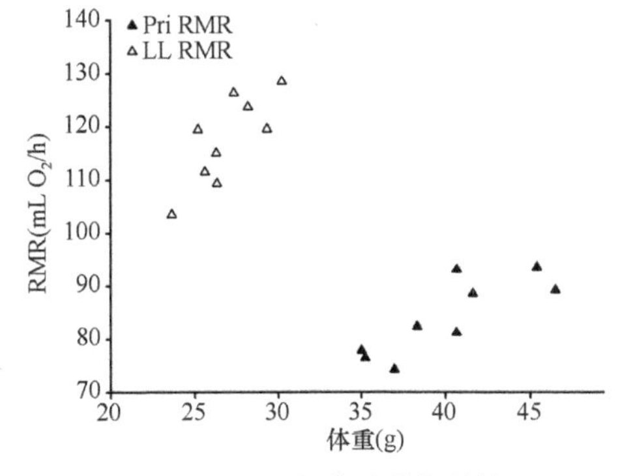

图 9.1　大绒鼠 RMR 与体重的相关性（Zhu & Wang，2014）

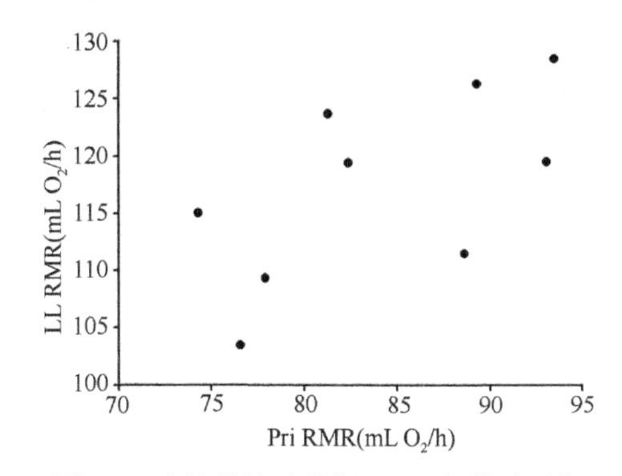

图 9.2　大绒鼠繁殖前期 RMR 与繁殖后期 RMR 的相关性（Zhu & Wang，2014）

繁殖期大绒鼠第 3 天和第 22 天的摄食量分别为（5.45±0.16）g 和（11.49±0.35）g（表 9.1）。繁殖期大绒鼠的摄食量与 Pri RMR 和 LL RMR 呈极显著正相关关系（图 9.3）。

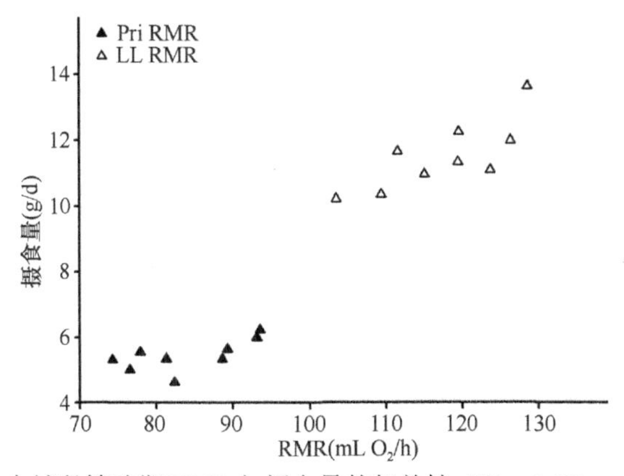

图 9.3　大绒鼠繁殖期 RMR 与摄食量的相关性（Zhu & Wang，2014）

繁殖期大绒鼠第 22 天的血清瘦素水平为（1.26±0.08）ng/mL，繁殖期大绒鼠的血清瘦素水平与体重、LL RMR 和摄食量均呈显著正相关关系（图 9.4A～C）。

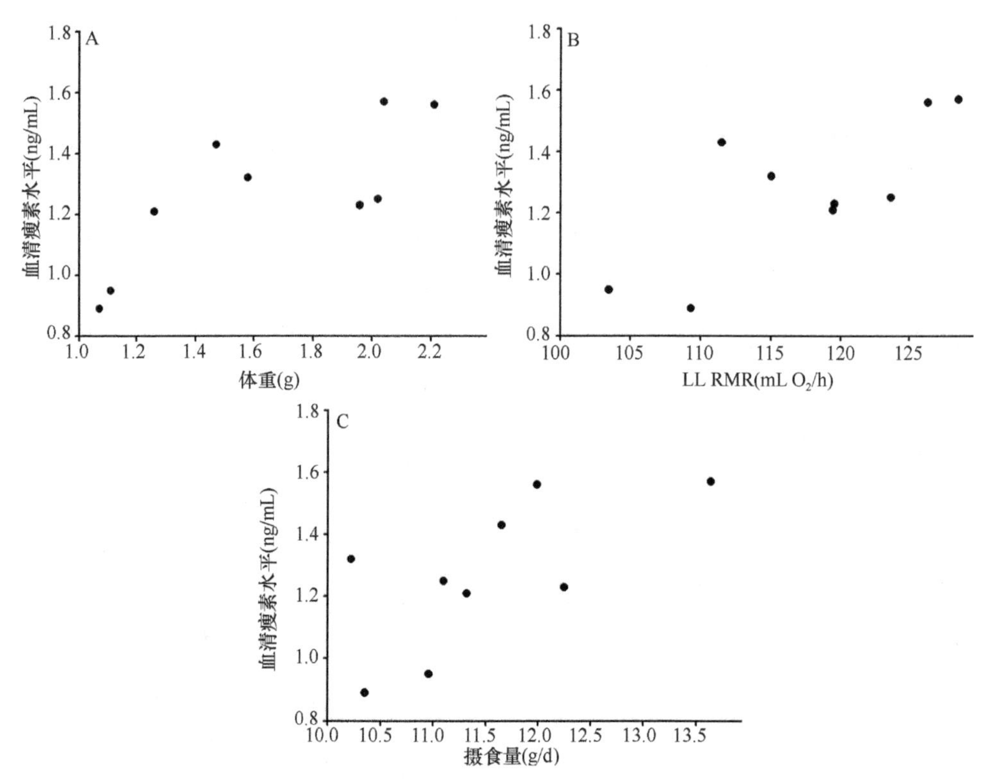

图 9.4 繁殖期大绒鼠血清瘦素水平与体重（A）、LL RMR（B）和摄食量（C）的相关性（Zhu & Wang，2014）

繁殖期大绒鼠第 3 天和第 22 天的胎仔数无显著差异（表 9.1），但第 3 天和第 22 天的胎仔重差异极显著（表 9.1）。繁殖期大绒鼠 Pri RMR 与泌乳早期胎仔数和泌乳晚期胎仔数（图 9.5A）差异均不显著。但繁殖期大绒鼠 LL RMR 与泌乳早期胎仔数和泌乳晚期胎仔数（图 9.5B）差异显著。繁殖期大绒鼠 Pri RMR 与泌乳早期胎仔重和泌乳晚期胎仔重（图 9.5C）差异均不显著。但繁殖期大绒鼠 LL RMR 与泌乳早期胎仔重和泌乳晚期胎仔重（图 9.5D）差异极显著。繁殖期大绒鼠 LL RMR 与内脏器官和胃肠道重量差异显著，其中 LL RMR 与胃肠道重量较内脏器官差异更为显著（表 9.2）。

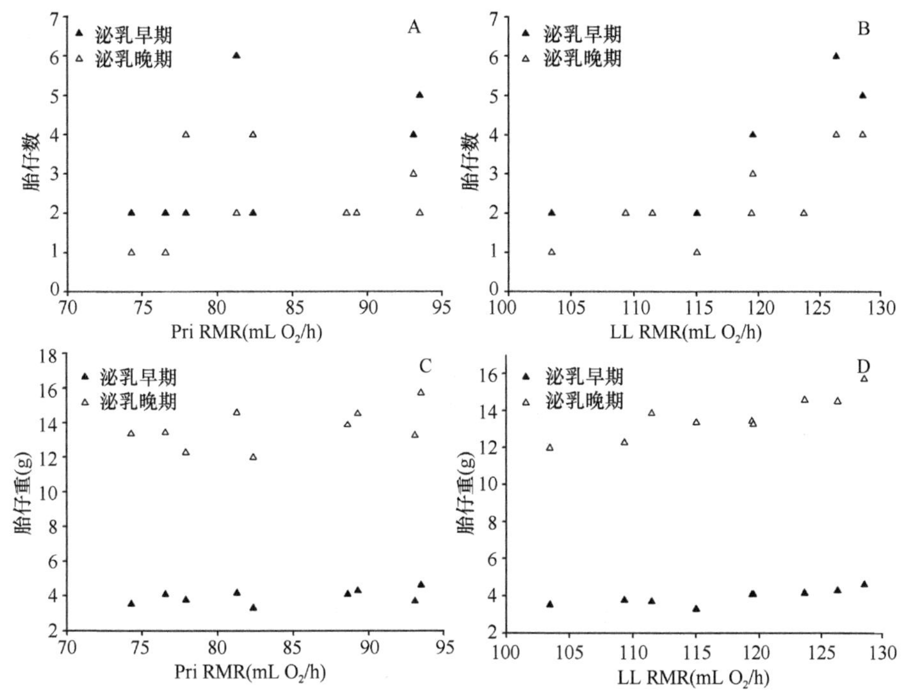

图 9.5　繁殖期大绒鼠胎仔数与 Pri RMR（A）、LL RMR（B）及胎仔重与 Pri RMR（C）、LL RMR（D）的相关性（Zhu & Wang，2014）

表9.2　繁殖期大绒鼠RMR与器官的关系（Zhu & Wang，2014）

参数	*r*	*P*
胴体	0.532	<0.05
心	0.756	<0.01
肝	0.784	<0.01
肺	0.498	<0.05
脾	0.635	<0.05
肾	0.701	<0.01
BAT	0.796	<0.01
乳腺	0.832	<0.01
胃	0.896	<0.01
小肠	0.923	<0.01
大肠	0.901	<0.01
盲肠	0.879	<0.01

本研究结果表明，繁殖后期的 RMR 对大绒鼠繁殖输出是有影响的，繁殖后期的 RMR 和很多生理指标具有显著的正相关关系。

9.2 瘦素抵抗在妊娠期大绒鼠体重调节中的作用

妊娠鼠的体重、体脂含量和血清瘦素浓度显著高于非妊娠鼠（表 9.3）。

表9.3 妊娠和非妊娠鼠体重、体脂含量和血清瘦素浓度的变化（杨盛昌等，2013）

参数	对照组	妊娠组	t	P
样本数	34	8		
体重（g）	38.49±0.71	42.43±1.57	–2.384	0.022
胴体干重（g）	9.96±0.26	11.13±0.44	–2.057	0.046
体脂重量（g）	1.19±0.09	1.76±0.17	–2.956	0.013
体脂含量（%）	12.03±0.88	16.56±1.9	–2.24	0.031
瘦素（ng/mL）	2.09±0.18	3.09±0.31	–2.026	0.02

大绒鼠血清瘦素浓度与体重、体脂重量和体脂含量显著正相关（图 9.6，图 9.7A、B）。

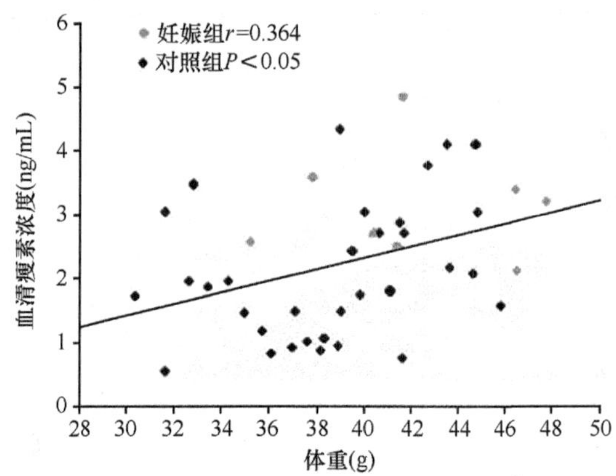

图 9.6 大绒鼠血清瘦素浓度与体重的关系（杨盛昌等，2013）

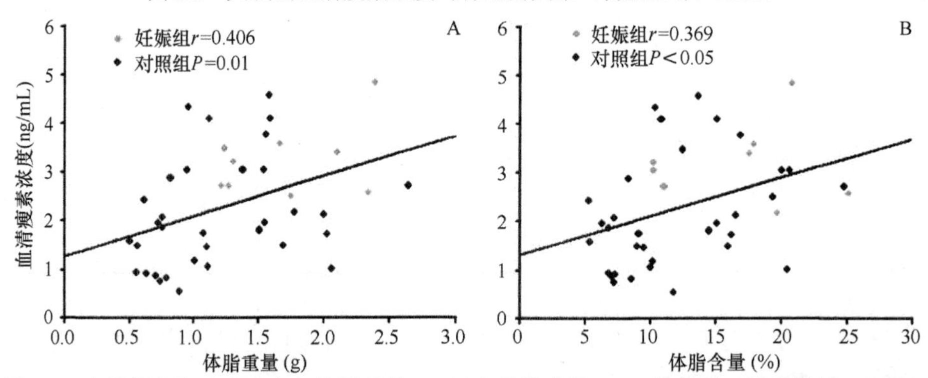

图 9.7 大绒鼠血清瘦素浓度与体脂重量（A）和体脂含量（B）的关系（杨盛昌等，2013）

本研究结果表明，大绒鼠在妊娠期会增加体重和血清瘦素含量，同时食物摄入量也是增加的，说明在该时期大绒鼠是可以通过提高体重的调定点来适应妊娠期高的能量摄入的需要，从而出现了瘦素抵抗现象。

9.3 大绒鼠幼仔的生长发育和产热特征

大绒鼠体重在 40 日龄以后变化差异不显著，其鼠幼仔的体重生长为 S 形曲线（图 9.8）。用逻辑斯蒂曲线拟合的拟合度为 $R^2 = 0.89$，拟合度较高，大绒鼠幼仔的体重生长符合逻辑斯蒂增长。根据回归结果，体重（W）与日龄（D）的关系为：$W = 31.87/（1 + 10.77e^{-0.098D}）$，体重（$W$）以克计，日龄（$D$）以天计。

1 日龄体温为：（28.95±0.43）℃，到 49 日龄时达（37.12±0.28）℃，体温增加约 11℃。单因素方差分析结果显示，在 19 日龄以前，体温变化差异极显著（图 9.9），1～19 日龄幼仔体温随日龄的增加而增加，体温与日龄的回归方程为：$T_b = 0.53D + 26.79$（$R^2 = 0.84$），即 1～19 日龄体温平均每天升高约 0.53℃（图 9.9）。

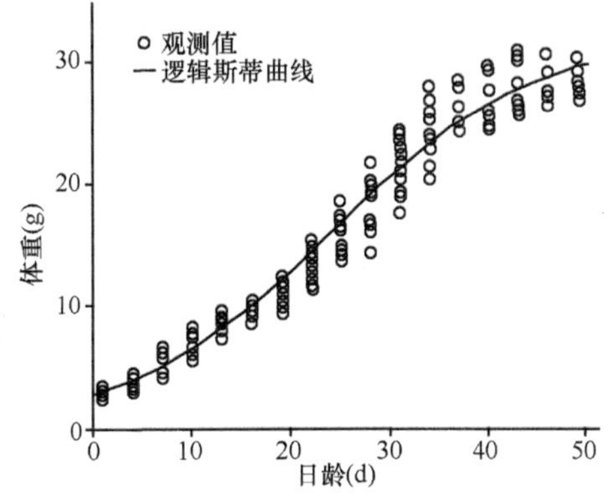

图 9.8 大绒鼠幼仔的体重增长（余婷婷等，2014）

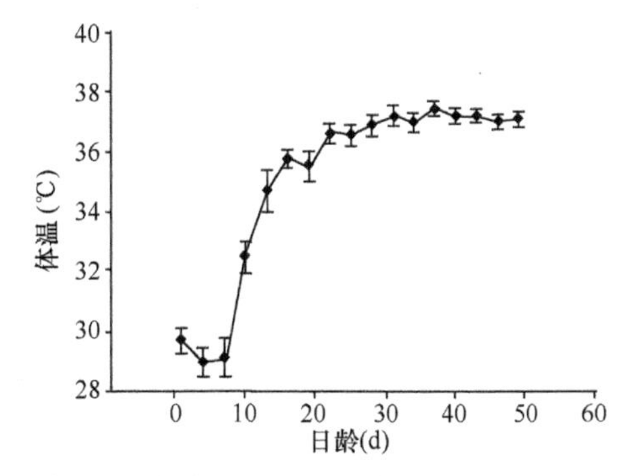

图 9.9 大绒鼠幼仔体温在胎后发育过程中的变化（余婷婷等，2014）

RMR 在 1～7 日龄水平较低，在 7～28 日龄逐渐增大，28 日龄后保持稳定（图 9.10）。7～28 日龄期间，各日龄 RMR 平均值对日龄的回归方程为：RMR = $0.15D - 0.65$（$R^2 = 0.85$）（图 9.10）。

大绒鼠幼仔的 NST 在 7～49 日龄差异极显著（图 9.11）。NST 从 7 日龄到 19 日龄持续增大。NST 与日龄的回归方程为：NST = $0.33D + 1.60$（$R^2 = 0.82$）；19 日龄后开始随日龄的增长而降低。各日龄 NST 平均值对日龄的回归方程为：NST=$-0.14D+10.70$（$R^2 = 0.83$），即此期间，大绒鼠幼仔 NST 每天约减少 0.14 mL O_2/（g·h）。大绒鼠在 7～49 日龄的发育过程中 NST 在初期贡献较大（表 9.4）。

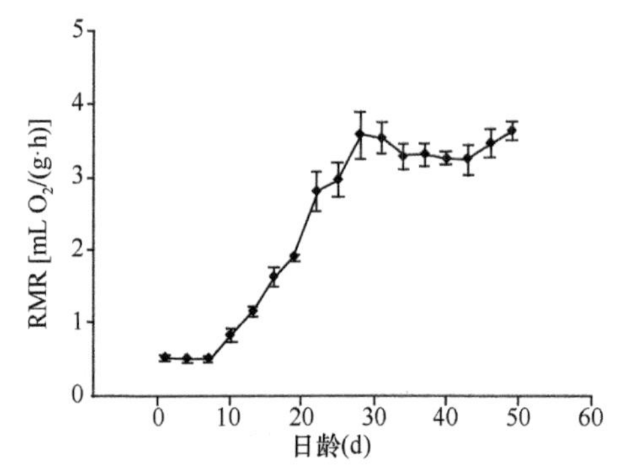

图 9.10 大绒鼠幼仔静止代谢率在胎后发育过程中的变化（余婷婷等，2014）

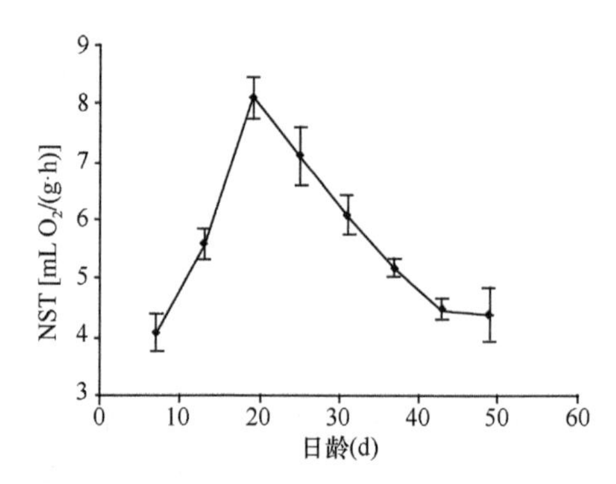

图 9.11 大绒鼠幼仔非颤抖性产热在胎后发育过程中的变化（余婷婷等，2014）

表9.4 大绒鼠幼仔非颤抖性产热在胎后发育过程中的贡献（余婷婷等，2014）

日龄（d）	RMR［mL O_2/（g·h）］	NST_{max}［mL O_2/（g·h）］	NST_{max}-RMR［mL O_2/（g·h）］
7	0.52±0.04	4.10±0.33	3.06±0.25
13	1.18±0.07	5.56±0.27	4.42±0.18
19	1.91±0.05	8.09±0.35	6.18±0.27
25	2.96±0.23	7.13±0.49	4.17±0.35
31	3.54±0.22	6.08±0.34	2.54±0.23
37	3.28±0.16	5.17±0.15	1.89±0.16
43	3.24±0.21	4.51±0.27	1.27±0.24
49	3.63±0.13	3.78±0.15	0.15±0.11

本研究结果表明，大绒鼠胎仔重的发育特征符合逻辑斯蒂方程。大绒鼠幼仔在 22d 后断奶，体温调节基本和成体一致，这也为后续研究大绒鼠的 SEI 提供了理论支持。此外，RMR 和 NST 在整个大绒鼠幼仔发育过程中体现出了不同的重要性。NST 在发育前期的作用较大，主要是为了维持大绒鼠幼仔的体温调节，而 RMR 在断奶后才开始发挥作用，这时 NST 的作用慢慢降低。

9.4 大绒鼠胎后发育 BAT 和肝脏的产热活性

实验 1～49d，大绒鼠体重差异极显著（表 9.5）。大绒鼠 BAT 重量在发育过程中有极显著差异。BAT 相对重量差异也为极显著，但在 7d 后差异不显著。断乳后（22d）大绒鼠肝脏重量明显高于断乳前（表 9.5）。肝脏相对重量差异极显著，但在 22d 后差异不显著。

表9.5 大绒鼠发育过程中BAT和肝重的变化（Zhu et al.，2015）

日龄（d）	体重（g）	BAT		肝	
		重量（mg）	相对重量（mg/g）	重量（mg）	相对重量(mg/g)
1	2.88±0.11[h]	21.00±0.56[i]	7.29±0.35[c]	115.35±3.63[h]	40.04±3.02[c]
7	5.72±0.25[g]	68.00±2.31[h]	11.89±0.62[a]	235.36±4.36[g]	41.15±2.69[c]
13	8.31±0.29[f]	102.00±4.12[g]	12.26±0.82[a]	354.69±9.25[f]	42.68±2.57[c]
19	11.16±0.35[e]	135.00±5.36[f]	12.09±0.96[a]	501.25±8.37[e]	44.91±5.36[b]
22	13.59±0.44[d]	156.00±4.58[e]	11.48±0.78[a]	702.52±10.23[d]	51.69±4.36[a]
28	18.28±0.69[c]	195.00±2.36[d]	10.67±0.65[ab]	909.86±15.65[c]	49.78±5.68[a]
34	24.05±0.75[b]	234.00±5.32[c]	9.74±0.23[ab]	1169.00±14.59[b]	48.61±4.58[a]
43	27.56±0.64[a]	265.00±5.16[b]	9.61±0.35[ab]	1362.78±16.33[a]	49.44±6.32[a]
49	28.46±0.41[a]	289.00±4.95[a]	10.15±0.69[ab]	1393.60±12.95[a]	48.97±5.84[a]

大绒鼠出生后发育过程中 BAT 中的线粒体蛋白浓度差异极显著（图 9.12)。大绒鼠出生后线粒体蛋白浓度迅速升高，第 7～22 天达到较高水平，22d 后逐渐降低。大绒鼠 BAT 中线粒体蛋白的 COX 活性在不同发育时期表现出极显著差异（图 9.13A),其活性在发育过程中有所增加,第 22～34 天达到较高水平。发育 1～49d 大绒鼠 BAT 各组织中的 COX 活性差异极显著（图 9.13B)，第 1 天较低，随后逐渐升高，第 22 天时达到最高水平。大绒鼠 BAT 中总 COX 活性在不同发育时期表现出极显著差异（图 9.13C)，第 22 天后差异不显著。

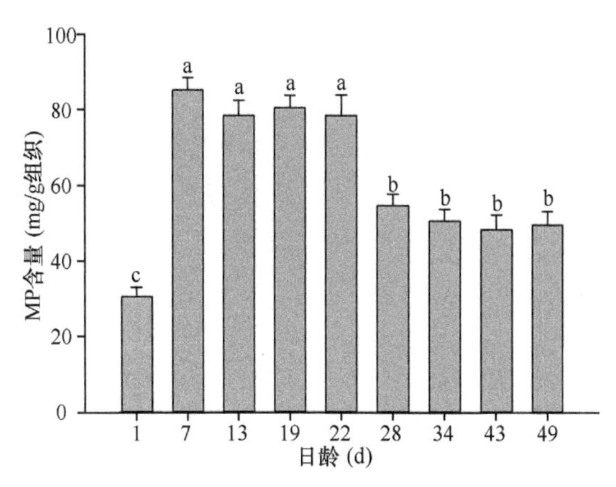

图 9.12 大绒鼠发育过程中 BAT 线粒体蛋白（MP）含量的变化（Zhu et al.，2015）

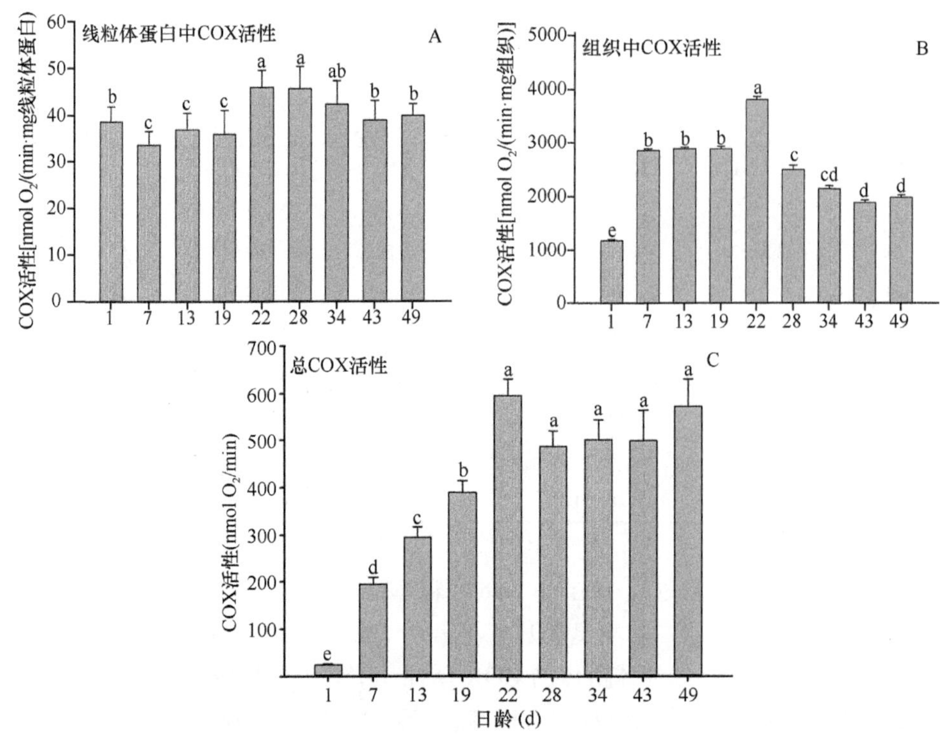

图 9.13　大绒鼠发育时期 BAT 线粒体蛋白中 COX 活性（A）、组织中 COX 活性（B）和总 COX 活性（C）的变化（Zhu et al.，2015）

大绒鼠出生后发育过程中肝脏中的线粒体蛋白浓度差异极显著（图 9.14）。大绒鼠出生后线粒体蛋白浓度第 1 天较低，然后逐渐升高，第 28～49 天差异不显著。大绒鼠肝脏中线粒体蛋白的 COX 活性在不同发育时期表现出极显著差异（图 9.15A），第 1 天较高，随后逐渐降低。发育 1～49d 大绒鼠肝脏组织中的 COX 活性差异极显著（图 9.15B），第 1 天较低，第 19 天时达到最高水平，第 22 天后降低。大绒鼠肝脏中总 COX 活性在不同发育时期表现出极显著差异（图 9.15C），第 34 天后差异不显著。

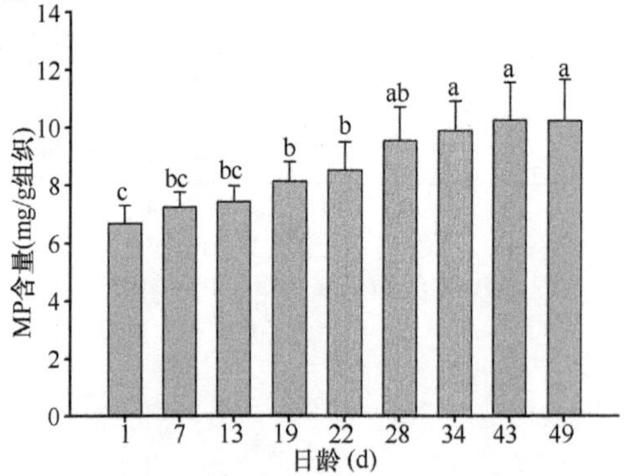

图 9.14　大绒鼠发育过程中肝脏线粒体蛋白（MP）含量的变化（Zhu et al.，2015）

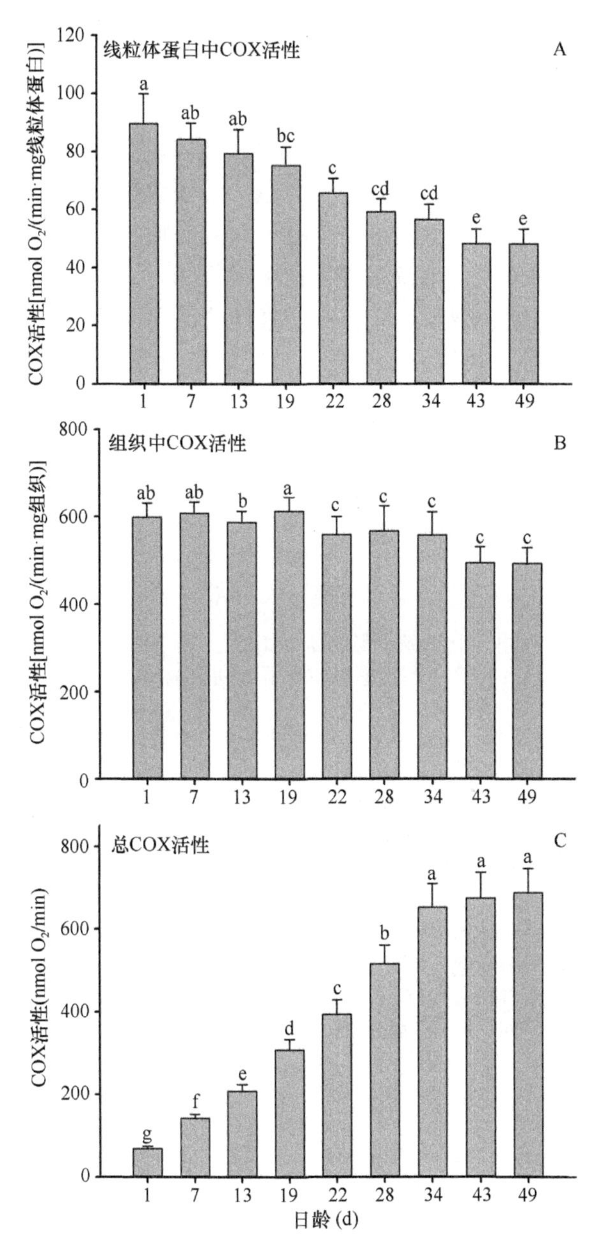

图 9.15　大绒鼠发育时期肝脏线粒体蛋白中 COX 活性（A）、组织中 COX 活性（B）和总 COX 活性（C）的变化（Zhu et al.，2015）

本研究结果进一步证实了 9.3 节中 RMR 和 NST 在整个幼仔发育过程中的作用，BAT 的生化指标先增加后降低，而肝脏的生化指标随着发育的时间延长慢慢增加，和 RMR、NST 的变化趋势一致。

9.5 总　结

综上所述，大绒鼠哺乳后期 RMR 显著高于繁殖前，繁殖前 RMR 与繁殖输出不相关，但哺乳末期 RMR 与体重、摄食量、胎仔数和胎仔重、内脏器官和消化道显著正相关；与消化道器官的相关性高于其他内脏器官。研究结果支持“哺乳期较高的 RMR 有利于消化系统增强消化和吸收能力，以增加能量摄入用于繁殖输出”的假设。妊娠期大绒鼠可能存在瘦素抵抗，允许其体重调定点升高，适应妊娠期能量需求的增加。大绒鼠胎后发育及产热能力符合晚成型动物的一般特征，即具有短的妊娠期、较少的胎仔数、较长的哺乳期。大绒鼠胎后发育期间 BAT 增补明显，主要表现为重量的增加和单位组织重量 COX 活性的升高等，属典型的晚成型发育特征。大绒鼠胎后发育过程中 BAT 和肝脏产热特征的变化与幼体的产热特点和恒温能力的发育是相一致的。

参 考 文 献

裴恩乐，陆健健. 1994. 哺乳动物繁殖能量的研究[J]. 生物学通报，28（5）：5-7.

杨盛昌，王政昆，杨晓楠，等. 2013. 瘦素抵抗在妊娠期大绒鼠体重调节中的作用[J]. 云南师范大学学报，33（5）：59-63.

余婷婷，周庆宏，何丽娟，等. 2014. 大绒鼠幼仔的生长发育和产热特征[J]. 兽类学报，34（2）：158-163.

Case TJ. 1978. On the evolution and adaptive significance of postnatal growth rates in the terrestrial vertebrates[J]. The Quarterly Review of Biology，53（3）：243-282.

Friedman JM，Halaas JL. 1998. Leptin and the regulation of body weight in mammal[J]. Nature，395（6704）：763-770.

Hill RW. 1972. Determination of oxygen consumption by use of the paramagnetic oxygen analyzer[J]. Journal of Applied Physiology，33（2）：261-263.

Isler D，Hill HP，Meier MK. 1987. Glucose metabolism in isolated brown adipocytes under beta-adrenergic stimulation. Quantitative contribution of glucose to total thermogenesis[J]. Biochemical Journal，245：789-793 .

Mantzoros C，Flier JS，Lesem MD，et al. 1997. Cerebrospinal fluid leptin in an orexia nervosa：correlation with nutritional status and potential role in resistance to weight gain[J]. Journal of Clinical Endocrinology & Metabolism，82（6）：1845-1851.

Millar JS. 1977. Adaptive features of mammalian reproduction[J]. Evolution，31（2）：370-386.

Myers MG，Cowley MA，Mnzberg H. 2008. Mechanisms of leptin action and leptin resistance[J]. Annual Review of Physiology，70（1）：537-556.

Tups A. 2009. Physiological models of leptin resistance[J]. Journal of Neuroendocrinology，21（11）：961-971.

Zhu WL，Wang ZK. 2014. Resting metabolic rate and energetics of reproduction in lactating *Eothenomys miletus* from Hengduan mountain region[J]. Zoological Studies，53（1）：41-47.

Zhu WL，Zhang H，Meng LH，et al. 2015. Variations in enzyme activity of brown adipose tissue and liver during postnatal development energy requirements during lactation in *Eothenomys miletus*（Mammalia：Rodentia：Cricetidae）[J]. Journal of Zoological and Bioscience Research，2（2）：9-16.

第10章　大绒鼠持续能量摄入的研究

哺乳期是小型哺乳动物耗能最大的时期，在这期间母体往往会达到能量需求的最大值（Speakman，2008）。在这样的情况下，母体会达到持续能量摄入和代谢率比值（sustained energy intake/metabolic rate，SEI/MR）的最大值（Speakman，2007）。已有研究表明，小型哺乳动物的SEI/MR限制不是受消化道系统的影响（中央限制假说）（Zhang & Wang，2007），而是受到乳腺分泌乳汁多少的影响（外周限制假说）（Zhao & Cao，2009），或者是受母体在哺乳期散热能力的影响（热散失假说）（Speakman & Krol，2010）。

哺乳期持续能量摄入的限制决定了母体对于后代的投入（Johnson et al.，2001）。高的能量投入会增加后代的生长率和降低后代的死亡率，但会使母体体重快速下降和增加死亡风险（Rogowitz，1998）。因此，在哺乳期雌性动物往往会采取权衡对策。这种权衡对策取决于动物对食物的摄入和繁殖输出的多少。

本章在第9章的研究基础上，确定了大绒鼠幼仔断奶是在22d，在整个哺乳期大绒鼠母鼠的食物摄入量显著增加，这也为研究大绒鼠的SEI提供了条件。本章主要研究了大绒鼠的SEI/MR，不同处理是否会影响大绒鼠的SEI/MR，以及大绒鼠的SEI/MR更支持哪一种假说。

10.1　大绒鼠的基础代谢率与最大持续能量摄入的关系

哺乳期第3天，对照组和实验组大绒鼠的体重分别为（39.59±0.94）g和（40.72±0.35）g，差异不显著。对照组大绒鼠哺乳期的体重无明显变化。实验组大绒鼠第22天体重较第3天下降了31.21%（图10.1）。

哺乳期第3天至第22天，实验组大绒鼠的摄食量极显著增加，增幅为68.27%（图10.2）。期间最大日摄食量为（11.88±0.27）g，SEI为（211.50±4.97）kJ/d。实验组大绒鼠第3天和第22天的摄食量较对照组分别高30.26%和118.78%。体重对摄食量无显著影响。

哺乳期大绒鼠的胎仔数极显著增（图10.3）。哺乳高峰期的泌乳能量输出（milk energy output，MEO）为（48.38±1.97）kJ/d，哺乳高峰期的MEO与RMR呈极显著正相关关系（图10.4）。

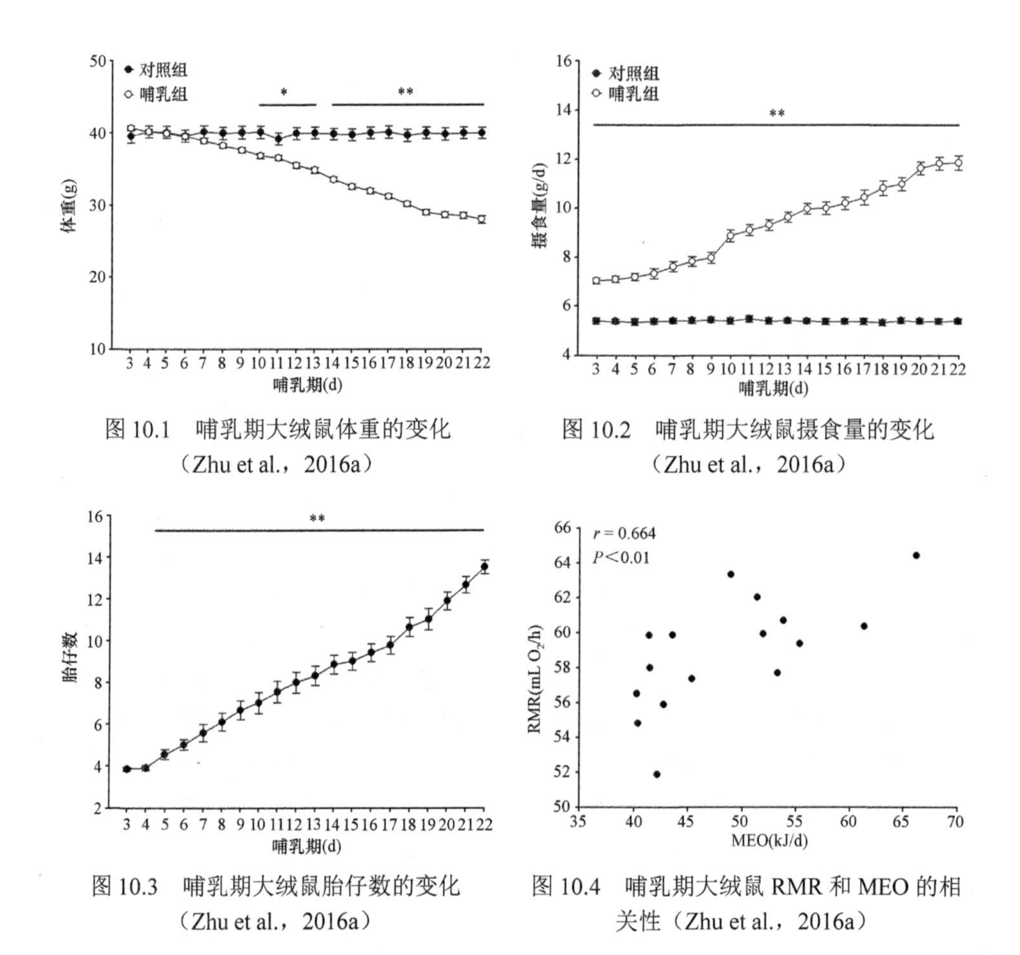

图 10.1 哺乳期大绒鼠体重的变化（Zhu et al.，2016a）

图 10.2 哺乳期大绒鼠摄食量的变化（Zhu et al.，2016a）

图 10.3 哺乳期大绒鼠胎仔数的变化（Zhu et al.，2016a）

图 10.4 哺乳期大绒鼠 RMR 和 MEO 的相关性（Zhu et al.，2016a）

哺乳期大绒鼠的乳腺重量与胎仔数和MEO均呈极显著正相关关系（图10.5A、C），与 RMR 呈显著正相关关系（图 10.5B）。

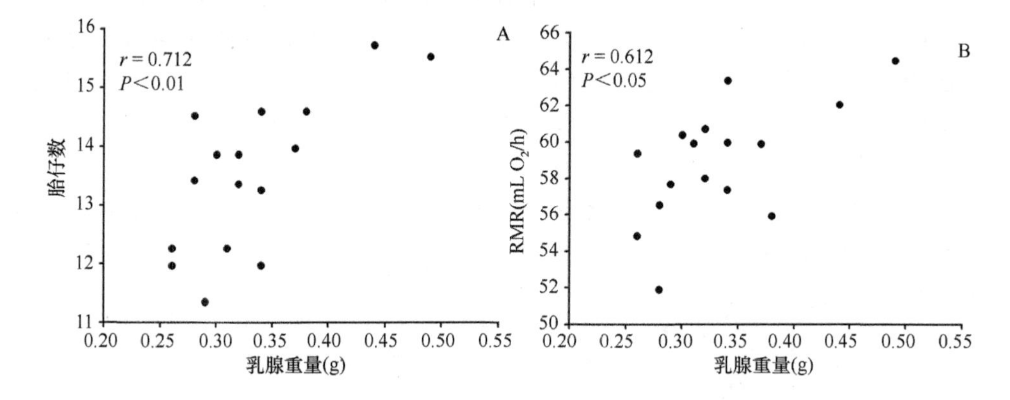

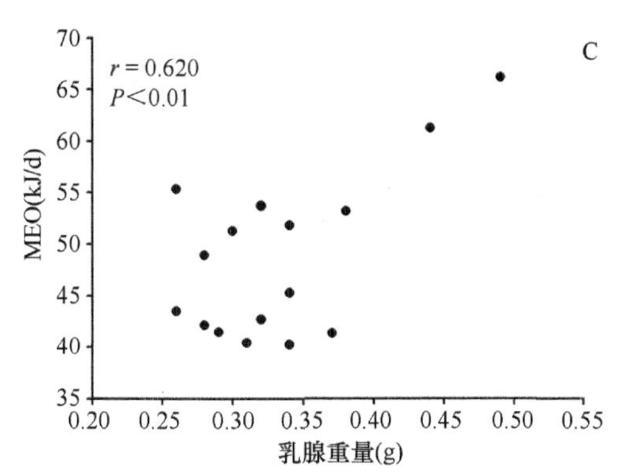

图 10.5　哺乳期大绒鼠乳腺重量与胎仔数（A）、RMR（B）和 MEO（C）的相关性（Zhu et al.，2016a）

本研究结果表明，大绒鼠的 SEI/MR 接近于 3.6，远远小于已经报道的小型哺乳动物，这可能是因为大绒鼠的胎仔数一般为 2 个，较少的胎仔数不需要过多的能量摄入。此外，横断山区的物种多样性较高，如果后代数较多，会增加种内和种间竞争强度，大绒鼠和同域分布的高山姬鼠相比，其适应能力也是较差的，这也可能限制了其在野外的食物获得。

10.2　不同胎仔数对大绒鼠持续能量摄入的影响

哺乳期第 3 天，3 组动物的体重差异不显著（图 10.6）。在整个哺乳期间，3 组大绒鼠的体重均显著降低。断乳时（22d），减少胎仔数组（MP）组的体重显著高于对照组和增加胎仔数组（PP 组）。

哺乳期第 3 天，MP 组大绒鼠的摄食量显著小于其他两组。整个哺乳期间，MP 组的摄食量均是 3 组中最低，在第 22 天时，极显著低于对照组和 PP 组。哺乳期间，对照组和 PP 组的食物摄入量差异不显著（图 10.7）。

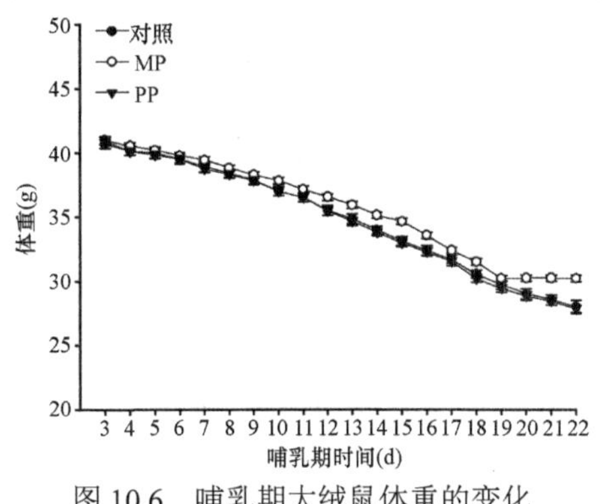

图 10.6　哺乳期大绒鼠体重的变化
（朱万龙等，2016a）

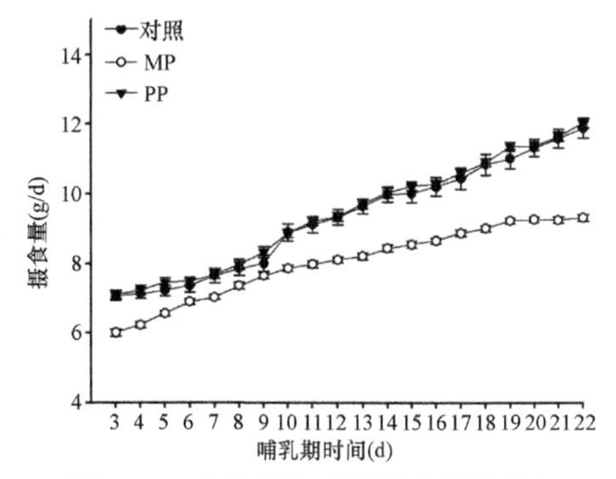

图 10.7　哺乳期大绒鼠摄食量的变化
（朱万龙等，2016a）

哺乳第 3 天，3 组动物的胎仔数差异极显著（图 10.8）。哺乳第 22 天后，对照组和 PP 组的胎仔数差异不显著。

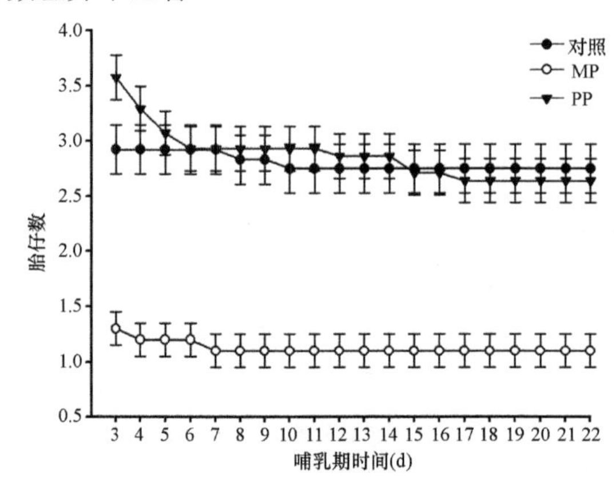

图 10.8　哺乳期大绒鼠胎仔数的变化（朱万龙等，2016a）

平均胎仔重在第 3 天 3 组差异不显著（图 10.9），随着哺乳期的延长，3 组动物幼仔的平均体重逐渐增加。到哺乳期第 22 天，MP 组的平均胎仔重显著高于其他两组（图 10.9），对照组和 PP 组平均胎仔重差异不显著。3 组总胎仔重差异极显著，其中 MP 组的总胎仔重显著低于其他两组（图 10.10），对照组和 PP 组平均胎仔重差异不显著。

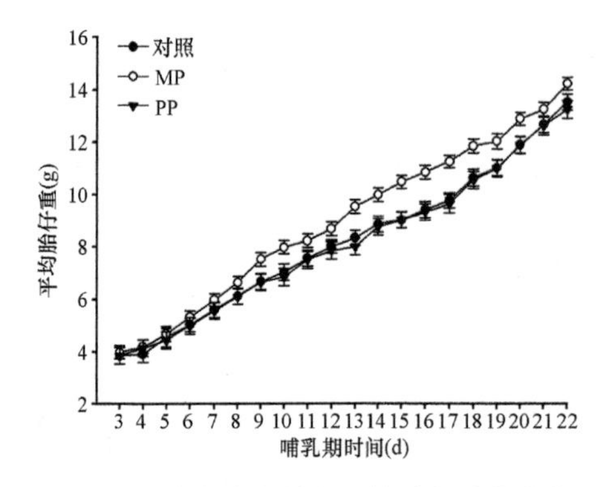

图 10.9　哺乳期大绒鼠平均胎仔重的变化（朱万龙等，2016a）

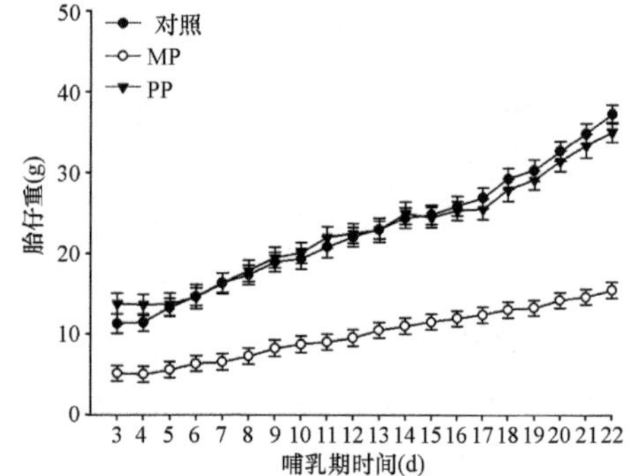

图 10.10　哺乳期大绒鼠胎仔重的变化（朱万龙等，2016a）

3 组动物在哺乳期最大摄入能差异极显著。哺乳第 22 天，3 组动物的 RMR 差异不显著。哺乳期大绒鼠 MP 组、对照组和 PP 组的最大持续能量摄入分别是其 RMR 的 3.56 倍、3.36 倍和 3.64 倍，3 组比值差异不显著。

本研究结果表明，不同胎仔数会影响大绒鼠母鼠的体重，其中大胎仔数处理组母鼠的体重降低的最快，但是对于 SEI/MR 没有影响，在第 22 天时大胎仔数组的胎仔数降低，平均胎仔重较其他两组低，说明大绒鼠在能量分配上存在权衡，即用于生长的能量较多时，给予后代的繁殖输出较少。本研究结果证实了母鼠的泌乳量可能是限制其食物摄入量的因素，支持外周限制假说。

10.3　剃毛对大绒鼠持续能量摄入的影响

0d 时，4 组大绒鼠的毛发重量无显著差异（表 10.1）。70d 时，4 组大绒鼠的毛发重量差异显著，毛发重量受温度影响，但是不受光周期影响。毛发生长率也受温度影响，不受光周期影响。0d 时，4 组大绒鼠的摄食量无显著差异（表 10.1）。70d 时，4 组大绒鼠的摄食量差异显著，摄食量受温度影响，但是不受光周期影响。

表10.1　温度和光照时间对大绒鼠毛发生长和食物摄入的影响（Fu et al.，2015）

		25℃		5℃		*P*	
		长光照	短光照	长光照	短光照	温度	光周期
0d	体重（g）	41.26±0.36[a]	41.32±0.28[a]	40.87±0.41[a]	40.98±0.41[a]	ns	ns
	毛重（g）	0.34±0.01[a]	0.36±0.02[a]	0.33±0.01[a]	0.32±0.01[a]	ns	ns
	摄食量（g）	5.36±0.29[a]	5.65±0.33[a]	5.49±0.38[a]	5.51±0.24[a]	ns	ns
70d	体重（g）	41.74±1.14[a]	41.72±1.28[a]	36.12±1.04[b]	35.75±1.23[b]	<0.01	ns
	毛重（g）	0.21±0.01[b]	0.22±0.02[b]	0.26±0.01[a]	0.26±0.02[a]	<0.01	ns
	毛发生长率（%）	61.75±3.22[b]	61.12±4.21[b]	78.79±4.36[a]	81.25±5.34[a]	<0.01	ns
	摄食量（g）	5.54±0.31[b]	5.74±0.25[b]	7.89±0.54[a]	8.02±0.67[a]	<0.01	ns

实验 5℃组、25℃组和 30℃组大绒鼠的摄食量无显著差异。14d 时，低温条件下大绒鼠的摄食量增加，而常温条件下大绒鼠的摄食量降低。剃毛增加了低温条件下和对照组大绒鼠的摄食量，而对常温条件下大绒鼠的摄食量无显著影响（图 10.11）。

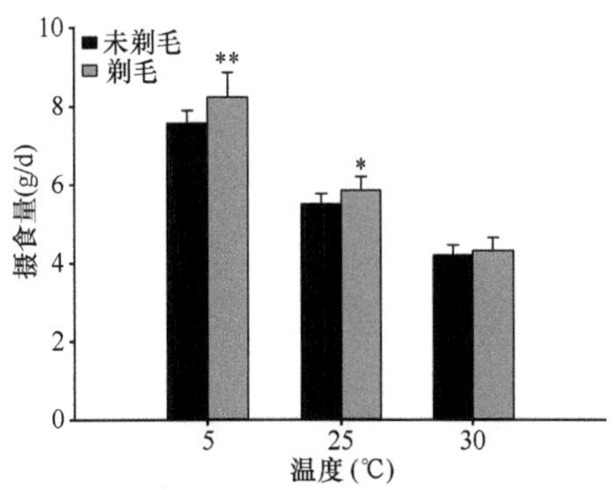

图 10.11　温度和剃毛对大绒鼠摄食量的影响（Fu et al.，2015）

14d 时，低温对大绒鼠 BMR 和 NST 有显著影响，低温组 BMR 和 NST 升高（图 10.12、图 10.13）。剃毛对低温组和对照组大绒鼠的 BMR 和 NST 也有显著影响，但对常温组无显著影响（图 10.12、图 10.13）。

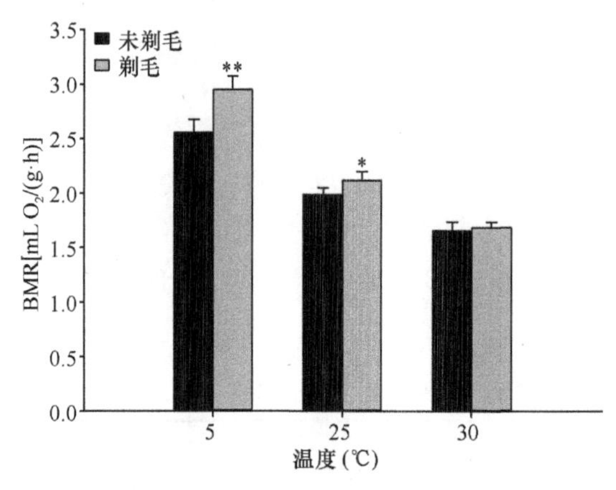

图 10.12　温度和剃毛对大绒鼠 BMR 的影响（Fu et al.，2015）

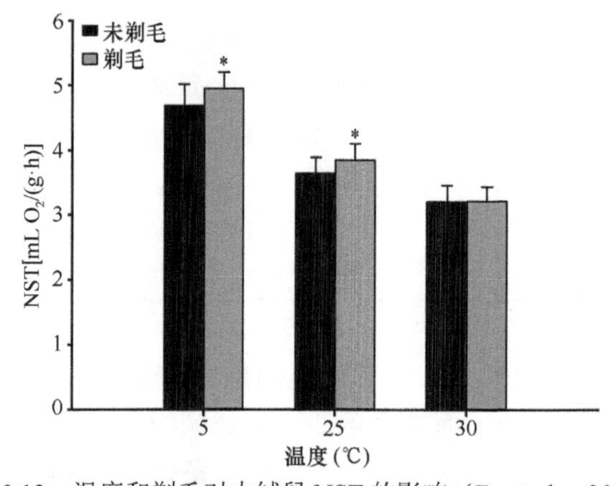

图 10.13　温度和剃毛对大绒鼠 NST 的影响（Fu et al.，2015）

哺乳期第 3 天，对照组和剃毛组体重差异无统计学意义，剃毛前 1 天，对照组和剃毛组体重差异无统计学意义。剃毛后，对照组和剃毛组体重差异无统计学意义（图 10.14）。在整个哺乳期，对照组的体重差异无统计学意义，剃毛组的体重差异无统计学意义（图 10.14）。

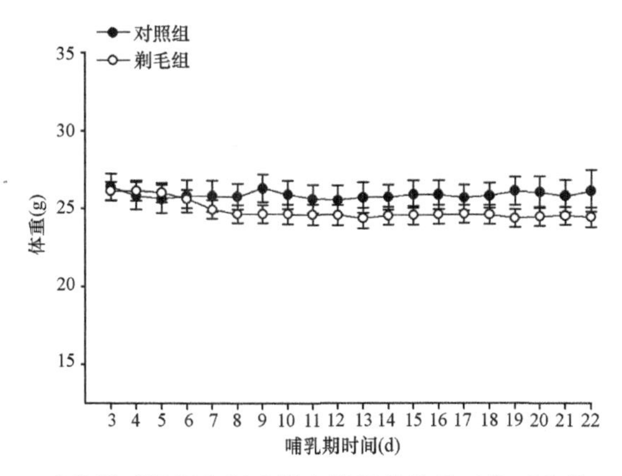

图 10.14　哺乳期对照组和剃毛组大绒鼠的体重（朱万龙等，2016b）

哺乳期，对照组和剃毛组摄食量均显著增加（图 10.15）。哺乳 14d 后，对照组和剃毛组摄食量差异显著。哺乳期第 22 天，对照组和剃毛组 RMR 差异有统计学意义（图 10.16）。

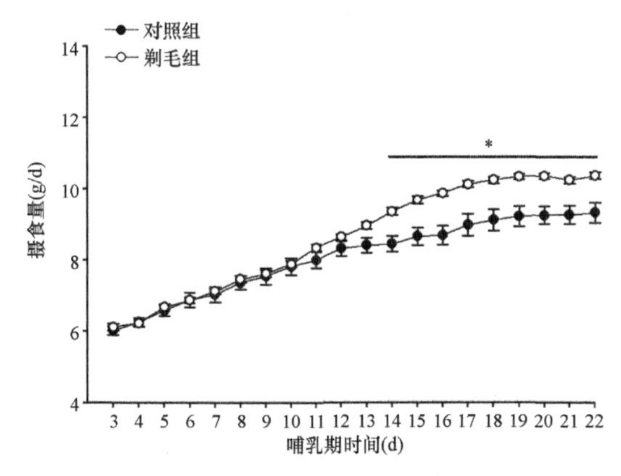

图 10.15　哺乳期对照组和剃毛组大绒鼠的摄食量（朱万龙等，2016b）

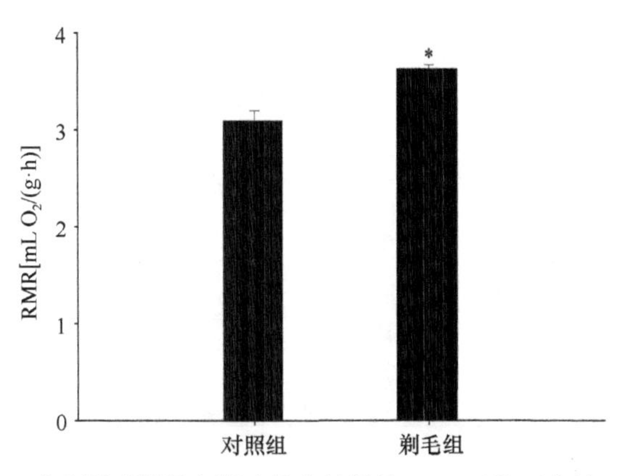

图 10.16　哺乳期对照组和剃毛组大绒鼠的 RMR（朱万龙等，2016b）

剃毛前，对照组和剃毛组胎仔数差异无统计学意义（图 10.17），胎仔重差异无统计学意义（图 10.18）。哺乳第 22 天后，对照组和剃毛组胎仔数和胎仔重差异无统计学意义。哺乳高峰期，对照组和剃毛组 MEO 差异无统计学意义（图 10.19）。

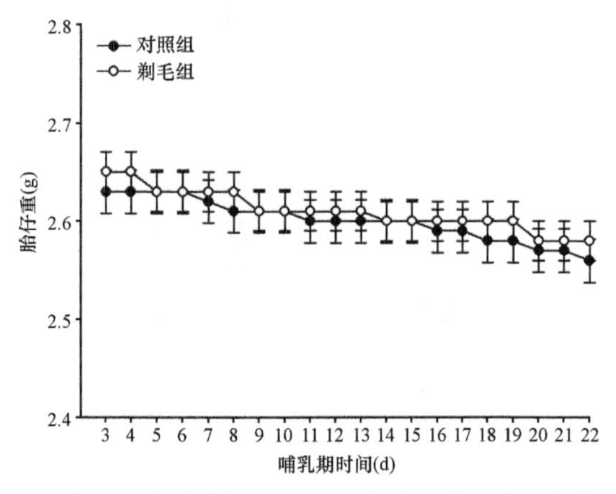

图 10.17　哺乳期对照组和剃毛组大绒鼠的胎仔数（朱万龙等，2016b）

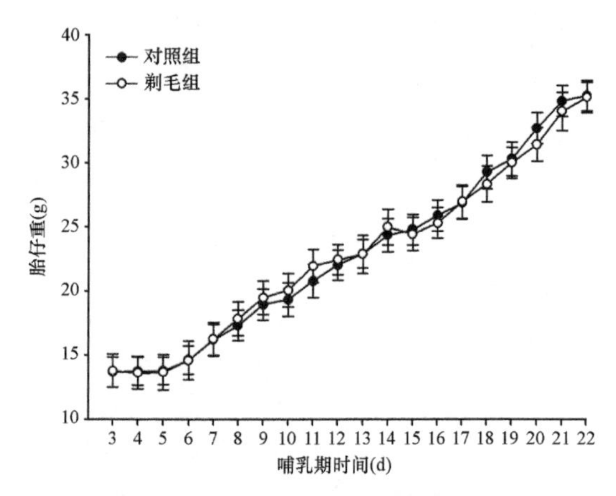

图 10.18　哺乳期对照组和剃毛组大绒鼠的胎仔重（朱万龙等，2016b）

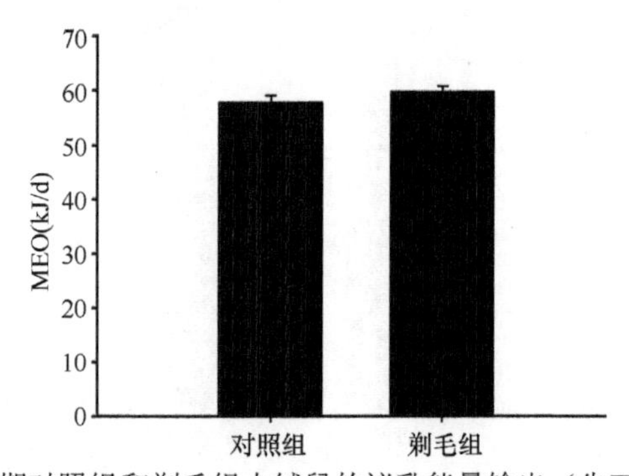

图 10.19　哺乳期对照组和剃毛组大绒鼠的泌乳能量输出（朱万龙等，2016b）

剃毛处理同样证明了大绒鼠的生理指标在两组之间存在差异，但是泌乳量差异不显著，SEI/MR 也是不显著的，同样支持外周限制假说。

10.4　不同温度对哺乳期大绒鼠持续能量摄入的影响

在整个哺乳期间，3 组（5℃组、25℃组和 30℃组）动物的体重均显著降低（图 10.20）。温度对哺乳期 3 组动物每天体重的影响差异不显著。相反，大绒鼠体重的变化量在 7 d 后差异显著，18 d 后差异极显著（图 10.21）。

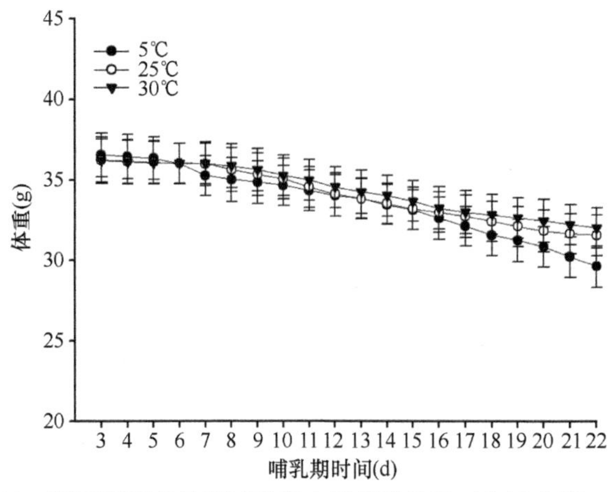

图 10.20　不同温度条件下哺乳期大绒鼠的体重（朱万龙等，2017）

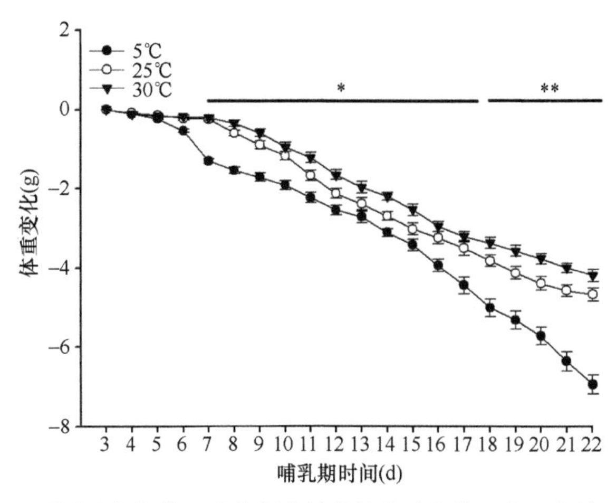

图 10.21　不同温度条件下哺乳期大绒鼠的体重变化（朱万龙等，2017）

哺乳期第 3 天，3 组大绒鼠摄食量差异不显著。第 8～9 天，低温组大绒鼠的摄食量显著高于其他 2 组，第 10 天以后，低温组大绒鼠的摄食量极显著高于其他

2 组（图 10.22）。

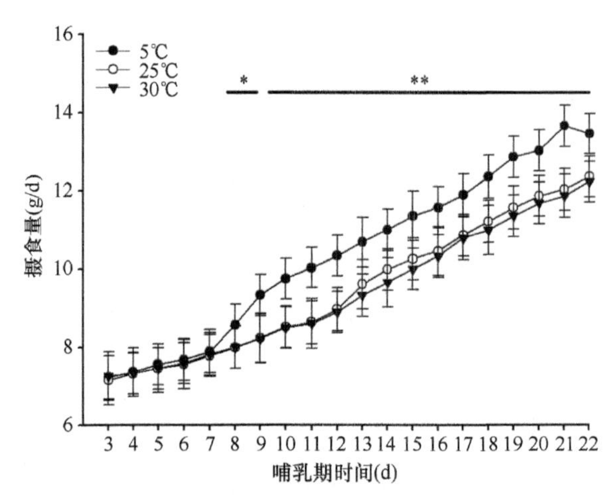

图 10.22　不同温度条件下哺乳期大绒鼠摄食量的变化（朱万龙等，2017）

哺乳第 3 天，3 组动物的胎仔数差异不显著（图 10.23）。3 组动物在哺乳第 22 天后，胎仔数均出现了一定的降低，但是 3 组动物的胎仔数在整个哺乳期间差异不显著。平均胎仔重在第 3 天，3 组差异不显著（图 10.24）；随着哺乳期的延长，3 组动物幼仔的平均体重逐渐增加。到哺乳期 20～22d，低温组的平均胎仔重显著低于其他 2 组（图 10.24），25℃组和 30℃组平均胎仔重差异不显著。3 组总胎仔重差异显著，其中低温组的总胎仔重显著低于其他 2 组（图 10.25），25℃组和 30℃组总胎仔重差异不显著。

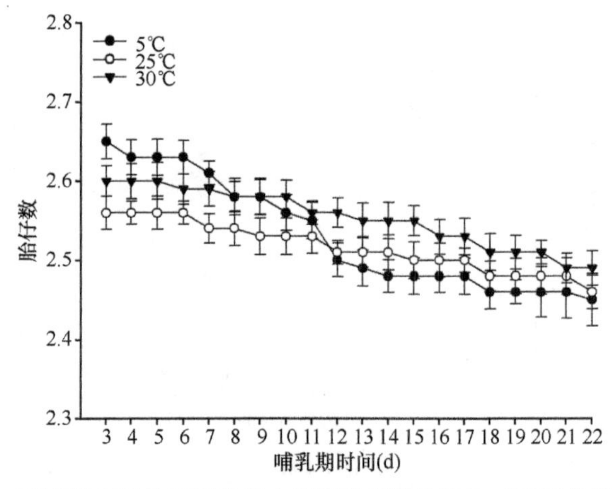

图 10.23　不同温度条件下哺乳期大绒鼠胎仔数的变化（朱万龙等，2017）

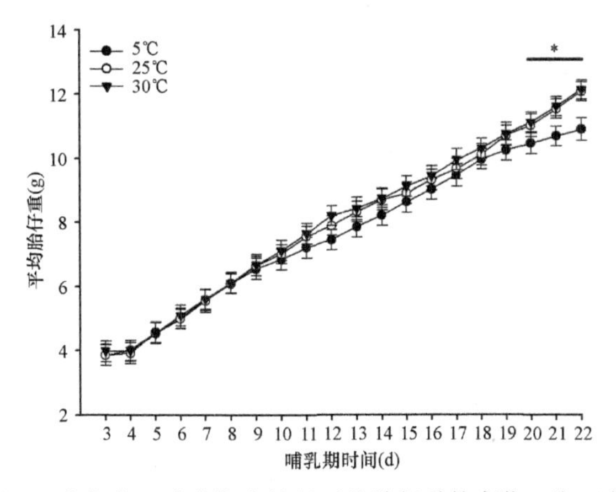

图 10.24　不同温度条件下哺乳期大绒鼠平均胎仔重的变化（朱万龙等，2017）

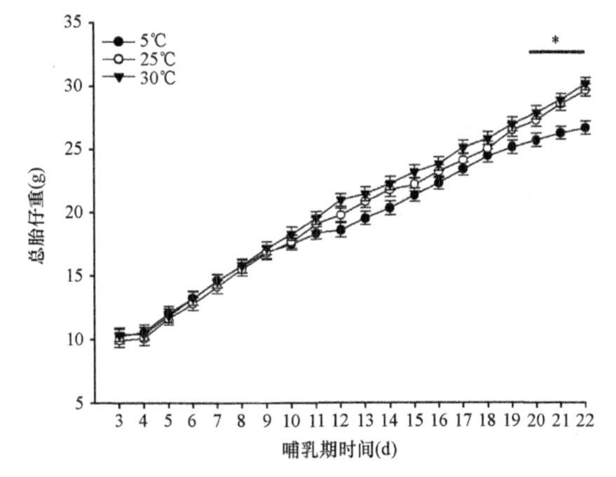

图 10.25　不同温度条件下哺乳期大绒鼠总胎仔重的变化（朱万龙等，2017）

低温组大绒鼠的 RMR 显著高于其他 2 组（图 10.26），而 25℃组和 30℃组 RMR 差异不显著。

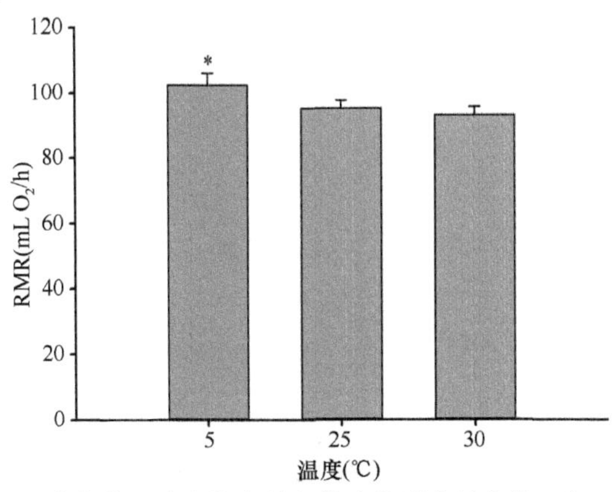

图 10.26　不同温度条件下哺乳期大绒鼠静止代谢率的变化（朱万龙等，2017）

本研究结果表明，低温会刺激母鼠的体重进一步下降，但是对 SEI/MR 没有影响，说明在低温条件下大绒鼠会增加用于生存的能量消耗，从而降低繁殖输出。本研究既支持外周限制假说，同时也支持热散失假说。

10.5　运动对哺乳期大绒鼠持续能量摄入的影响

哺乳期间，运动组和对照组大绒鼠的体重均显著降低（图 10.27）。大绒鼠体重的变化量两组之间在 8d 后差异显著，13d 后差异极显著（图 10.27）。

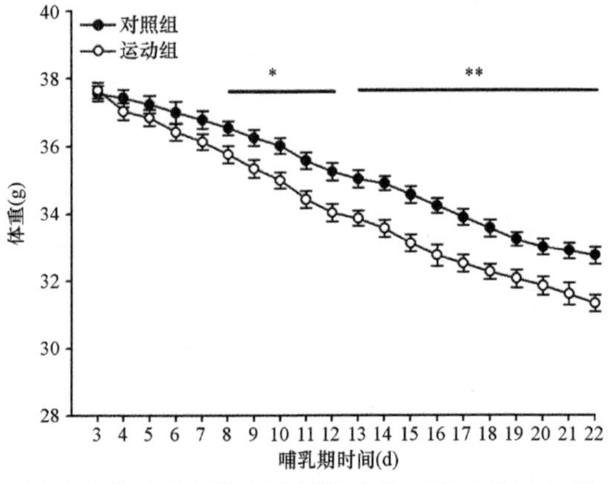

图 10.27　运动条件下哺乳期大绒鼠体重的变化（朱万龙等，2016c）

哺乳期第 3 天，运动组和对照组大绒鼠摄食量差异不显著。第 8～11 天，运动组大绒鼠的摄食量显著高于对照组，第 12 天以后，运动组大绒鼠的摄食量极显著高于对照组（图 10.28）。哺乳期第 3 天，大绒鼠的静止代谢率两组之间差异不显著，第 22 天两组之间差异显著，其中对照组显著低于运动组（图 10.29）。

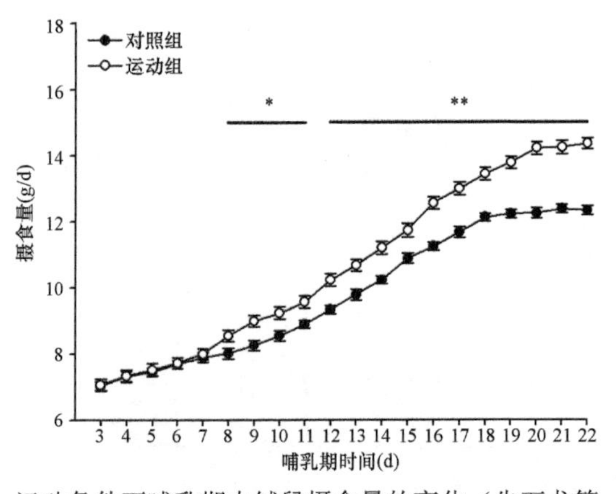

图 10.28　运动条件下哺乳期大绒鼠摄食量的变化（朱万龙等，2016c）

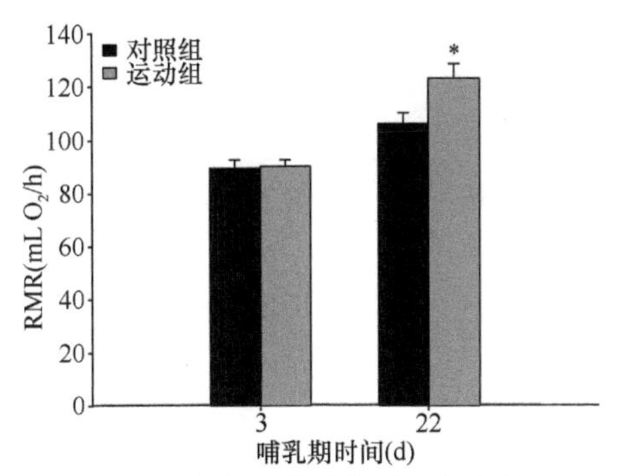

图 10.29　运动条件下哺乳期大绒鼠静止代谢率的变化（朱万龙等，2016c）

哺乳第 3～22 天后，运动组和对照组胎仔数差异不显著（图 10.30）。平均胎仔重在第 3 天两组差异不显著（图 10.31），随着哺乳期时间的延长，两组动物幼仔的平均体重逐渐增加。到哺乳期 15d 后，运动组的平均胎仔重显著低于对照组（图 10.31）。两组总胎仔重 18 d 后差异显著（图 10.32）。

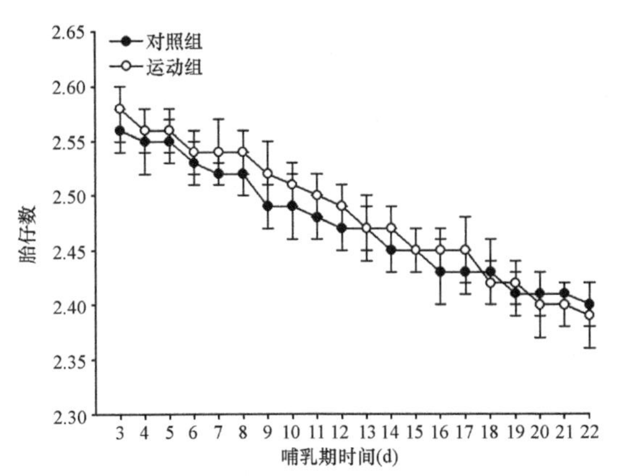

图 10.30　运动条件下哺乳期大绒鼠胎仔数的变化（朱万龙等，2016c）

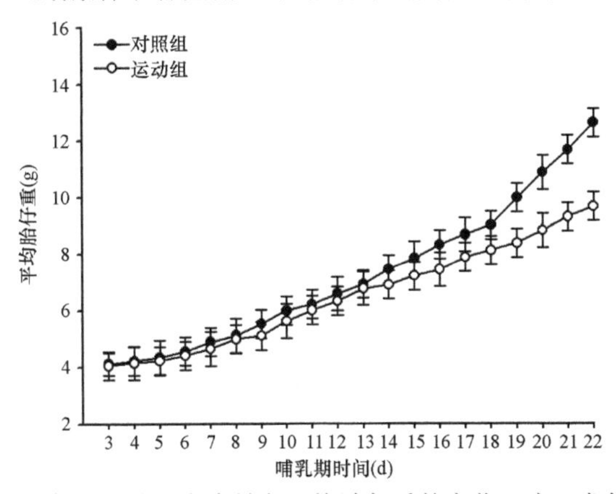

图 10.31　运动条件下哺乳期大绒鼠平均胎仔重的变化（朱万龙等，2016c）

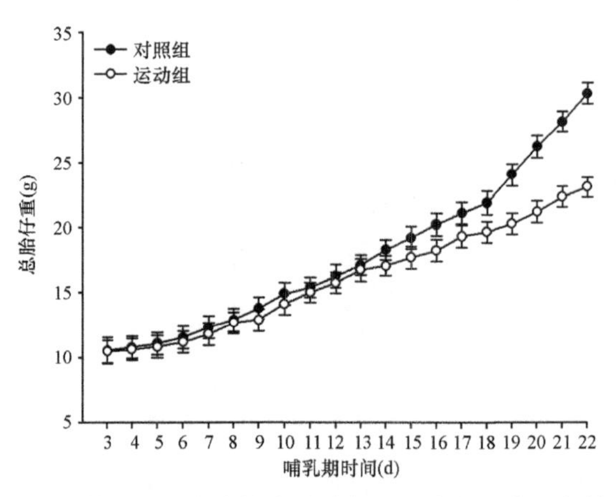

图 10.32　运动条件下哺乳期大绒鼠总胎仔重的变化（朱万龙等，2016c）

运动处理的结果和之前温度处理、剃毛处理及不同胎仔数处理的结果一致，即SEI/MR两组之间差异不显著，本研究既支持外周限制假说，同时也支持热散失假说。

10.6　胎仔数和剃毛对大绒鼠持续能量摄入的影响

哺乳期大绒鼠胎仔数和剃毛对体重无显著影响（表 10.2）。同样，胎仔数对泌乳期食物摄入量无显著影响。然而，剃毛对哺乳期的食物摄入量有显著影响（表 10.2）。剃毛组的食物摄入量比未剃毛组高 8.97%。体重对食物摄入量无显著影响。

表10.2　胎仔数和剃毛对大绒鼠哺乳后期热导率等指标的影响（Zhu et al.，2016a）

参数	未剃毛		剃毛	
	产仔少（$n=10$）	产仔多（$n=10$）	产仔少（$n=10$）	产仔多（$n=10$）
体重（g）	29.23±0.55[a]	29.31±0.34[a]	29.11±0.43[a]	27.80±0.52[a]
体温（℃）	35.66±0.06[a]	35.56±0.09[a]	35.40±0.12[a]	35.46±0.17[a]
摄食量（g）	12.48±0.67[b]	12.37±0.31[b]	13.16±0.24[a]	13.92±0.20[a]
胎仔重（g）	22.06±2.35[a]	18.60±1.97[a]	20.21±2.62[a]	18.92±1.37[a]
RMR（mL O_2/h）	125.26±2.36[b]	128.76±2.77[b]	135.93±2.53[a]	142.33±3.16[a]
热导率［mL O_2/（g·h·℃）］	0.403±0.009[b]	0.416±0.011[b]	0.450±0.007[a]	0.491±0.014[a]

哺乳期胎仔数对 RMR 无显著影响，但在哺乳期剃毛对 RMR 有显著影响（表 10.2）。剃毛组的 RMR 比未剃毛组高 9.54%。体重对 RMR 有显著的负作用。胎仔数对泌乳期热传导无显著影响，但剃毛对泌乳期热传导有显著影响（表 10.2）。剃毛组的热导率比未剃毛组高 14.90%。体重对热导率有显著的负影响。

哺乳期胎仔数和剃毛对体温也无显著影响（表 10.2）。体重对胎仔重无显著影响。胎仔数与胎仔重呈正相关（图 10.33A），胎仔量与平均胎仔重呈负相关（图 10.33B）。

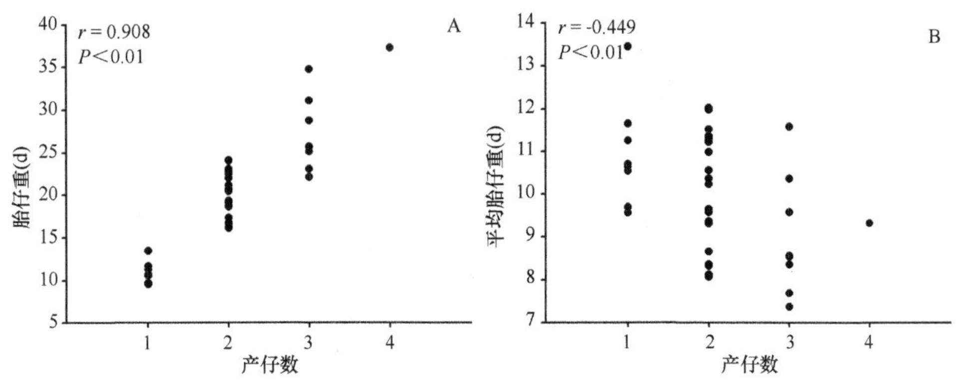

图 10.33　哺乳期大绒鼠胎仔数与胎仔重（A）和平均胎仔重（B）的相关性（Zhu et al.，2016a）

当胎仔数和剃毛同时对哺乳期大绒鼠作用时，可以明显发现剃毛的影响更大，而不同胎仔数影响较小，这可能是因为在哺乳后期，大胎仔数组的幼仔会有死亡情况，而最终导致对胎仔数的影响较小。此外，SEI/MR 同样在双因素实验条件下差异不显著，说明在哺乳期大绒鼠的能量摄入是受到限制的。

10.7　温度和增加胎仔数对大绒鼠哺乳期持续能量摄入的影响

温度对哺乳期大绒鼠摄食量影响的差异有高度统计学意义，低温组的摄食量显著高于常温组（图 10.34）。而胎仔数（LS）对大绒鼠摄食量没有影响（图 10.34）。

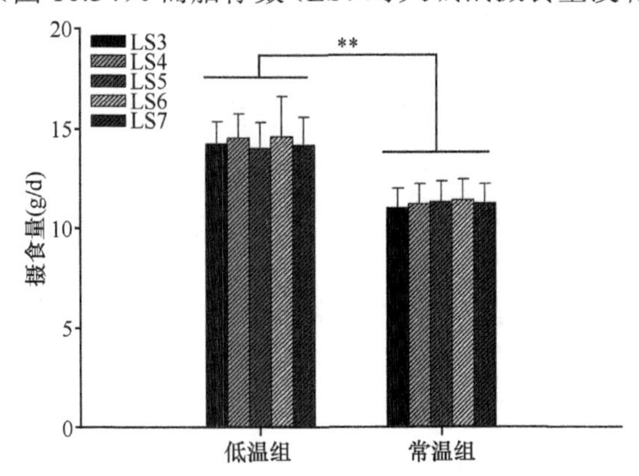

图 10.34　温度对增加胎仔数大绒鼠哺乳期摄食量的影响（朱万龙等，2016d）

第 10～22 天，温度对 RMR 的影响有高度统计学意义，低温组极显著高于常温组（图 10.35）。NST 的变化趋势与 RMR 相似，表现为低温组极显著高于常温组（图 10.36）。

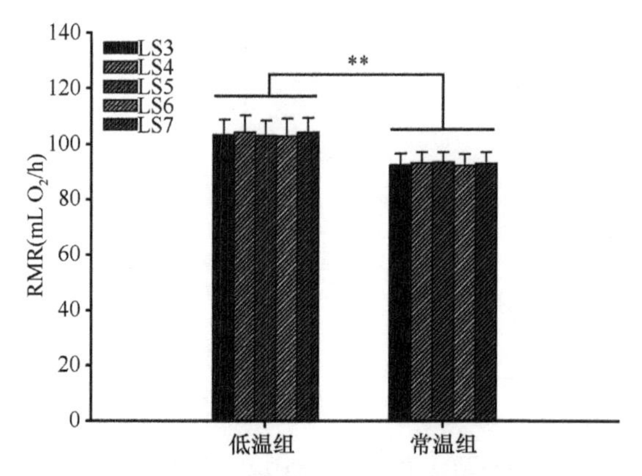

图 10.35 温度对增加胎仔数大绒鼠哺乳期 RMR 的影响（朱万龙等，2016d）

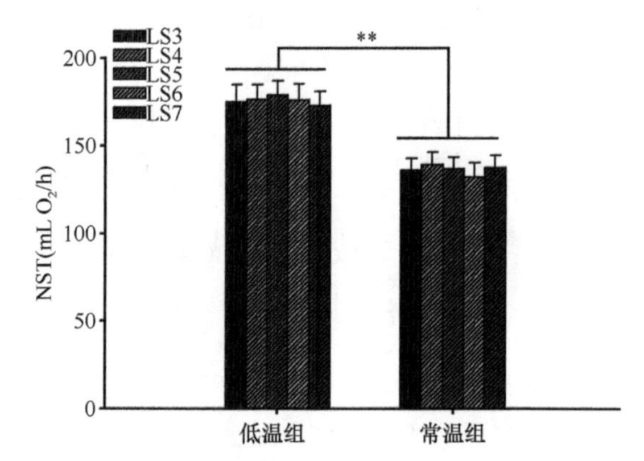

图 10.36 温度对增加胎仔数大绒鼠哺乳期 NST 的影响（朱万龙等，2016d）

第 10～11 天，温度对哺乳期大绒鼠的胎仔数影响的差异无统计学意义，第 13～22 天，温度对胎仔数影响的差异有高度统计学意义。低温驯化条件下，大绒鼠胎仔数显著减少，差异有高度统计学意义，胎仔数较多的组别较同时期常温条件下的减少更多（表 10.3）。

第 12～17 天，温度对大绒鼠的总胎仔重影响的差异有高度统计学意义。第 18～22 天，温度对大绒鼠的总胎仔重影响的差异无高度统计学意义。同一哺乳天数内相同胎仔数组的总胎仔重为低温组低于常温组，并在第 12 天后极显著低于常温组（表 10.4）。大绒鼠的平均胎仔重随时间的延长而增加，且程度随胎仔数的增加而变缓。同一哺乳天数相同胎仔数常温驯化条件下的平均胎仔重增加幅度较低温驯化条件下的大（表 10.5）。

温度和胎仔数的实验同样表明，温度对哺乳期大绒鼠母鼠影响更大，低温会显著降低大胎仔数组的胎仔数和胎仔重。

表10.3　温度对增加胎仔数大绒鼠哺乳期胎仔数的影响（朱万龙等，2016d）

哺乳天数（d）	低温组					常温组					*P*
	LS = 3	LS = 4	LS = 5	LS = 6	LS = 7	LS = 3	LS = 4	LS = 5	LS = 6	LS = 7	
10	2.8±0.2	3.9±0.3	4.8±0.4	5.6±0.4	6.6±0.7	2.9±0.2	3.9±0.4	4.7±0.4	5.5±0.4	6.4±0.5	T.ns，LS.**
11	2.7±0.2	3.8±0.4	4.5±0.5	5.3±0.5	6.2±0.8	2.9±0.2	3.9±0.4	4.7±0.4	5.3±0.4	6.3±0.4	T.ns，LS.**
12	2.6±0.2	3.8±0.3	4.3±0.4	5.0±0.6	5.5±0.4	2.9±0.2	3.9±0.4	4.6±0.3	5.2±0.3	6.3±0.4	T.*，LS.**
13	2.4±0.2	3.7±0.3	4.2±0.4	4.8±0.4	5.1±0.4	2.9±0.2	3.8±0.3	4.6±0.3	5.2±0.3	6.3±0.4	T.**，LS.**
14	2.4±0.2	3.6±0.2	4.1±0.4	4.5±0.4	5.0±0.3	2.9±0.2	3.8±0.3	4.5±0.3	5.1±0.2	6.0±0.3	T.**，LS.**
15	2.4±0.2	3.5±0.3	4.0±0.3	4.1±0.5	4.8±0.4	2.9±0.2	3.7±0.4	4.5±0.3	5.1±0.2	6.0±0.3	T.**，LS.**
16	2.4±0.2	3.4±0.4	3.8±0.4	3.9±0.4	4.5±0.4	2.9±0.2	3.7±0.4	4.5±0.3	5.1±0.2	6.0±0.3	T.**，LS.**
17	2.4±0.2	3.2±0.4	3.6±0.4	3.7±0.4	4.2±0.3	2.8±0.2	3.5±0.2	4.5±0.3	5.1±0.2	5.8±0.4	T.**，LS.**
18	2.4±0.2	3.2±0.3	3.4±0.3	3.3±0.4	3.9±0.3	2.8±0.2	3.5±0.2	4.5±0.3	5.1±0.2	5.8±0.4	T.**，LS.**
19	2.4±0.2	3.2±0.3	3.2±0.4	3.0±0.4	3.6±0.4	2.8±0.2	3.1±0.2	4.5±0.3	5.1±0.2	5.8±0.4	T.**，LS.**
20	2.3±0.2	3.1±0.2	2.9±0.4	2.9±0.5	3.3±0.5	2.8±0.2	3.1±0.2	4.5±0.3	5.1±0.2	5.8±0.4	T.**，LS.**
21	2.3±0.2	2.9±0.2	2.8±0.4	2.8±0.4	3.0±0.6	2.8±0.2	3.1±0.2	4.5±0.3	5.1±0.2	5.8±0.4	T.**，LS.**
22	2.3±0.2	2.7±0.2	2.7±0.3	2.6±0.4	2.8±0.5	2.8±0.2	3.1±0.2	4.3±0.3	5.1±0.2	5.8±0.4	T.**，LS.**

注：T. 温度，LS. 胎仔数。下同

表10.4　温度对增加胎仔数大绒鼠哺乳期总胎仔重的影响（朱万龙等，2016d）

哺乳天数（d）	低温组					常温组					P
	LS = 3	LS = 4	LS = 5	LS = 6	LS = 7	LS = 3	LS = 4	LS = 5	LS = 6	LS = 7	
10	14.1±1.1	18.5±1.3	21.3±1.6	24.8±2.2	27.7±2.2	16.4±2.3	20.3±2.2	22.6±2.5	25.4±2.2	28.7±2.3	T.ns，LS.**
11	14.3±1.2	18.6±1.6	21.2±1.5	23.9±1.9	26.7±2.1	17.0±2.3	20.3±2.1	23.1±2.6	25.9±2.3	29.3±2.3	T.ns，LS.**
12	14.1±0.9	19.1±1.3	21.2±1.9	23.5±1.5	24.3±2.3	17.8±2.1	21.5±2.2	23.6±2.3	26.3±2.3	29.7±2.6	T.**，LS.**
13	13.9±1.5	20.0±1.5	21.8±1.9	23.8±1.6	23.0±2.2	18.7±1.6	22.0±1.9	24.5±2.3	27.4±2.5	29.4±2.5	T.**，LS.**
14	14.4±1.3	20.2±1.2	21.7±2.0	23.5±1.8	23.4±1.9	19.9±1.8	22.8±1.8	30.1±2.4	28.1±2.6	30.7±2.1	T.**，LS.**
15	14.8±1.2	20.1±1.1	22.0±1.5	21.8±1.5	23.5±1.8	20.9±1.9	22.4±1.6	31.2±2.2	29.7±2.5	31.3±2.2	T.**，LS.**
16	15.3±1.3	20.1±1.3	22.1±1.6	21.0±1.6	23.1±1.6	21.2±2.1	23.2±2.2	32.3±2.6	31.2±2.3	31.3±2.2	T.**，LS.**
17	15.9±1.1	19.7±1.6	21.0±1.5	20.4±1.9	22.0±1.6	21.8±2.2	23.2±2.0	34.0±2.8	32.7±3.1	31.4±2.3	T.**，LS.**
18	16.9±1.2	20.4±1.2	20.4±1.6	18.9±1.3	20.9±2.4	22.7±2.3	24.3±2.0	35.6±2.7	33.2±3.2	33.1±2.8	T.**，LS.ns
19	17.7±1.3	21.1±1.8	19.7±1.3	17.4±2.0	20.0±2.1	23.6±2.5	23.8±2.1	37.3±2.5	34.7±3.3	34.9±2.9	T.**，LS.ns
20	18.5±1.2	21.2±1.3	18.3±1.5	17.4±1.6	18.5±2.3	23.6±2.3	24.8±2.3	39.5±2.6	34.7±3.3	35.4±2.7	T.**，LS.ns
21	18.6±1.3	20.5±1.5	18.2±1.8	17.4±1.9	17.5±2.2	24.2±2.6	25.5±2.2	40.7±3.2	35.3±3.6	36.0±3.3	T.**，LS.ns
22	19.1±1.4	19.8±2.1	18.4±1.7	16.5±1.8	16.5±2.2	24.5±2.4	26.8±2.1	32.4±3.3	36.3±3.8	37.2±3.5	T.**，LS.ns

表10.5　温度对增加胎仔数大绒鼠哺乳期平均胎仔重的影响（朱万龙等，2016d）

哺乳天数（d）	低温组					常温组					P
	LS = 3	LS = 4	LS = 5	LS = 6	LS = 7	LS = 3	LS = 4	LS = 5	LS = 6	LS = 7	
10	5.1±0.4	4.8±0.4	4.5±0.4	4.4±0.4	4.2±0.4	5.5±0.4	5.1±0.3	4.8±0.4	4.6±0.3	4.5±0.3	T.ns，LS.**
11	5.2±0.4	4.9±0.3	4.7±0.5	4.5±0.5	4.3±0.4	5.7±0.5	5.2±0.3	4.9±0.3	4.7±0.2	4.6±0.3	T.ns，LS.**
12	5.4±0.5	5.1±0.3	4.9±0.5	4.7±0.4	4.4±0.5	6.0±0.3	5.5±0.4	5.1±0.5	4.9±0.3	4.7±0.3	T.*，LS.**
13	5.7±0.4	5.4±0.4	5.2±0.6	4.9±0.4	4.5±0.6	6.3±0.3	5.7±0.4	5.3±0.3	5.1±0.3	4.9±0.2	T.*，LS.**
14	5.9±0.5	5.6±0.3	5.3±0.4	5.2±0.4	4.7±0.5	6.7±0.4	5.9±0.3	5.4±0.4	5.4±0.4	5.1±0.5	T.**，LS.**
15	6.1±0.4	5.7±0.2	5.5±0.4	5.3±0.3	4.9±0.4	7.1±0.4	6.0±0.5	5.6±0.3	5.7±0.3	5.2±0.4	T.**，LS.**
16	6.3±0.4	5.9±0.3	5.8±0.3	5.4±0.2	5.1±0.4	7.2±0.6	6.2±0.3	5.8±0.3	6.1±0.4	5.2±0.3	T.**，LS.**
17	6.6±0.3	6.1±0.4	5.9±0.3	5.6±0.4	5.2±0.3	7.5±0.5	6.6±0.3	6.1±0.3	6.4±0.5	5.4±0.3	T.**，LS.**
18	7.0±0.4	6.4±0.3	6.0±0.3	5.7±0.3	5.4±0.3	7.8±0.5	6.9±0.4	6.4±0.4	6.5±0.3	5.7±0.3	T.**，LS.**
19	7.4±0.4	6.7±0.3	6.2±0.4	5.8±0.3	5.5±0.3	8.1±0.4	7.2±0.5	6.7±0.4	6.8±0.4	6.0±0.4	T.**，LS.**
20	7.8±0.3	6.9±0.4	6.3±0.3	6.0±0.4	5.6±0.4	8.2±0.4	7.5±0.3	7.1±0.3	6.8±0.3	6.1±0.2	T.**，LS.**
21	7.9±0.3	7.1±0.5	6.6±0.4	6.2±0.4	5.8±0.3	8.4±0.5	7.7±0.3	7.3±0.4	6.9±0.4	6.2±0.3	T.**，LS.**
22	8.2±0.4	7.4±0.3	6.8±0.4	6.3±0.3	5.9±0.4	8.5±0.4	8.1±0.4	7.5±0.3	7.1±0.4	6.4±0.3	T.**，LS.**

10.8 繁殖经历对大绒鼠哺乳期持续能量摄入的影响

不同泌乳组第 7 天体重有显著变化（图 10.37）。第 22 天，第一次繁殖（Lac 1）、第二次繁殖（Lac 2）、第三次繁殖（Lac 3）和第四次繁殖（Lac 4）的体重无显著差异。第 7 天的摄食量在 4 组间无显著差异，第 22 天摄食量无显著差异（图 10.38）。

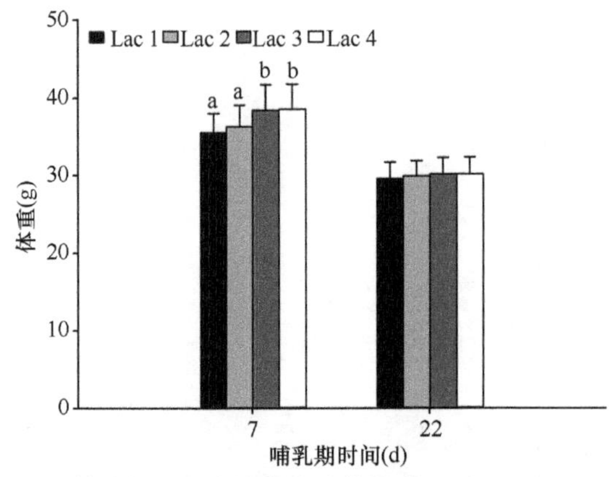

图 10.37 繁殖经历对大绒鼠体重的影响（Zhu et al.，2016b）

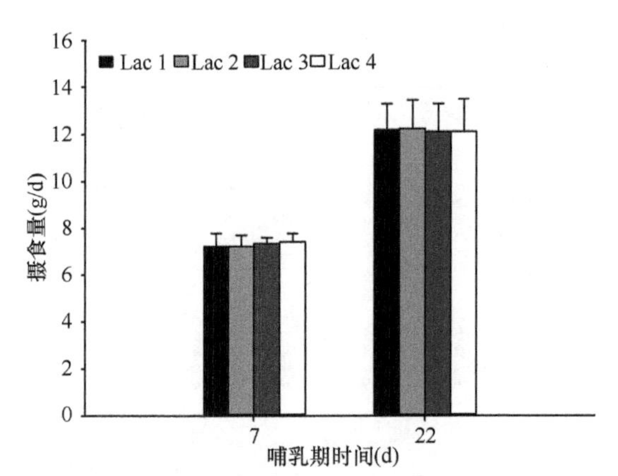

图 10.38 繁殖经历对大绒鼠摄食量的影响（Zhu et al.，2016b）

第 7 天的胎仔数在 4 组间无显著差异，第 22 天胎仔数无显著差异（图 10.39）。第 7 天和第 22 天，4 组的胎仔重也没有显著差异（图 10.40）。4 组间 MEO 无显著差异（图 10.41）。食物摄入量与 MEO、胎仔重显著相关。

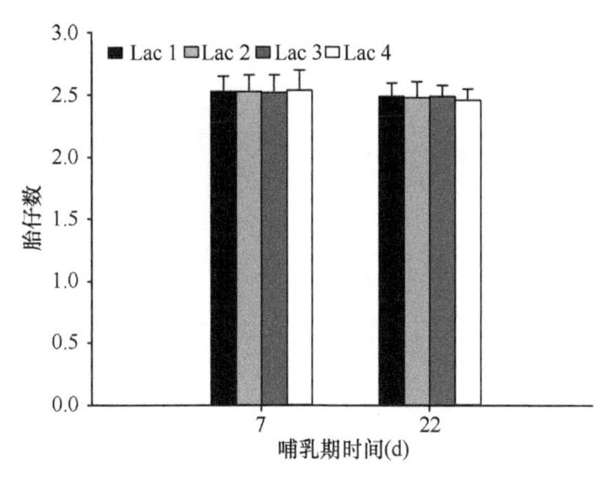

图 10.39　繁殖经历对大绒鼠胎仔数的影响（Zhu et al.，2016b）

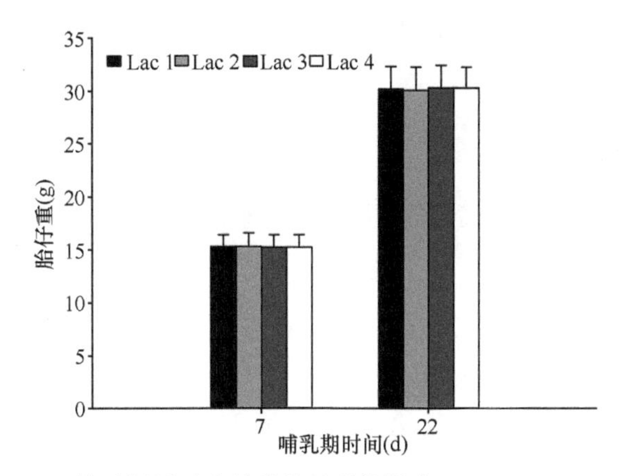

图 10.40　繁殖经历对大绒鼠胎仔重的影响（Zhu et al.，2016b）

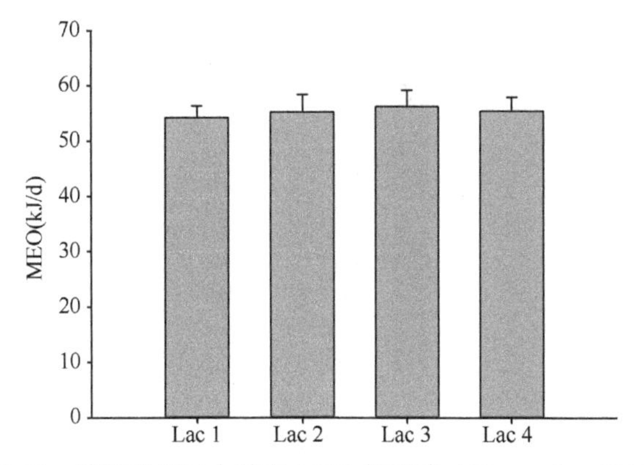

图 10.41　繁殖经历对大绒鼠 MEO 的影响（Zhu et al.，2016b）

第 7 天和第 22 天，繁殖经历在 RMR 和 NST 上无显著差异（图 10.42）。食物摄入量与 RMR 显著相关，与 NST 不相关。

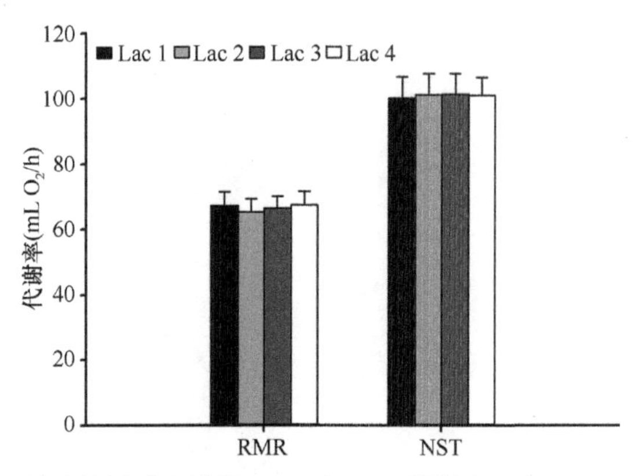

图 10.42 繁殖经历对大绒鼠 RMR 和 NST 的影响（Zhu et al.，2016b）

繁殖经历的研究结果表明，大绒鼠无论是在哪个繁殖时期，其 SEI/MR 都是差异不显著的，说明繁殖经历不会影响其 SEI。同时也说明大绒鼠自身的其他因素在限制着其最大持续能量摄入。

10.9 温度和繁殖经历对大绒鼠哺乳期持续能量摄入的影响

不同温度和繁殖经历对大绒鼠母体体重影响差异显著（图 10.43）。第 22 天时，第一次繁殖（Lac 1，30℃）、第二次繁殖（Lac 2，20℃）、第三次繁殖（Lac 3，10℃）之间的体重差异显著。无论是 0d 还是 22d 时，Lac 3 母体的摄食量显著高于其他两组（图 10.44）。

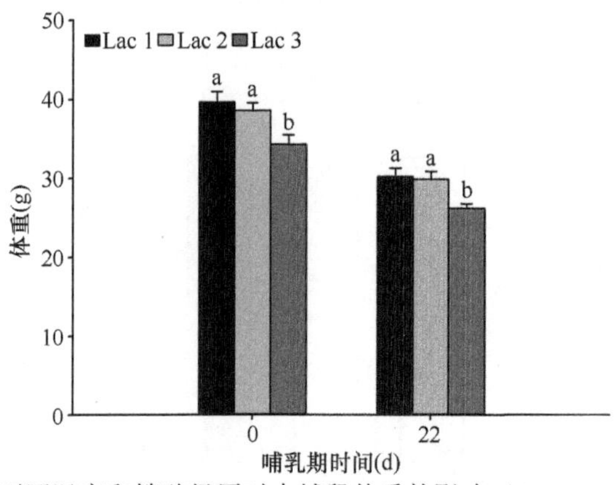

图 10.43 不同温度和繁殖经历对大绒鼠体重的影响（Gong et al.，2019）

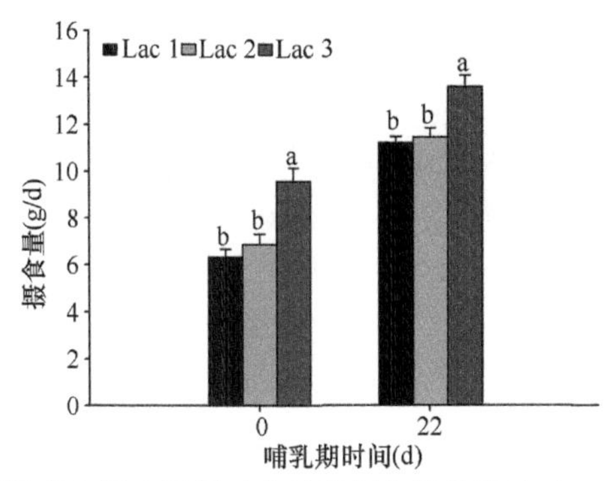

图 10.44　不同温度和繁殖经历对大绒鼠摄食量的影响（Gong et al.，2019）

温度和繁殖经历对 0d 大绒鼠的胎仔数影响差异不显著（图 10.45），到了第 22 天时三组之间胎仔数仍然是差异不显著。温度和繁殖经历对 0d 大绒鼠的胎仔重影响差异不显著，但是第 22 天时三组之间胎仔重差异显著（图 10.46）。

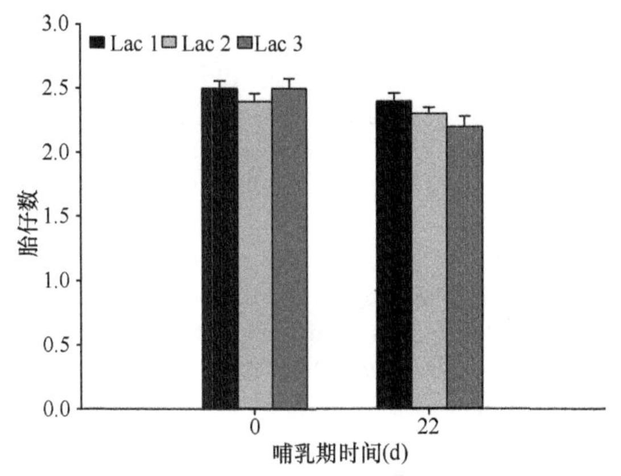

图 10.45　不同温度和繁殖经历对大绒鼠胎仔数的影响（Gong et al.，2019）

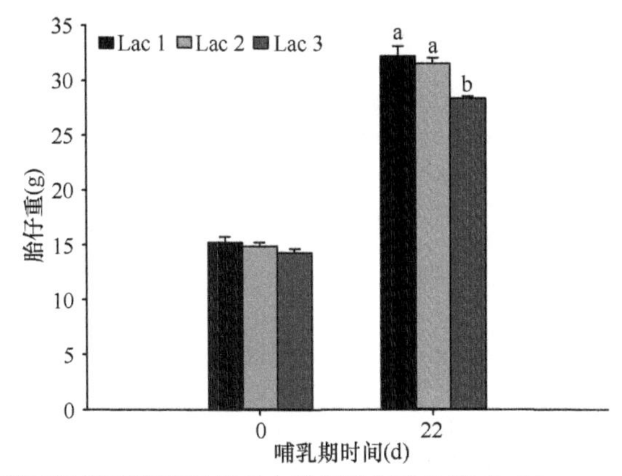

图 10.46　不同温度和繁殖经历对大绒鼠胎仔重的影响（Gong et al.，2019）

第 22 天时，繁殖经历和温度对三组大绒鼠的 RMR 和 NST 影响差异显著，但是胴体湿重、干重差异不显著。第 22 天时，COX 活性和 T_3 浓度三组差异显著，但是繁殖经历和温度对三组大绒鼠的 T_3 浓度和泌乳激素没有影响。

10.10 总　　结

本研究结果揭示了横断山区固有种大绒鼠的 SEI 较其他物种是显著低的，其 SEI 限制主要是受到乳腺的泌乳能力的限制，支持“外周限制假说”。这可能是横断山区的小型哺乳动物对于该地区特有的地理气候环境所产生的适应策略。

参 考 文 献

朱万龙，蔡金红，王政昆. 2017. 不同温度对哺乳期大绒鼠持续能量摄入的影响[J]. 生物学杂志，34（3）：33-36.

朱万龙，杨涛，付家豪，等. 2016a. 不同胎仔数对大绒鼠（*Eothenomys miletus*）持续能量摄入的影响[J]. 生物学杂志，33（4）：56-59.

朱万龙，刘军，蔡金红. 2016b. 剃毛对大绒鼠持续能量摄入的影响[J]. 四川动物，35(4)：564-568.

朱万龙，刘军，王政昆. 2016c. 运动对哺乳期大绒鼠持续能量摄入的影响[J]. 科学技术与工程，16（24）：132-135.

朱万龙，刘军，蔡金红. 2016d. 温度和增加胎仔数对大绒鼠哺乳期能量代谢的影响[J]. 四川动物，35（5）：691-696.

Fu JH，Wang ZK，Zuo ML，et al. 2015. The role of hair in food intake and thermogenesis in *Eothenomys miletus*[J]. Journal of Zoological and Bioscience Research，2（3）：17-21.

Gong XN，Zhang H，Zhu WL. 2019. Effects of different temperature and reproductive experiences on energy metabolism in *Eothenomys miletus*. Octa Journal of Biosciences，7（1）：11-14.

Johnson MS，Thomson SC，Speakman JR. 2001. Limits to sustained energy intake. I. Lactation in the laboratory mouse *Mus musculus*[J]. Journal of Experimental Biology，204（11）：1925-1935.

Rogowitz GL. 1998. Limits to milk flow and energy allocation during lactation in the hispid cotton rat（*Sigmodon hispidus*）[J]. Physiological zoology，71（3）：312-320.

Speakman JR. 2007. The energy cost of reproduction in small rodents[J]. Acta Theriologica Sinica，27：1-13.

Speakman JR. 2008. The physiological costs of reproduction in small mammals[J]. Philosophical Transactions of the Royal Society of London，363（1490）：375-398.

Speakman JR，Krol E. 2010. Maximal heat dissipation capacity and hyperthermia risk：neglected key factors in the ecology of endotherms[J]. Journal of Animal Ecology，79（4）：726-746.

Zhang XY，Wang DH. 2007. Thermogenesis，food intake and serum leptin in cold-exposed lactating Brandt's voles *Lasiopodomys brandtii*[J]. Journal of Experimental Biology，210（3）：512-521.

Zhao ZJ，Cao J. 2009. Effect of fur removal on the thermal conductance and energy budget in lactating Swiss mice[J]. Journal of Experimental Biology，212（16）：2541-2549.

Zhu WL，Zhang H，Cheng JL，et al. 2016a. Limits to sustainable energy intake during lactation in *Eothenomys miletus*：Effects of fur-shaving and litter size[J]. Mammal Study，41（4）：215-222.

Zhu WL，Zhang H，Cai JH，et al. 2016b. Effect of reproductive experiences on energy metabolism during lactation in *Eothenomys miletus*[J]. Journal of Zoological and Bioscience Research，3（1）：7-11.

第 11 章　大绒鼠分子生态学的研究

下丘脑在维持小型哺乳动物能量代谢活动中发挥着关键的作用（焦广发等，2010）。NPY 是一个由 36 个氨基酸组成的高度保守的多肽，是摄食最强的刺激因子，最早在 1982 年被分离出来（Tatemoto，1982；Aboumder et al.，1999），主要参与调节动物的摄食行为等活动（Larhammar，1996；Benoit et al.，2002）。AgRP 是调控体脂性状的重要因子，1997 年被发现（Shutter et al.，1997；Ollmann et al.，1997）。POMC 是一种由 267 个氨基酸组成的前体蛋白，是一类使动物产生厌食行为的神经肽（Arends et al.，1998）。CART 是一种在体内分布广泛的神经肽类物质（Kuhar & Yoho，1999；Heijboer et al.，2005）。首先由 Spiess 等（1981）在羊下丘脑的抽提物中分离出来。可抑制动物的摄食行为，降低其体重（Kristensen et al.，1998）。下丘脑分泌的这些神经肽可以调节食欲和机体能量代谢活动（Bouret et al.，2004；Tang et al.，2009）。

UCP1 是位于褐色脂肪组织线粒体内膜上的一种解偶联蛋白，其功能诱导质子漏产热（Nicholls & Locke，1984；Cannon & Nedergaard，2004）。目前已从许多动物中成功分离出 UCP1，其基因结构在鼠和人之间高度保守（Lin & Klingenberg，1982），有 90%以上的氨基酸残基相同（Aquila et al.，1985）。

微卫星标记（microsatellite），又称短串联重复序列或简单重复序列，是均匀分布于真核生物基因组中的简单重复序列，由 2～6 个核苷酸的串联重复片段构成，由于重复单位的重复次数在个体间呈高度变异性并且数量丰富，因此微卫星标记的应用非常广泛（Litt & Luty，1989；Primmer et al.，1996；Mccouch et al.，1997；Wilson & Rannala，2003；Selkoe & Toonen，2006；Zane & Al，2010），被广泛应用于生物遗传作图、群体遗传研究、个体间亲缘关系鉴定等方面，且微卫星的应用还可以推测或预测种群的动态变化，此外对阐明种群的历史进程具有重要的意义（Rooney，1999a，1999b）。

动物线粒体 DNA（mtDNA）由于具有分子小而稳定、母性遗传、一级结构进化速度快等特征，已成为保护生物学、进化生物学和进行遗传多样性分析研究的一个强有力的工具（Brown，1983）。其分为非编码区和编码区两个部分，非编码区就是线粒体基因的控制区（即 D-loop 区），编码区编码包括 tRNA、rRNA、疏水性蛋白多态、细胞色素 b（Cyt b）、ATP 酶的亚单位、细胞色素 c（Cyt c）氧化酶的亚单位（CO Ⅰ、CO Ⅱ、COⅢ）、NADP 还原酶复合体的亚单位（Takeda，1995）。由于哺乳动物线粒体基因的进化速率是单拷贝基因的 5～10 倍，适合于群体遗传学分析（Avise，1991）。

本研究组之前一直从事着大绒鼠生理生态学研究，但是其中很多生化指标或者下丘脑神经肽表达量测定时也需要利用分子的手段来实现，所以本章的内容主要就是和能量代谢相关的基因的获得。

11.1 大绒鼠下丘脑神经肽相关基因的获得

根据表 11.1 所列引物进行反转录 PCR（Palou et al.，2009）。RT-PCR 产物以 0.8%琼脂糖凝胶电泳检测，并进行正反两个方向的序列测定。

表11.1 扩增大绒鼠NPY、AgRP、POMC、CART等基因的引物（黄春梅等，2013）

引物	序列	产物所在位置
NPY01F	5′-TGGACTGACCCTCGCTCTAT-3′	NM_012614.2（169～313 bp）
NPY01R	5′-GTGTCTCAGGGCTGGATCTC-3′	
AgRP01F	5′-AGAGTTCTCAGGTCTAAGTCT-3′	NM_033650.1（361～536 bp）
AgRP01R	5′-CTTGAAGAAGCGGCAGTAGCACGT-3′	
POMC01F	5′-CCTGTGAAGGTGTACCCAATGTC-3′	NM_003497014.1（463～694 bp）
POMC01R	5′-CACGTTCTTGATGATGGCGTTC-3′	
CART01F	5′-AGAAGAAGTACGGCCAAGTCC-3′	NM_017110.1（318～360 bp）
CART01R	5′-CACACAGCTTCCCGATCC-3′	

根据 Bioteke 公司的 Total RNA Isolation Kit 试剂盒说明书提取大绒鼠下丘脑总 RNA，并以 0.8%琼脂糖凝胶电泳检测，无条带弥散现象，18S 和 28S 处条带清晰（图 11.1）。

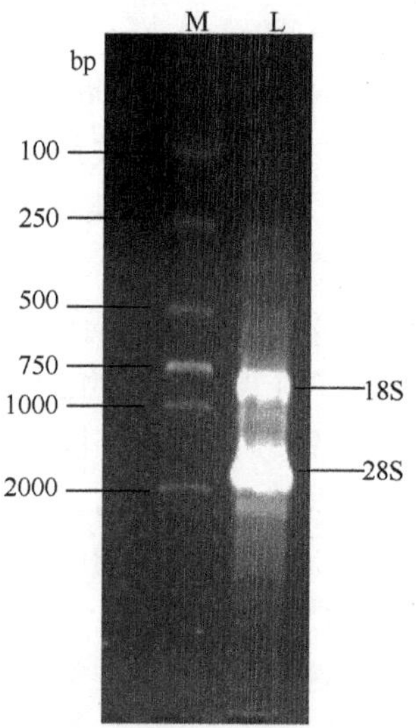

图 11.1 大绒鼠总 RNA 的琼脂糖凝胶电泳图（黄春梅等，2013）

M：marker；L：样品

将扩增得到的 NPY 序列构建系统进化树，从图 11.2 可以看出，NPY 虽然在进化过程中序列高度保守，但也存在种属特异性。大绒鼠与褐家鼠和小家鼠处于同一分支，与他们亲缘关系较近。

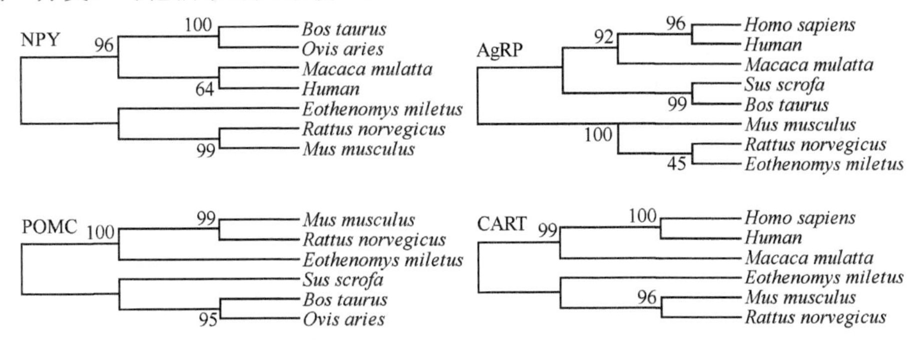

图 11.2　NPY、AgRP、POMC、CART 系统进化树（黄春梅等，2013）

MEGA5.0 软件中的最大似然法（maximum likelihood，ML）建树，支上数值表示 1000 次重复抽样所得的支持率

将扩增得到的 AgRP 序列构建系统进化树，由图 11.2 可以看出大绒鼠、褐家鼠先聚在一起，然后再跟小家鼠聚在一起，形成啮齿目支系。

将扩增得到的 POMC 序列构建系统进化树，由图 11.2 可以看出大绒鼠与褐家鼠、小家鼠聚在一起，形成啮齿目分支；黄牛、绵羊、野猪聚在一起形成偶蹄目分支。

将扩增得到的 CART 序列构建系统进化树，由图 11.2 可以看出，大绒鼠与褐家鼠、小家鼠聚成一支，构成啮齿目分支。

本研究结果为后续研究大绒鼠的下丘脑神经肽的作用提供了支持。

11.2　大绒鼠 UCP1 序列的获得

经 RT-PCR 获得大绒鼠 UCP1 cDNA 核心序列约为 458bp，包含的可读框为 456bp，编码 151 个氨基酸（图 11.3）。

```
  3 ggacactgagtgcaccccaccatgggggtcaagatcttctcagctggcatatctgcctgc
     G  H  *  V  H  P  T  M  G  V  K  I  F  S  A  G  I  S  A  C
 63 ctggcagatatcatcaccttcccgttggacacagccaaagtccggcttcagatccaaggt
     L  A  D  I  I  T  F  P  L  D  T  A  K  V  R  L  Q  I  Q  G
123 gaaggccagacctccagtaccattaggtataaaggtgtcctgggaaccatcaccaccctg
     E  G  Q  T  S  S  T  I  R  Y  K  G  V  L  G  T  I  T  T  L
183 gcaaaaacagaagggttgccgaaactgtacagcggtctgcctgctggcattcagaggcaa
     A  K  T  E  G  L  P  K  L  Y  S  G  L  P  A  G  I  Q  R  Q
243 atcagcttcgcctccctcaggattggtctctatgacactgtccaagagtacttctcttcg
     I  S  F  A  S  L  R  I  G  L  Y  D  T  V  Q  E  Y  F  S  S
303 gggaaagaaacgccgcccactttgggaaacaggatctcagctggcttaatgacaggaggt
     G  K  E  T  P  P  T  L  G  N  R  I  S  A  G  L  M  T  G  G
363 gtggcagtattcatcgggcaacctaccgaggtcgtgaaagtcagactccaagcacagagc
     V  A  V  F  I  G  Q  P  T  E  V  V  K  V  R  L  Q  A  Q  S
423 cacttacacgggatcaaaccccgctacactgggacc 458
     H  L  H  G  I  K  P  R  Y  T  G  T
```

图 11.3　大绒鼠 UCP1 基因 cDNA 部分序列及其推导的氨基酸序列（朱万龙等，2014）

将扩增得到的UCP1序列构建系统进化树，从图11.4可以看出，UCP1 虽然在进化过程中高度保守，但也存在种属特异性。大绒鼠与草原田鼠聚成一支，构成田鼠类分支。

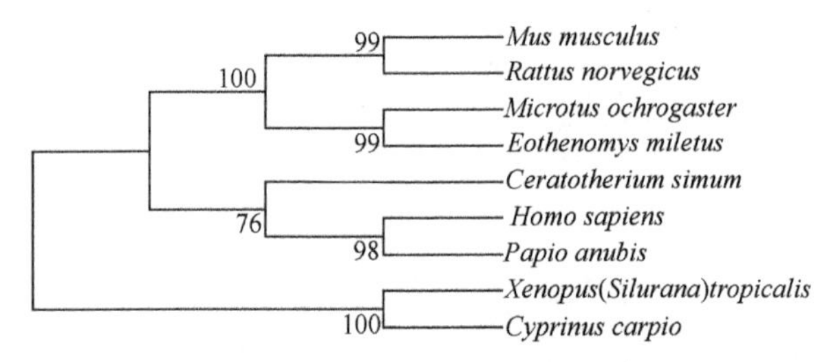

图 11.4　UCP1 cDNA 序列系统进化树（朱万龙等，2014）

枝上数值表示重复抽样所得支持率。全书同

本研究结果为后续研究不同地区大绒鼠 UCP1 进化提供了支持。

11.3　大绒鼠线粒体细胞色素 b 和 D-loop 区遗传多样性

大绒鼠 Cyt b 多态位点数 S 为 16，核苷酸多样性 Pi 为 0.002 69，平均核苷酸差异数 K 为 3.069。30 条 Cyt b 序列中，单倍型 12 个，单倍型多样性 Hd 为 0.876，Hd 标准误为 0.041。对 12 个单倍型构建系统树，其中主要分为两支（图 11.5）。

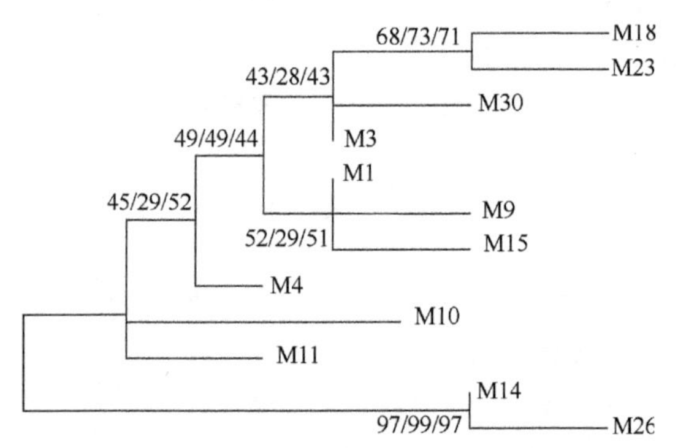

图 11.5　NJ、ML 和最大简约法（maximum parsimony，MP）构建剑川地区绒鼠 Cyt b 单倍型系统发生树（沐远等，2015）

D-loop 序列（1073bp）中，tRNA Pro 与 tRNA Phe 之间所包含的 D-loop 序列长 987bp。987bp 中 A、T、C 和 G 的比例分别为 29.7%、29.4%、27.4%和 13.5%，A + T 含量明显高于 G + C 含量，核苷酸偏向性较 Cyt b 明显。28 个变异位点（占分析位点数的 2.84%）中包括 5 个转换（第 1 位点 1 个，第 2 位点和第 3 位点分别 2 个）和 1 个颠换位点（第 3 位点），简约性信息位点（parsimony-informative site）

20 个，占 2.03%。Ts/Tv 为 9.4。

D-loop 中延伸终止序列（extended termination associated sequences block，ETAS）区有 4 个转换，没有颠换，Ts/Tv 为 15.5，18 个变异位点，占分析位点数的 7.11%；保守序列（conserved sequence block，CSB）区不存在转换和颠换，差异由缺失产生，1 个简约性信息位点，2 个变异位点，占分析位点数的 1.90%。中央区域中也没有转换和颠换，1 个简约性信息位点，1 个变异位点，占分析位点数的 3.1%。D-loop 多态位点数 *S* 为 28，*Pi* 为 0.0055，*K* 为 5.901。30 条 D-loop 序列共检测到 16 个单倍型。*Hd* 为 0.924，*Hd* 标准误 0.029。对 16 个单倍型构建系统树，其中主要分为两支（图 11.6）。

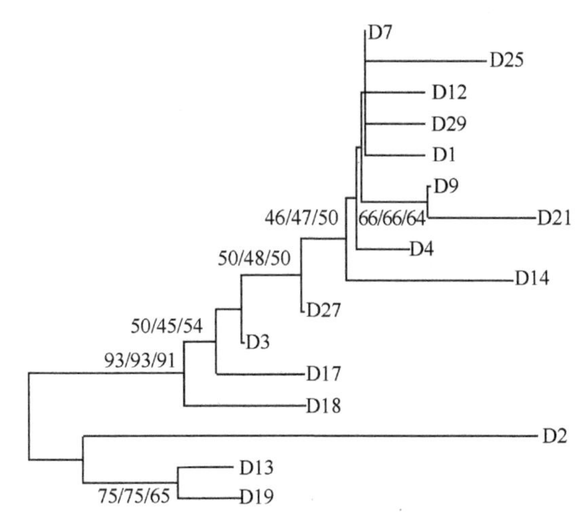

图 11.6 NJ、ML 和 MP 方法构建剑川地区大绒鼠 D-loop 单倍型系统发生树（沐远等，2015）

本研究结果表明，剑川地区大绒鼠的遗传多样性较高，种群间交流较频繁。

11.4 大绒鼠微卫星多态性引物的筛选

阳性克隆进行测序后选择 2 碱基重复均大于 8 次以上的片段进行引物设计，共设计引物 14 对。经过 PCR 检测后，其中 12 对引物可用于分析（表 11.2）。12 对引物共检测到 45 个等位基因的微卫星位点。平均每个位点的等位基因数为 3.75（2～5）；观测杂合度、期望杂合度及多态信息含量分别为 0.111～0.465、0.457～0.707、0.4073～0.6741。设计的 12 对引物中 Emj 2～43 和 Emj 2～54 属于高度多态性座位，其余 10 对均为中度多态性座位。

表11.2　大绒鼠微卫星引物及其特征（朱万龙等，2013）

座位重复片段	登录号	引物（5'→3'）	长度（bp）	退火温度(℃)	样本数	有效等位基因	观测杂合度	期望杂合度	多态信息含量	遗传偏离指数
Emj 1～22(AC)$_n$	JQ277315	F：ATGGCTTCAGTGTCTCTTG R：TAATGCTTCGTTGTGATGTC	269～273	55	40	4	0.349	0.707	0.6741	–0.506
Emj 1～34(AC)$_n$	JQ277316	F：GCTCAACTAGAGACTTCAGT R：ATTGCACAGGTATCCAGAC	210～243	53	40	4	0.111	0.479	0.4080	–0.768
Emj 1～48(AC)$_n$	JQ277317	F：AGGGCTAATGGGAAATGC R：GCTGACAAGGAGTAGTAGAG	249～284	55	40	5	0.401	0.634	0.5695	–0.368
Emj 1～49(GT)$_n$	JQ277318	F：AACGGTTCTGGAGCATAG R：AGGGTTCTCTTCTTGACATT	279～287	51.5	40	4	0.157	0.481	0.4073	–0.674
Emj 2～20(TC)$_n$	JQ277321	F：AGTTCCTAATGTGTTGTCCA R：GAGTTGCCCTGACTTAGC	255～280	58	40	2	0.257	0.482	0.4616	–0.467
Emj 2～26(TG)$_n$	JQ277320	F：GTGTGCTGTATGGTTGTGT R：GCTTTCCCTAATGTCTTACTTC	251～263	56	40	4	0.315	0.548	0.4967	–0.425
Emj 2～39(TTTC)$_n$(CTTC)$_n$(TC)$_n$	JQ277325	F：GGATTGTAGGTACTCATGTAAG R：GCAGAGGCAAGTGAATCT	266～284	55	40	3	0.239	0.457	0.4275	–0.477
Emj 2～43(GA)$_n$	JQ277319	F：AAAGAGAAAGAGAGCAGGAG R：CAGACAAGAAGCAGGAAGA	286～290	52	40	4	0.406	0.677	0.6196	–0.400
Emj 2～47(TC)$_n$	JQ277323	F：AATGCCTGCCACTTATGAA R：TGGACCTCAAGCCTGTAA	229～248	55	40	4	0.186	0.468	0.4125	–0.603
Emj 2～50(AG)$_n$	JQ277324	F：CTTCCTCCTACTCCAACAC R：CACTCTGCTAAGGTACTCTT	250～263	55	40	4	0.465	0.498	0.4282	–0.066
Emj 2～54(GT)$_n$	JQ277322	F：TTAGTGACTCAGTGCCATG R：CACCGAGTTGTAGAGGATT	211～213	58	40	3	0.396	0.645	0.5656	–0.386
Emj 2～113(GA)$_n$	JQ277326	F：TCAGTGAATTGTGAGGTGTA R：CCAAGCCTCTGAGTAAGTT	273～284	58	40	4	0.220	0.487	0.4226	–0.548

微卫星多态性引物筛选的结果表明大绒鼠的多态性较高，为后续研究大绒鼠的婚配制度等提供理论支持。

11.5 总　　结

获得大绒鼠 NPY、AgRP、POMC 和 CART cDNA 片段分别为 162bp、187bp、240bp 和 55bp，各自编码 37 个、59 个、71 个和 17 个氨基酸。本研究通过 NJ 方法以 UCP1 序列构建系统进化树表明，大绒鼠与草原田鼠聚成一支，构成田鼠类分支。Cyt b 和 D-loop 单倍型的系统树显示，30 个样本形成两支，且 D-loop 序列中显示出的多样性水平可推测大绒鼠种群比䶄属（*Clethrionomys*）种群更年轻。筛选出的 12 对引物中 Emj 2～43 和 Emj 2～54 属于高度多态性座位，其余 10 对均为中度多态性座位，这些微卫星引物的筛选可用于今后更进一步的种群研究。

参 考 文 献

黄春梅，朱万龙，杨盛昌，等. 2013. 大绒鼠 NPY、AgRP、POMC 和 CART 基因部分序列扩增与分析[J]. 兽类学报，33（2）：186-192.

焦广发，李秀楠，何玉秀. 2010. 下丘脑和神经肽在肥胖形成机制中的研究进展[J]. 中国糖尿病杂志，18（2）：151-153.

沐远，杨涛，马壮琼，等. 2015. 云南剑川地区大绒鼠线粒体细胞色素 b 和控制区遗传多样性的研究[J]. 生物学杂志，32（5）：30-34.

朱万龙，刘春燕，张麟，等. 2013. 大绒鼠（*Eothenomy miletus*）微卫星多态性引物的筛选[J]. 云南师范大学学报，33（2）：63-69.

朱万龙，余婷婷，章迪，等. 2014. 大绒鼠解偶联蛋白 1 基因部分序列扩增与分析[J]. 生物学杂志，31（4）：6-9.

Aboumder R，Elhusseing A，Cohen X，et al. 1999. Expression of neuropeptide Y receptors mRNA and protein in human brain vessels and cerebromicrovascular cells in culture[J]. Blood Flow Metab，19（2）：155-163.

Aquila H，Link TA，Klingenberg M. 1985. The uncoupling protein from brown fat mitochondria is related to the mitochondrial ADP/ATP carrier.Analysis of sequence homologies and of folding of the protein in the membrane[J]. The EMBO Journal，4（9）：2369.

Arends RJ，Vermeer H，Martens GJ，et al. 1998. Cloning and expression of two proopiomelanocortin mRNA in the common carp（*Cyprinus carpio L..*）[J]. Molecular and Cellular Endocrinology，143（1-2）：23-31.

Avise JC. 1991. Ten unorthodox perspectives on evolution prompted by comparative population genetic findings on mitochondrial DNA[J]. Annual Review of Genetics，25：45-69.

Benoit SC，Air EL，Coolen LM，et al. 2002. The catabolic action of insulin in the brain is mediated by melanocortins[J]. The Journal of Neuroscience，22（20）：9048-9052.

Bouret SG，Draper SJ，Simerly RB. 2004. Trophic action of leptin on hypothalamic neurons that regulate feeding[J]. Science，304（5667）：108-110.

Brown WM. 1983. Evolution of genes and proteins[M]//Nei M，Keodn RK. Plant Population Genetics，Breeding and Genetic Resources. Sunderland：Sinauer，62-68.

Cannon B，Nedergaard J. 2004. Brown Adipose Tissue：Function and Physiological Significance[J]. Physiological Reviews，84（1）：277-359.

Heijboer AC，Voshol PJ，Donga E，et al. 2005. High fat diet induced hepatic insulin resistance is not related to changes in hypothalamic mRNA expression of NPY，AgRP，POMC and CART in mice[J]. Peptides，26（12）：2554-2558.

Kristensen P，Judge ME，Thim L，et al. 1998. Hypothalamic CART is a new anorectic peptide regulated by leptin[J]. Nature，393：72-76.

Kuhar MJ，Yoho LL. 1999. CART peptide analysis by western blotting[J]. Synapse，33（3）：163-171.

Larhammar D. 1996. Evolution of neuropeptide Y，peptide YY and pancreatic polypeptide[J]. Regulatory Peptides，62（1）：1-11.

Lin CS，Klingenberg M . 1982. Characteristics of the isolated purine nucleotide binding protein from brown fat mitochondria[J]. Biochemistry，21（12）：2950-2956.

Litt M，Luty JA. 1989. A hypervariable microsatellite revealed by *in vitro* amplification of a dinucleotide repeat within the cardiac muscle actin gene[J]. The American Journal of Human Genetics，44：397-401.

Mccouch SR，Chen X，Panaud O，et al. 1997. Microsatellite marker development，mapping and applications in rice genetics and breeding[J]. Plant Molecular Biology，35（1/2）：89-99.

Nicholls DG，Locke RM. 1984. Thermogenic mechanisms in brown fat[J]. Physiological Reviews，64（1）：1-64.

Ollmann MM，Wilson BD，Yang YK，et al. 1997. Antagonism of central melanocortin receptors *in vitro* and *in vivo* by agoutirelated protein[J]. Science，278（5335）：135-138.

Palou M，Sánchez J，Rodríguez AM，et al. 2009. Induction of NPY / AgRP orexigenic peptide expression in rat hypothalamus is an early event in fasting：relationship with circulating leptin，insulin and glucose[J]. Cell Physiol Biochem，23（1-3）：115-124.

Primmer CR，Moller AP，Ellegren H. 1996. A wide-range survey of cross-species amplification in birds[J]. Molecular Ecology，6（1）：356-378.

Rooney AP，Honeycutt RL，Davis SK，et al. 1999a. Evaluating a Putative Bottleneck in a Population of Bowhead Whales from Patterns of Microsatellite Diversity and Genetic Disequilibria[J]. Journal of Molecular Evolution，49（5）：682-690.

Rooney AP，Merritt DB，Derr JN. 1999b. Brief communication. Microsatellite diversity in captive bottlenose dolphins（*Tursiops truncatus*）[J]. Journal of Heredity，90（1）：228-231.

Selkoe KA，Toonen RJ. 2006. Microsatellites for ecologists：A practical guide to using and evaluating microsatellite markers[J]. Ecology Letters，9（5）：615-629.

Shutter JR，Graham M，Kinsey AC，et al. 1997. Hypothalamic expression of ART，a novel gene related to agouti，is up-regulated in obese and diabetic mutant mice[J]. Genes & Development，11（5）：593-602.

Spiess J，Vilarreal J，Vale W. 1981. Isolation and sequence analysis of a somatostatin-like polypeptide from ovine hypothalamus[J]. Biochemistry，20（7）：1982-1988.

Takeda K，Onishi A，Ishida N，et al. 1995. SSCP analysis of pig mitochondrial DNA D-loop region polymorphism[J]. Animal Genetics，26（5）：321.

Tang GB，Cui JG，Wang DH. 2009. Role of hypoleptinemia during cold adaptation in Brandt's voles（*Lasiopodomys brandtii*）[J]. American Journal of Physiology. Regulatory，Integrative and Comparative Physiology，297（5）：1293-1301.

Tatemoto K. 1982. Neuropeptide Y：complete amino acid sequence of the brain peptide[J]. Proceedings of the National Academy of Sciences of the USA，79（18）：5485-5489.

Wilson GA，Rannala B. 2003. Bayesian inference of recent migration rates using multilocus genotypes[J]. Genetics，163（3）：1177-1191.

Zane L，Al E . 2010. Strategies for microsatellite isolation：a review[J]. Molecular Ecology，11（1）：1-16.

第 12 章　绒鼠属的生态分化

自 Bergmann 规律提出，大量的学者对不同动物做了研究后发现不论其是否吻合，但环境在其形态的可塑性上都起到了重要作用（Ane et al.，2005；Miguel et al.，2006）。种群生活环境一旦发生改变，通常会伴随出现在基因和表型上多样性的增加（Hadany & Beker，2003；Price et al.，2006）。特别是在表型上，显示出对不同环境最早适应的积累，但其变化是在一定范围内，而且每一个表型都是由众多基因共同作用的结果（Rutherford，2003）。多样的形态特征与生态分布有很强的联系，甚至可以通过生态形态特征来推断有机体怎样在不同的环境下发生进化（Sabrina et al.，2005）。随着地理分布的不同，环境发生变化，如纬度、海拔的改变，使物种生活的气候不同，长期适应的结果最终会使一些小型哺乳动物在种内或种间出现形态学上的差异（Yoram & Shlomith，2004）。这些差异一定程度上是由于环境温度的改变影响了植被的变化，导致基因水平上的变化，最终长期积累后使得物种在利用不同的自然资源时出现了不同的适应结构，这些影响一定程度表现在其骨骼和身体大小的进化（Smith et al.，1998）。

本章是在第 11 章研究的基础上，进一步对云南省不同绒鼠形态、生理、遗传多样性进行了研究，为探讨云南省不同绒鼠的进化机制、生态分化提供了基础性材料。

12.1　绒鼠的系统分类

外形数据中，体重：昭通绒鼠（*Eothenomys olitor*）与其他物种差异极显著，滇绒鼠（*Eothenomys eleusis Thomas*）和黑腹绒鼠（*Eothenomys melanogaster*）差异不显著，克钦绒鼠（*Eothenomys cachinus*）、中华绒鼠（*Eothenomys chinensis*）、西南绒鼠（*Eothenomys custos*）、大绒鼠和玉龙绒鼠（*Eothenomys proditor*）间差异不显著。体长：昭通绒鼠与其他种差异极显著，而滇绒鼠、西南绒鼠和玉龙绒鼠间差异不显著，玉龙绒鼠、克钦绒鼠和大绒鼠间差异不显著；大绒鼠和中华绒鼠差异不显著。尾长：昭通绒鼠与玉龙绒鼠差异不显著，黑腹绒鼠和滇绒鼠、西南绒鼠间差异不显著，克钦绒鼠和大绒鼠差异不显著，中华绒鼠与其他物种差异均达到了显著水平。后足长：昭通绒鼠、滇绒鼠和黑腹绒鼠差异不显著，西南绒鼠、克钦绒鼠和玉龙绒鼠间差异不显著，克钦绒鼠、玉龙绒鼠和大绒鼠间差异不显著，中华绒鼠和其他差异均达显著水平。耳长：昭通绒鼠、黑腹绒鼠和滇绒鼠间差异不显著，黑腹绒鼠、滇绒鼠和克钦绒鼠间差异也不显著，克钦绒鼠和玉龙绒鼠间差异不显著，玉龙绒鼠、西南绒鼠和大绒鼠间差异不显著，中华绒鼠与其他物种差异达到了显著水平（图 12.1）。

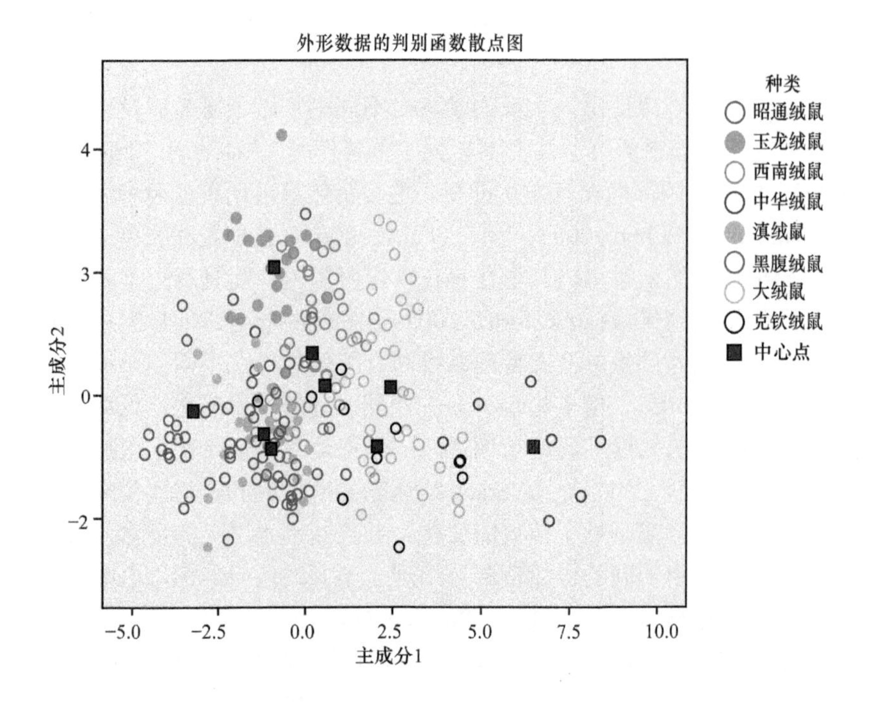

图 12.1　8 种绒鼠外形数据的判别分析（朱万龙等，2013）

头骨数据中，颅全长：昭通绒鼠与其他种类达到了显著水平，滇绒鼠、黑腹绒鼠和西南绒鼠间差异不显著，西南绒鼠和克钦绒鼠间差异不显著，克钦绒鼠、玉龙绒鼠间差异不显著，玉龙绒鼠和中华绒鼠间差异也不显著。基长：昭通绒鼠与其他种差异达到了显著水平，黑腹绒鼠、滇绒鼠、西南绒鼠间差异不显著，西南绒鼠和克钦绒鼠间差异不显著，克钦绒鼠和玉龙绒鼠间差异不显著，玉龙绒鼠、大绒鼠与中华绒鼠间差异不显著。腭长和颧宽：昭通绒鼠与其他种类差异同样达到了显著水平，黑腹绒鼠与西南绒鼠、滇绒鼠间差异仍不显著，西南绒鼠和克钦绒鼠间差异不显著，克钦绒鼠，玉龙绒鼠间差异不显著，玉龙绒鼠、大绒鼠和中华绒鼠间差异不显著。上下齿列长：昭通绒鼠仍然和其他种类有着显著的差异，但与玉龙绒鼠出现了差异，黑腹绒鼠、西南绒鼠、滇绒鼠和玉龙绒鼠上齿列长没有显著差异，而玉龙绒鼠下齿列长却与之有显著差异，玉龙绒鼠和克钦绒鼠上齿列长差异不显著，中华绒鼠和大绒鼠间差异也不显著，下齿列长玉龙绒鼠和克钦绒鼠、中华绒鼠差异不显著，中华绒鼠和大绒鼠间差异不显著（图 12.2）。

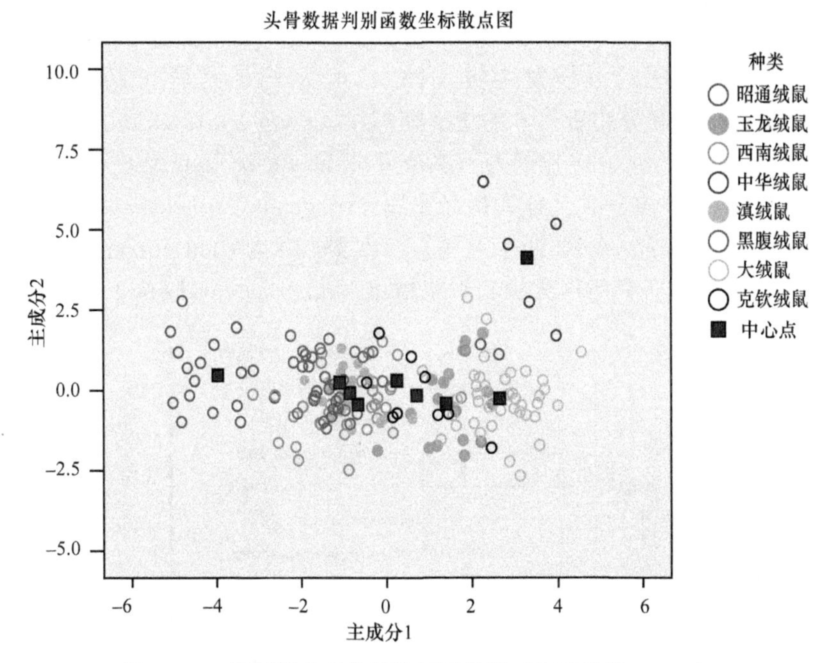

图 12.2　8 种绒鼠头骨数据的判别分析（朱万龙等，2013）

经判别分析，中华绒鼠和昭通绒鼠不论是在外型上还是在头骨方面都能和其他物种有很大的区别，能比较容易地将其区分出来。而玉龙绒鼠、西南绒鼠、滇绒鼠、黑腹绒鼠、大绒鼠和克钦绒鼠较集中，而且有些个体之间会出现重叠，如黑腹绒鼠和滇绒鼠基于头骨的判别分析中就基本重叠在一起。基于形态学数据构建的系统树发现，系统树分为两大支，其中中华绒鼠和西南绒鼠聚为一大支，而其他 6 种绒鼠聚为另一大支（图 12.3）。

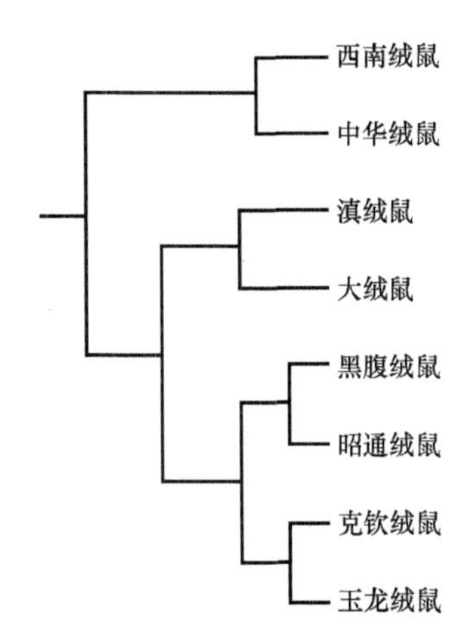

图 12.3　基于形态学数据构建的系统树（沐远和朱万龙，2015）

运用 Cyt b 基于 MEGA5.0 中 Kimura 双参数距离用邻接法(neighbor-joining，NJ）构建不同种间的系统发生树（图 12.4）。高山䶄属（*Alticola*）、䶄属（*Clethrionomys*）和分布于日本的史密斯绒鼠（*Eothenomys smithii*）和安德森小鼠（*Eothenomys andersoni*）聚为一大支；绒鼠（*Caryomys*）单独聚为一支；*Eothenomys* 聚为一支，并且分为指名亚属（subgenus *Eothenomys*）和东方绒鼠亚属（subgenus *Anteliomys*）两个亚属。三大支合并为 Clethrionomyini 亚族。从亲缘关系看出，本研究所用样本和野生绒鼠（*Eothenomys fidelis*）关系较近。

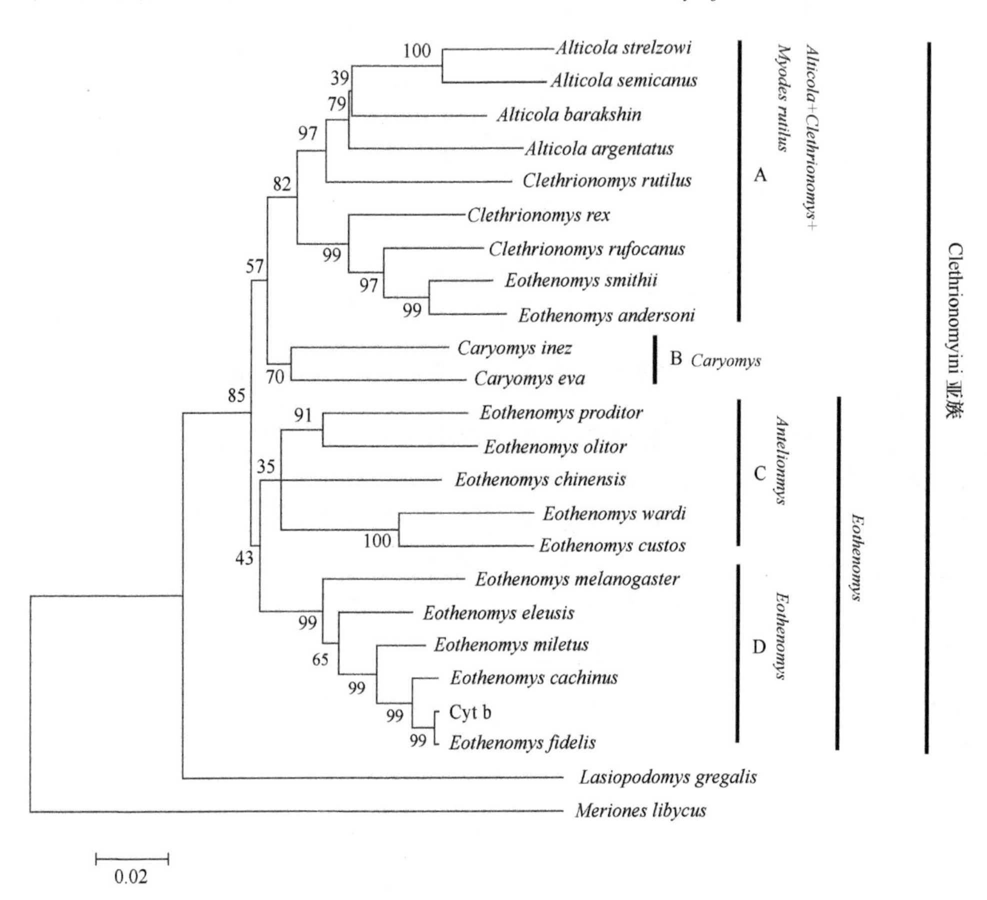

图 12.4　基于 Kimura 双参数距离构建的不同绒鼠间 Cyt b 的 NJ 系统发育树（朱万龙等，2013）

分支处数值为检测的自引导值，1000 次重复

运用 COI 基于 MEGA5.0 中 Kimura 双参数距离用邻接法和最小进化法（minimum evolution method，ME）构建不同种间的系统发生树(图 12.5、图 12.6)。由亲缘关系看出，本研究所用样本与大绒鼠亲缘关系较近。

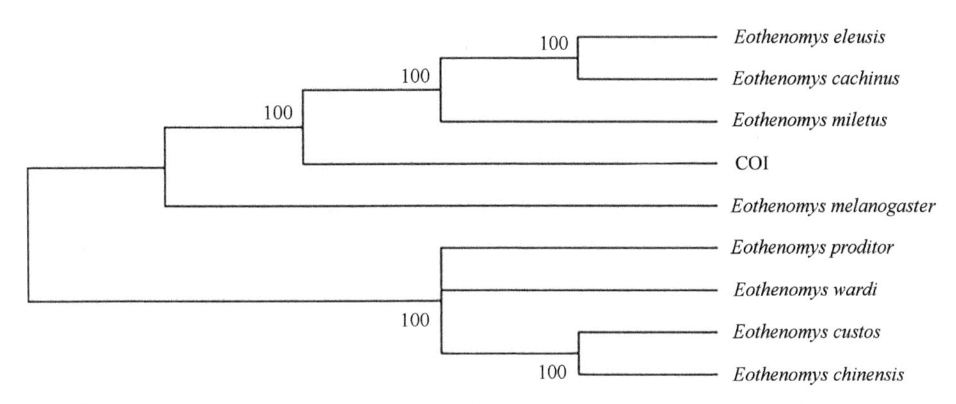

图 12.5　基于 Kimura 双参数距离构建的不同绒鼠间的 NJ 系统发育树（沐远，2015）
分支处数值为检测的自引导值，1000 次重复

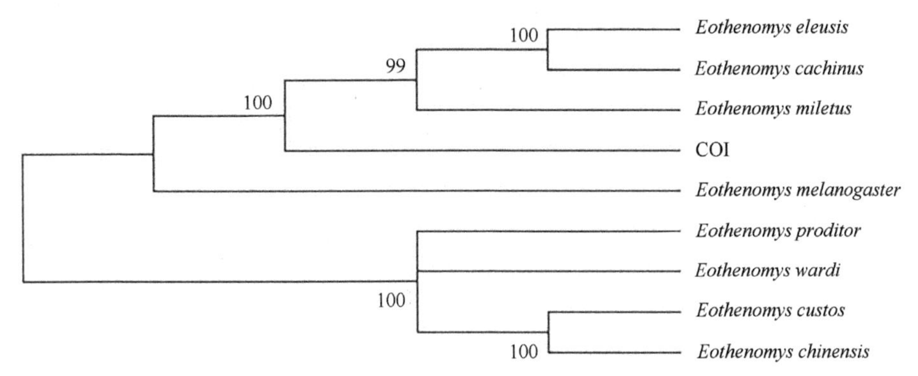

图 12.6　基于 Kimura 双参数距离构建的不同绒鼠间的 ME 系统发育树（沐远，2015）
分支处数值为检测的自引导值，1000 次重复

运用 mtDNA D-loop 区，构建样本与 *Eothenomys* 模式种黑腹绒鼠的亲缘关系图（样本中的 28 个单倍型由 DNAsp5.0 分析得出）。所用样本的单倍型间和 4 只黑腹绒鼠没有重叠，单独聚为一支（图 12.7），从分子系统学角度说明本研究所用样本应该作为独立的种，而不是黑腹绒鼠的亚种。

本研究认为，绒鼠的形态学测量系统分析可作为鉴别不同绒鼠的手段之一。但从分子系统学角度出发，绒鼠属（*Eothenomys*）内各种（包括本研究样本）间的关系依然混杂不清，但本研究所采用的绒鼠样本可作为独立的种，只是尚未能准确定其种名，有待进一步整合性研究。

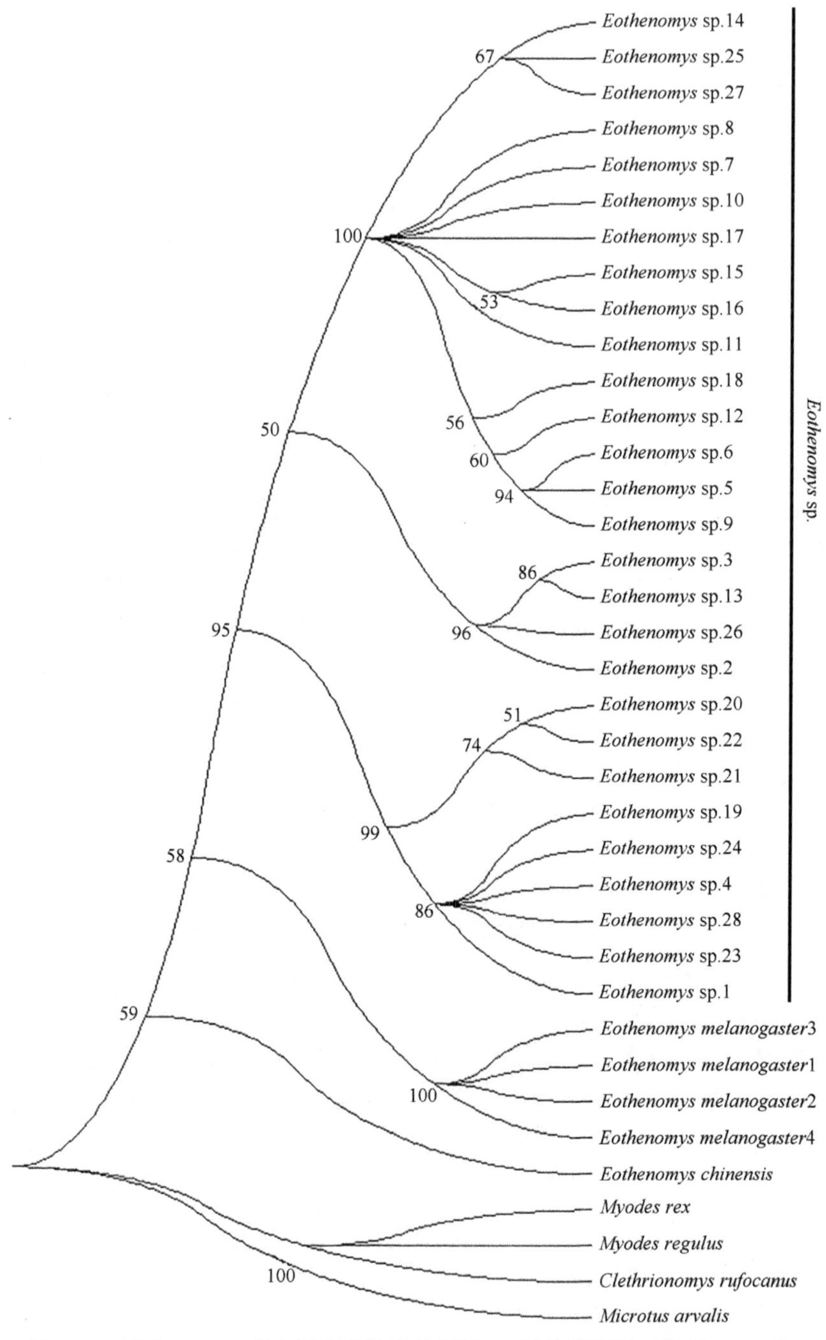

图 12.7 基于 Kimura 双参数距离构建的属间 NJ 系统发育树（沐远，2015）

分支处数值为检测的自引导值，1000 次重复

12.2　云南三地间不同大绒鼠种群体重和代谢率的差异

丽江大绒鼠的体重为：（34.78±1.39）g；大理大绒鼠体重为：（43.94±1.32）g；昆明大绒鼠的体重为：（39.10±0.94）g。经方差分析 LSD 检验，丽江大绒鼠体重显著低于大理和昆明，昆明低于大理，且具有统计学意义。

丽江、大理、昆明三地之间，大绒鼠的 BMR 和 NST 具有一定的差异性。丽江、大理、昆明 BMR 分别为：（3.31±0.14）mL O_2/（g·h）、（3.53±0.28）mL O_2/（g·h）、（2.14±0.09）mL O_2/（g·h）；丽江、大理、昆明 NST 分别为：（4.93±0.42）mL O_2/（g·h）、（4.73±0.31）mL O_2/（g·h）、（3.24±0.20）mL O_2/（g·h）。BMR：丽江、大理大绒鼠显著高于昆明，丽江、大理之间差异不显著。NST：丽江、大理大绒鼠显著高于昆明，但丽江和大理之间差异不显著。

丽江、大理、昆明三地之间大绒鼠的肥满度分别为：（1.24±0.05）g/cm^3、（1.00±0.03）g/cm^3、（0.85±0.04）g/cm^3。经方差分析，丽江样本显著高于大理和昆明，而大理和昆明样本差异不显著（图 12.8）。

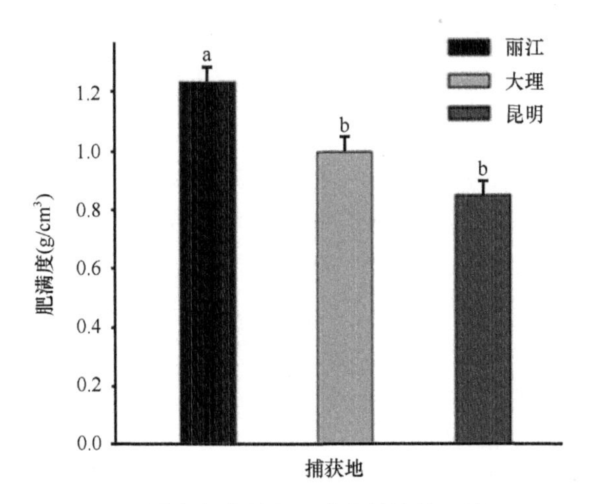

图 12.8　三地之间大绒鼠肥满度的比较（沐远，2015）

本研究结果表明，横断山区大绒鼠的基础代谢率和非颤抖性产热相对较高，表明高的基础代谢率和非颤抖性产热是对低温的一种适应策略，有助于抵御寒冷。丽江肥满度高于大理和昆明，很可能与其所处生态环境相关。总之，云南不同地区大绒鼠的生理特征变化可能在一定程度上反映了其在特定环境条件下的生存机制和适应对策。

12.3 基于 COI 基因探讨云南不同地区大绒鼠的遗传变异

经 PCR 扩增测序拼接后，共获得 1323 bp COI 的有效片段。经 MEGA5.0 分析，1323 bp 序列中，A、T、G、C 的比例分别为 28.2%、27.4%、27.7%、16.8%（表 12.1），其中 A+T 的含量（55.6%）高于 G+C 的含量（44.5%）。所有分析位点中共包含 120 个变异位点，占总分析位点数的 9.07%。其中，简约性信息位点 96 个，占总位点数的 7.26%，单变异位点（singleton site）24 个，占总位点数的 1.81%。转换（transition，Ts）26 个（其中第 1 位点 25 个，第 3 位点 1 个），颠换（transversion，Tv）3 个（全部位于第 1 位点），转换/颠换（Ts/Tv）为 8.67（表 12.1）。

表12.1　不同绒鼠种群COI基因碱基组成（%）（沐远，2015）

种群	A	T	G	C
大理	28.2	27.2	27.8	16.8
丽江	28.1	27.2	27.8	16.9
哀牢山	28.5	27.6	27.3	16.6
昆明	28.1	27.5	27.7	16.7
合计	28.2	27.4	27.7	16.8

运用 DNAsp5.0 计算，得到种群间的遗传变异参数（表 12.2），由表可看出哀牢山种群的遗传多样性最高。各个种群间的核苷酸歧义度 D_{xy}、遗传分化指数 F_{st}、净遗传距离 D_a、分化系数 G_{st}（表 12.3）。分子方差分析（AMOVA）4 个种群间 D-loop 序列的变异总方差分为种群间的方差（V_a）和种群内的方差（V_b），并进行显著性检验（表 12.4）。结果显示，种群间方差（V_a）占总变异的 71.96%，种群内的方差（V_b）占总变异的 28.04%，表明变异主要发生在种群间。F_{st} = 0.719 64，差异极显著，表明不同绒鼠种群间已出现明显的遗传分化。不同种群间的遗传分化指数（genetic index，F_{st}）和基因流（gene flow，N_m）见表 12.5。

表12.2　不同绒鼠种群mtDNA COI多样性（沐远，2015）

种群	样本数	单倍型个数 *H*	单倍型多样性 *Hd*	多态位点数 *S*	突变数 *Eta*	核苷酸多样性 *Pi*	平均核苷酸变异数 *K*
大理	29	10	0.847 3	34	34	0.003 06	4.044 33
丽江	23	6	0.838	11	11	0.002 49	3.288 54
哀牢山	3	3	1.000	48	48	0.024 19	32.000 0
昆明	32	9	0.725	80	84	0.015 29	20.225 38
合计	87	28	0.935	120	127	0.022 34	29.561 65

表12.3　不同绒鼠种群间种群的核苷酸歧义度D_{xy}、遗传分化指数F_{st}、净遗传距离D_a、分化系数G_{st}（均已扩大100倍）和基因流N_m（沐远，2015）

种群 1	种群 2	D_{xy}	D_a	G_{st}	F_{st}
哀牢山	大理	0.295	−0.011	−1.754	−3.571
哀牢山	昆明	3.754	2.836	11.975	75.564
哀牢山	丽江	0.338	0.061	8.454	17.991
大理	昆明	3.754	2.836	11.975	75.564
大理	丽江	0.338	0.061	8.454	17.991
昆明	丽江	3.835	2.946	12.092	76.827

表12.4　COI序列变异的AMOVA分析（沐远，2015）

变异来源	自由度 *df*	平方和	方差组分	方差比率（%）	遗传分化指数（F_{st}）
种群间	3	837.531	13.702 33	71.96	0.719 64
种群内	84	448.401	5.338 10	28.04	
合计	87	1 285.932	19.040 43		

表12.5　不同绒鼠种群间的遗传分化指数F_{st}和基因流N_m（沐远，2015）

种群 1	哀牢山	大理	丽江	昆明
哀牢山	—	0.051 22	0.046 61	0.292 06
大理	0.829 95	—	1.158 69	0.084 52
丽江	0.842 86	0.177 47	—	0.085 71
昆明	0.461 20	0.747 35	0.744 68	—

注：下三角为遗传分化指数 F_{st}，上三角为基因流 N_m

本研究中，87 条 COI 序列共定义了 28 个单倍型，基于单倍型，运用 MEGA5.0 中 Kimura 双参数距离分别构建不同绒鼠种群单倍型间的 NJ、ME 系统发育树，将黑腹绒鼠（*Eothenomys melanogaster*）、中华绒鼠（*Eothenomys chinensis*）和棕背䶄（*Clethrionomys rufocanus*）作为外群（图 12.9、图 12.10）显示，28 个单倍型聚为两大支——Hap1、Hap2、Hap15、Hap16、Hap22 聚为一大支，其余单倍型的聚为另一大支。而且可以很明显地将其分为两大部分，即横断山种群和昆明种群。哀牢山的 3 个单倍型全部位于昆明种群中，且 Hap11（来自大理种群）也位于昆明种群中。

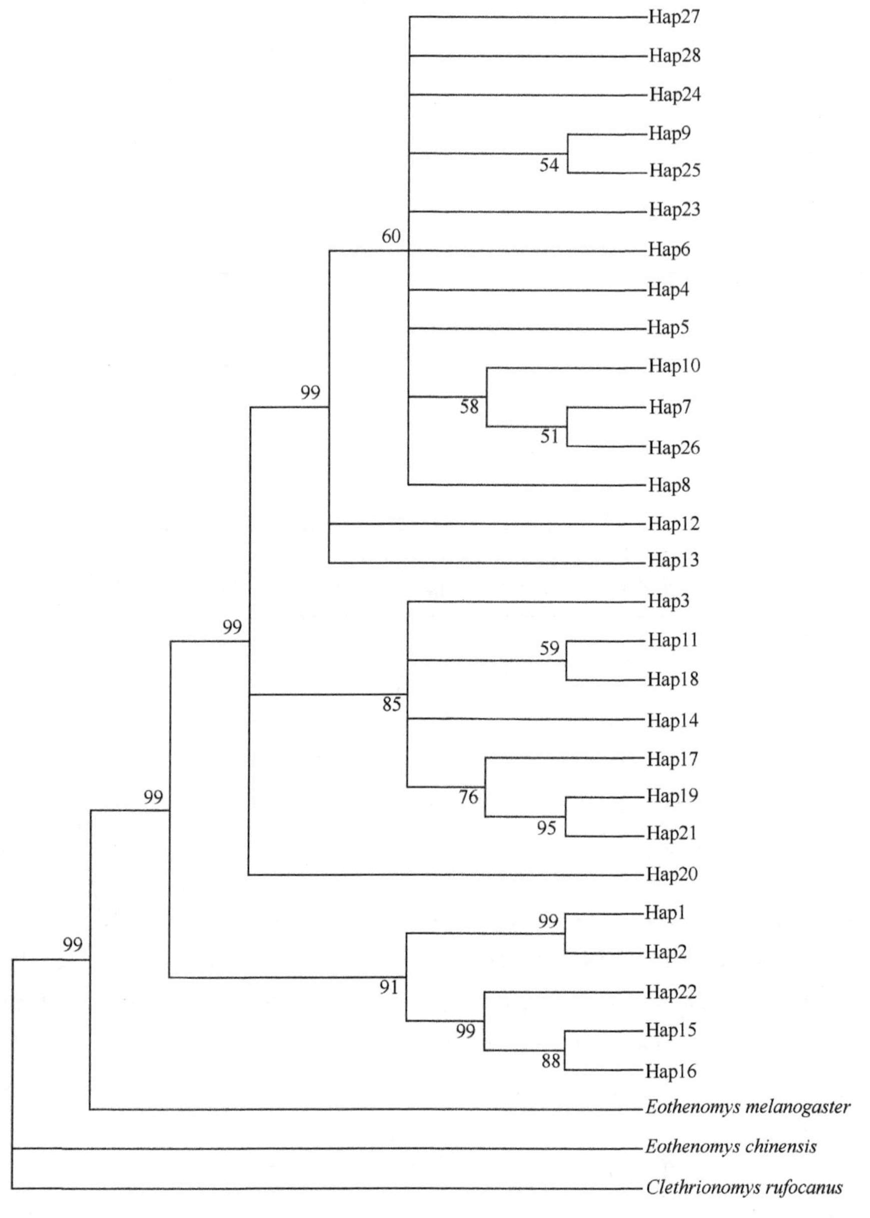

图 12.9　基于 Kimura 双参数距离构建的不同绒鼠种群间的 NJ 系统发育树（沐远，2015）

分支处数值为检测的自引导值，1000 次重复

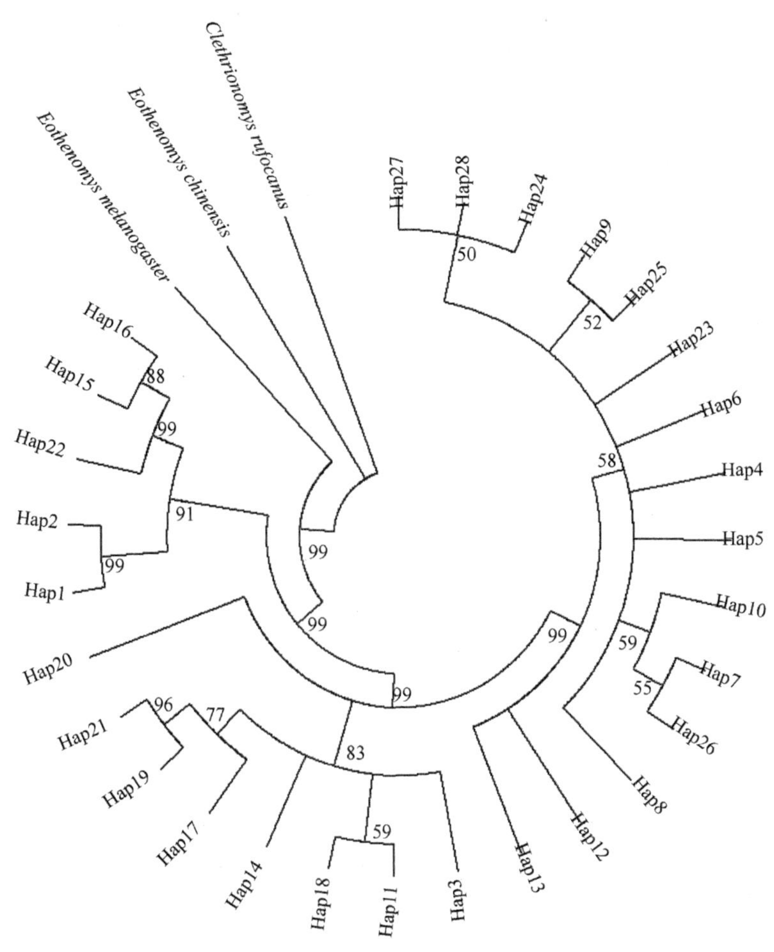

图 12.10　基于 Kimura 双参数距离构建的不同绒鼠种群间的 ME 系统发育树（沐远，2015）
分支处数值为检测的自引导值，1000 次重复

不同绒鼠种群的核苷酸歧点分布曲线除大理种群接近于种群扩张的单峰曲线外，其余的均属于不规则的多峰曲线模式，总体的扩张曲线模式也属于不规则的多峰曲线（图 12.11a～e）。根据 Mismatch 分析结果（图 12.12），绒鼠种群核苷酸差异数表现出不规则的 2 个峰形。此外，对于不同绒鼠的 Tajima's 检验、Fu and Li's 检验和 Fu's 检验（表 12.6），种群的 Tajima's 检验和 Fu and Li's 检验均差异不显著，说明整个绒鼠种群在历史过程中相对稳定，没有经历种群的大规模扩张。

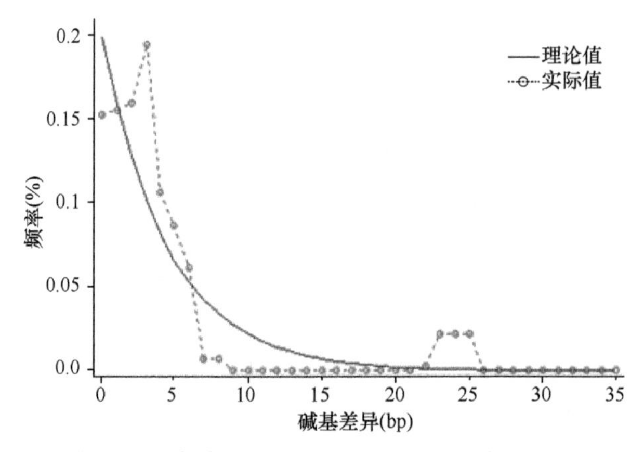

图 12.11a 大理绒鼠种群 mtDNA COI 序列的错配分布（沐远，2015）

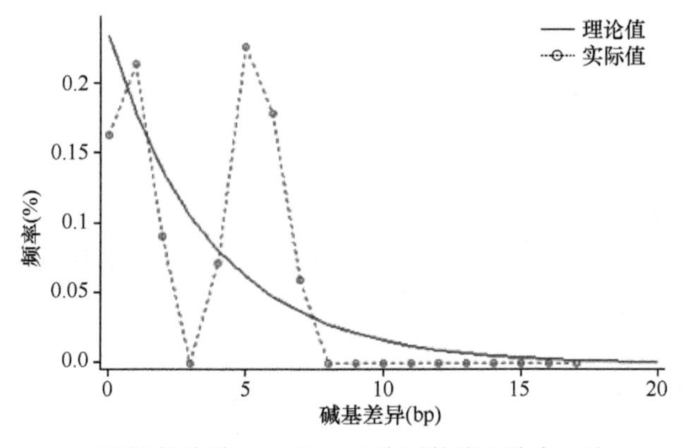

图 12.11b 丽江绒鼠种群 mtDNA COI 序列的错配分布（沐远，2015）

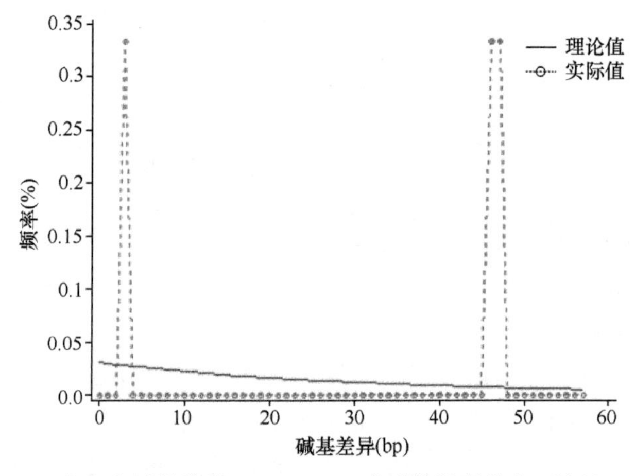

图 12.11c 哀牢山绒鼠种群 mtDNA COI 序列的错配分布（沐远，2015）

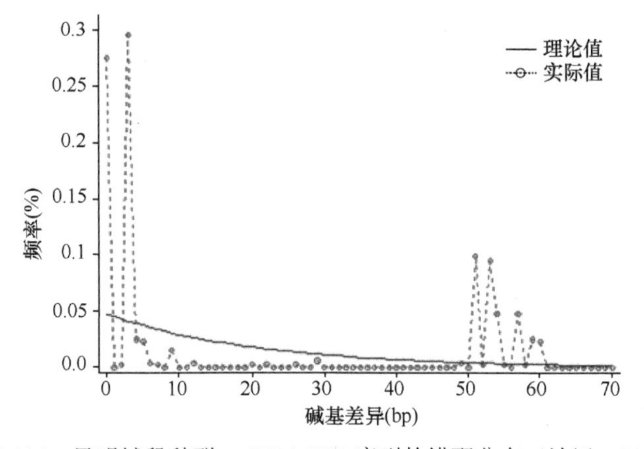

图 12.11d　昆明绒鼠种群 mtDNA COI 序列的错配分布（沐远，2015）

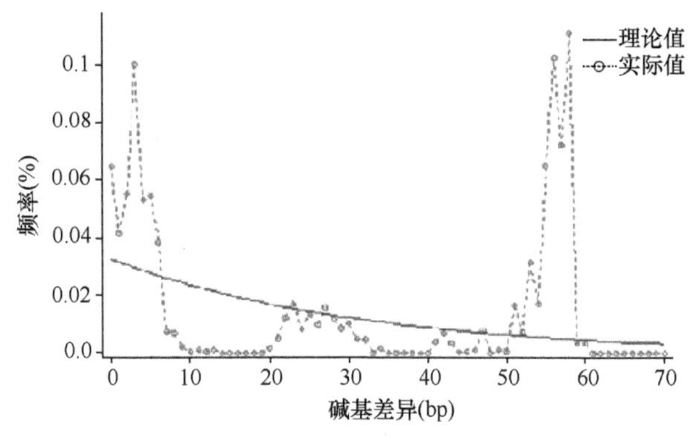

图 12.11e　绒鼠种群总体 mtDNA COI 序列的错配分布（沐远，2015）

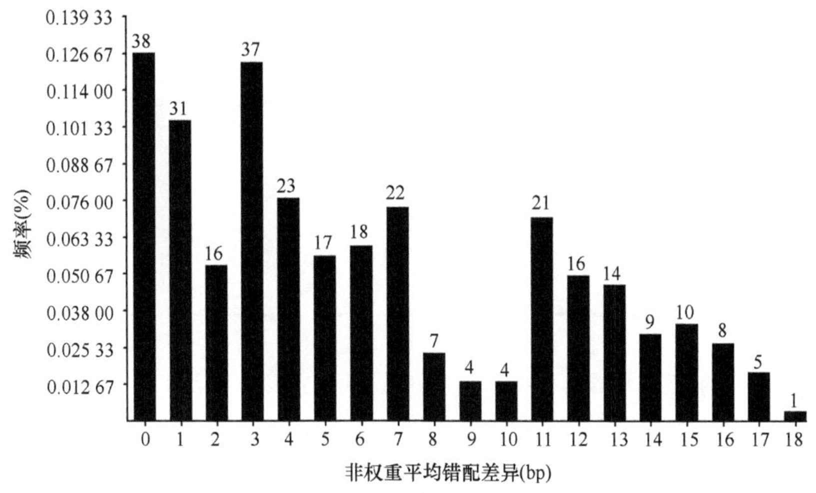

图 12.12　绒鼠种群 mtDNA COI 序列的错配分析（沐远，2015）

柱上数字表示平均两两差异数

表12.6　绒鼠种群的扩张检测（沐远，2015）

种群	Tajima's 检验	Fu and Li's 检验	Fu's 检验
大理	−1.954 51，$P<0.05$	−2.933 72，$P<0.05$	−0.439
丽江	0.353 85，$P>0.10$	0.976 18，$P>0.10$	1.509
哀牢山	—	—	—
昆明	−0.085 41，$P>0.10$	−0.239 93，$P>0.10$	12.085
合计	0.588 65，$P>0.10$	−0.337 61，$P>0.10$	7.431

不同绒鼠种群的核苷酸错配分析中，均属于不规则的多峰曲线模式，此外，对于不同绒鼠种群的 Tajima's 检验、Fu and Li's 检验和 Fu's 检验，均没有显著偏离中性检测，说明绒鼠种群没有经历种群扩张，种群大小保持稳定。

12.4　基于 D-loop 基因探讨云南不同地区大绒鼠的遗传变异

经 PCR 扩增测序拼接后，共获得 1010 bp D-loop 的有效片段。经 MEGA 5.0 分析，1010 bp D-loop 序列中 A + T 的含量高于 G + C 的含量（表 12.7）。所有分析位点中共包含有 158 个变异位点，占总分析位点数的 15.64%。其中，简约性信息位点 116 个，占总位点数的 11.49%，单变异位点（singleton site）42 个，占总位点数的 4.16%。转换 29 个（其中第 1 位点 9 个，第 2 位点 9 个，第 3 位点 11 个），颠换 8 个（其中第 1 位点 2 个，第 2 位点 4 个，第 3 位点 2 个），转换/颠换（Ts/Tv）为 3.63。

表12.7　不同绒鼠种群D-loop基因碱基组成（%）（沐远，2015）

种群	A	T	G	C
大理	30.3	29.0	13.3	27.3
丽江	30.3	29.2	13.3	27.2
哀牢山	30.3	30.0	13.4	26.4
昆明	30.7	29.4	13.2	26.7
合计	30.5	29.2	13.3	27.0

运用 DNAsp 5.0 计算，得到种群间的遗传变异参数（表 12.8），由表可看出哀牢山种群的遗传多样性最高。各个种群间的核苷酸歧义度 D_{xy}、遗传分化指数 F_{st}、净遗传距离 D_a、分化系数 G_{st}（表 12.9）。D-loop 区的 AMOVA 分析结果表明，种群间变异大于种群内变异，说明变异主要是发生在种群间（表 12.10）。种群间的分化系数 G_{st} 全部差异显著，各个种群间的基因流 N_m 在 0.075 93～1.101 53，表明不同种群间无显著的基因交流（表 12.11）。

表12.8 不同绒鼠种群mtDNA D-loop多样性（沐远，2015）

种群	样本数	单倍型个数 H	单倍型多样性 Hd	多态位点数 S	核苷酸多样性 Pi	平均核苷酸变异数 K
大理	32	15	0.863	108	0.015	14.571
丽江	20	7	0.842	20	0.006	6.332
哀牢山	3	3	1.000	50	0.034	33.333
昆明	33	24	0.970	111	0.029	28.424
合计	88	49	0.970	151	0.0364	35.811

表12.9 不同绒鼠种群间的核苷酸歧义度D_{xy}、遗传分化指数F_{st}、净遗传距离D_a和分化系数G_{st}（均已扩大100倍）（沐远，2015）

种群 1	种群 2	D_{xy}	D_a	G_{st}	F_{st}
哀牢山	大理	4.798	2.376	6.964	49.519
哀牢山	昆明	4.571	1.449	6.148	31.702
哀牢山	丽江	4.676	2.671	6.813	57.119
大理	昆明	5.493	3.319	4.363	60.426
大理	丽江	1.362	0.306	7.688	22.441
昆明	丽江	5.477	3.720	4.688	67.919

表12.10 D-loop序列变异的AMOVA分析（沐远，2015）

变异来源	自由度 df	平方和	方差组分	方差比率	遗传分化指数 F_{st}
种群间	3	852.966	13.848 35	57.12	0.571 17
种群内	84	873.364	10.397 19	42.88	
合计	87	1 726.330	24.245 55		

表12.11 不同绒鼠种群间的遗传分化指数F_{st}和基因流N_m（沐远，2015）

种群 1	哀牢山	大理	丽江	昆明
哀牢山	—	0.164 54	0.075 93	0.479 54
大理	0.603 10	—	0.171 99	1.101 53
丽江	0.767 04	0.592 43	—	0.139 04
昆明	0.342 68	0.197 58	0.642 61	—

注：下三角为遗传分化指数 F_{st}，上三角为基因流 N_m

本研究中，88 条 D-loop 序列共定义了 49 个单倍型，多样性丰富。基于 Kimura 双参数距离，运用 MEGA5.0 构建 49 个单倍型和外群间的 NJ 和 UPGMA（unweighted pair group method with arithmetic mean）发育树（图 12.13、图 12.14）。由 NJ 树可看出，来自不同地区的绒鼠种群单倍型大多按照来源地分别相对聚在一起，表现出与地理位置一定的对应关系。但从大的方面来看，4 个绒鼠种群间更明显地分为四大支系，分支Ⅰ基本由大理种群和丽江种群组成，分支Ⅱ包含了大理种群、哀牢山种群和昆明种群，昆明种群数量较多，分支Ⅲ基本由昆明种群组成，而分支Ⅳ则是哀牢山种群。UPGMA 发育树的结构域与 NJ 树大致相同。

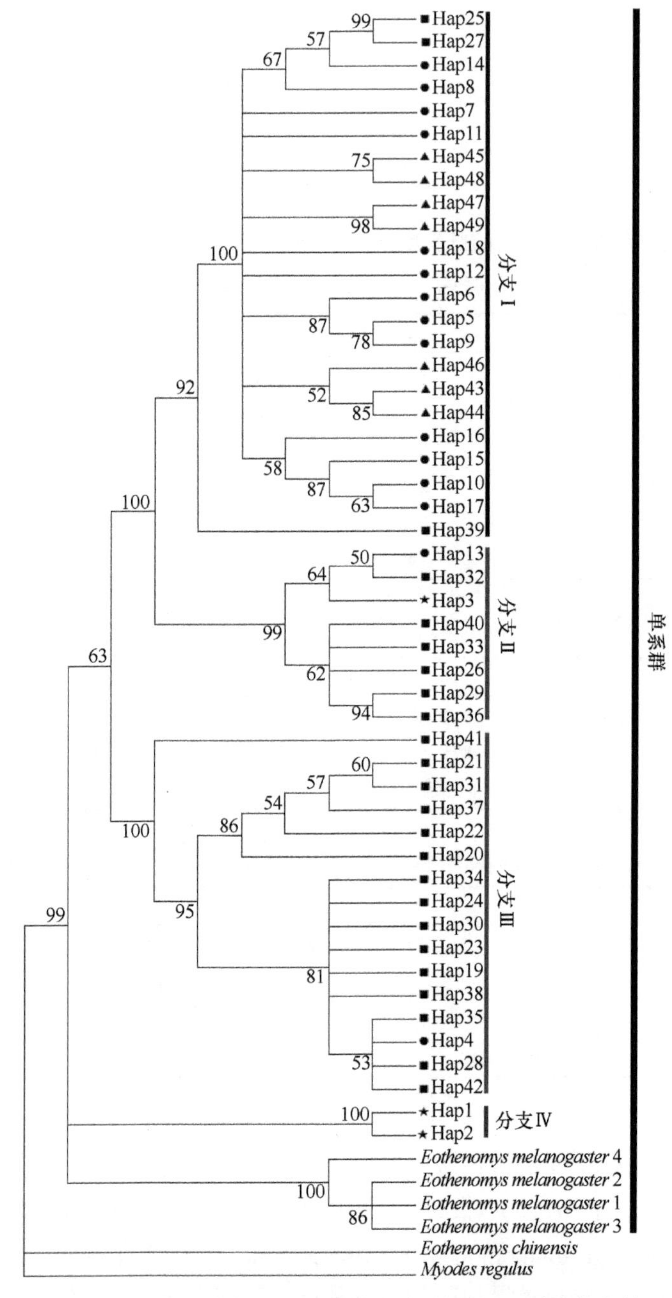

图 12.13　基于 Kimura 双参数距离构建的不同绒鼠种群间的 NJ 系统发育树（沐远，2015）

分支处数值为检测的自引导值，1000 次重复

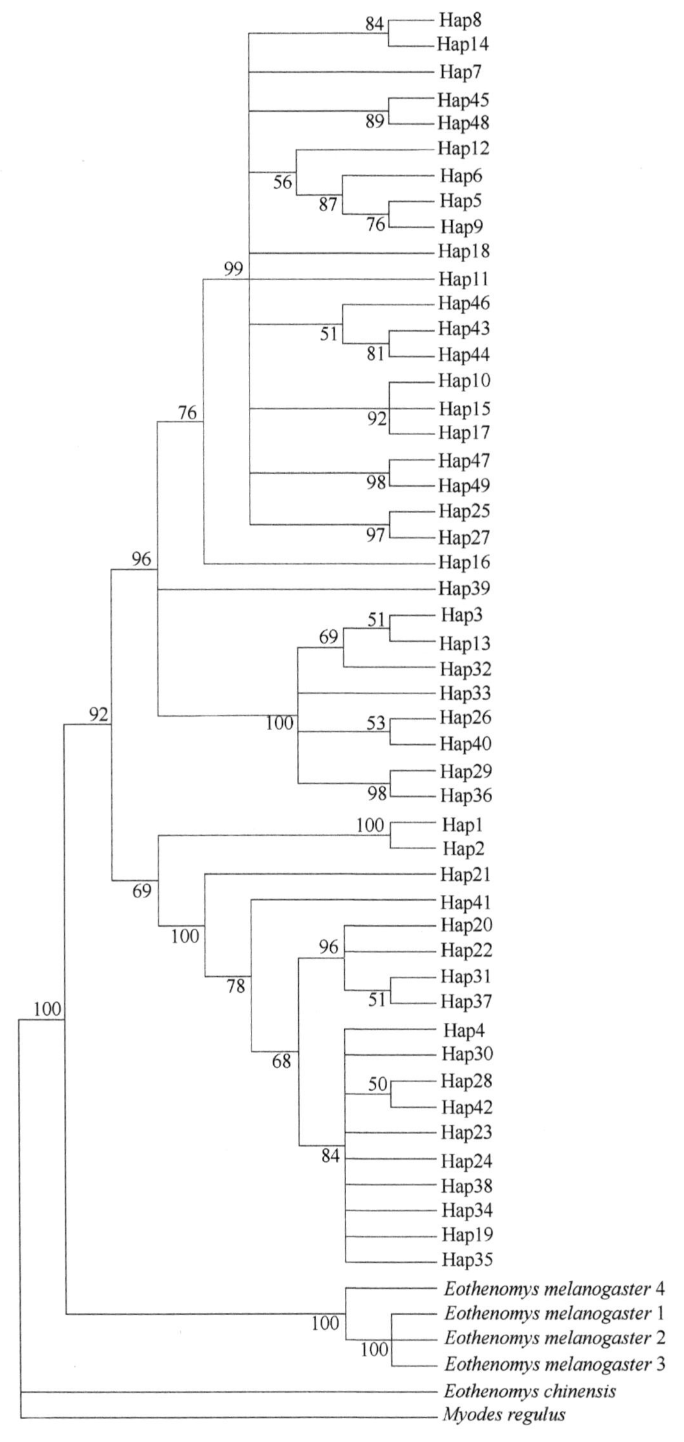

图 12.14　基于 Kimura 双参数距离构建的不同绒鼠种群间的 UPGMA 系统发育树（沐远，2015）

分支处数值为检测的自引导值，1000 次重复

不同绒鼠种群的核苷酸歧点分布曲线除大理种群接近于种群扩张的单峰曲线外，其余的均属于不规则的多峰曲线模式，总体的扩张曲线模式也属于不规则的多峰曲线（图 12.15a～e）。根据 Mismatch 分析结果（图 12.16），绒鼠种群核苷酸差异数表现出完整的 3 个峰形。此外，对于不同绒鼠的 Tajima's 检验、Fu and Li's 检验和 Fu's 检验（表 12.12），由此推断，绒鼠种群在过去没有出现明显或大规模的种群扩张，种群大小基本保持稳定。

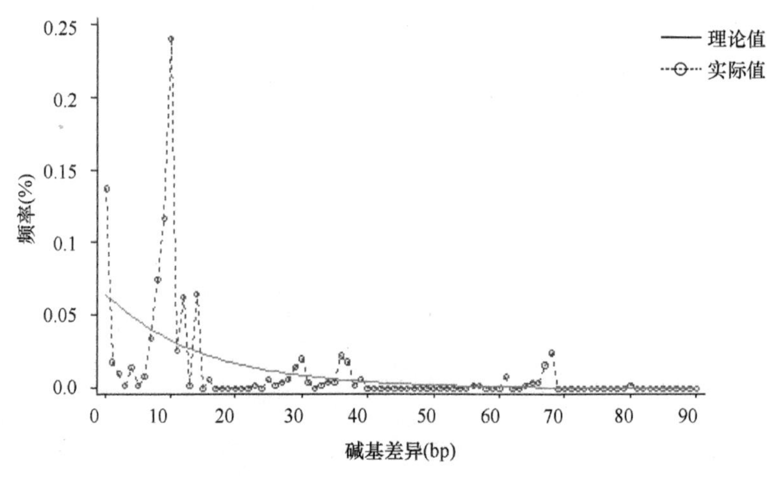

图 12.15a　大理绒鼠种群 D-loop 序列的错配分布（沐远，2015）

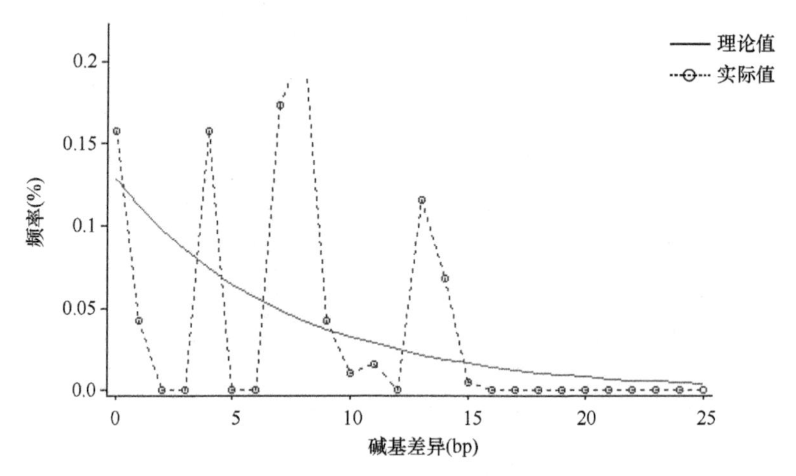

图 12.15b　丽江绒鼠种群 D-loop 序列的错配分布（沐远，2015）

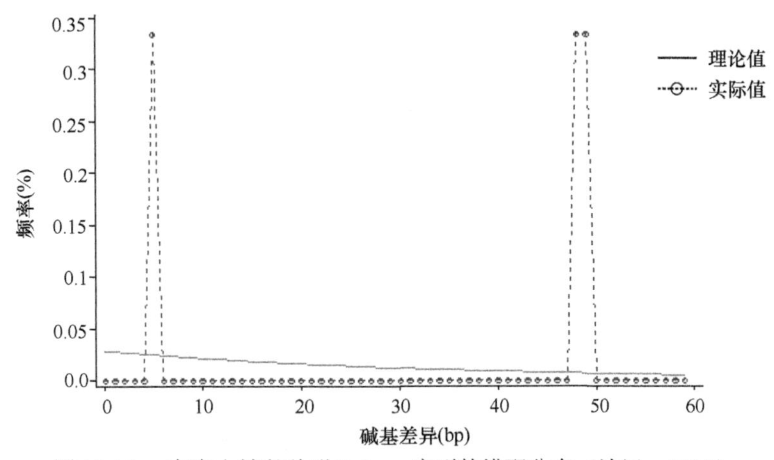

图 12.15c　哀牢山绒鼠种群 D-loop 序列的错配分布（沐远，2015）

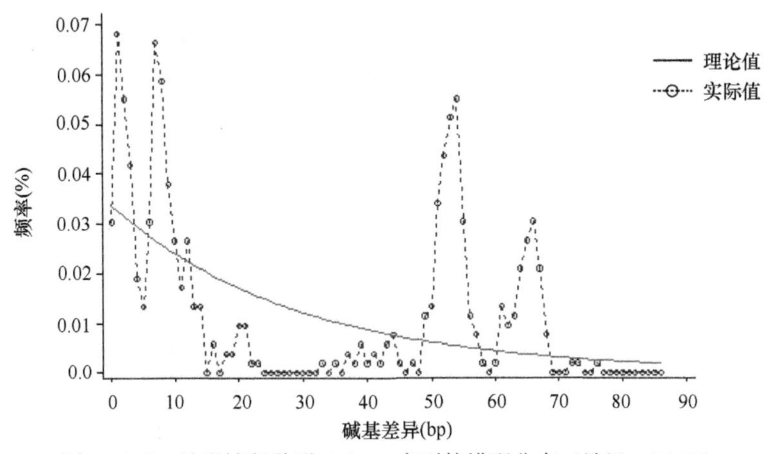

图 12.15d　昆明绒鼠种群 D-loop 序列的错配分布（沐远，2015）

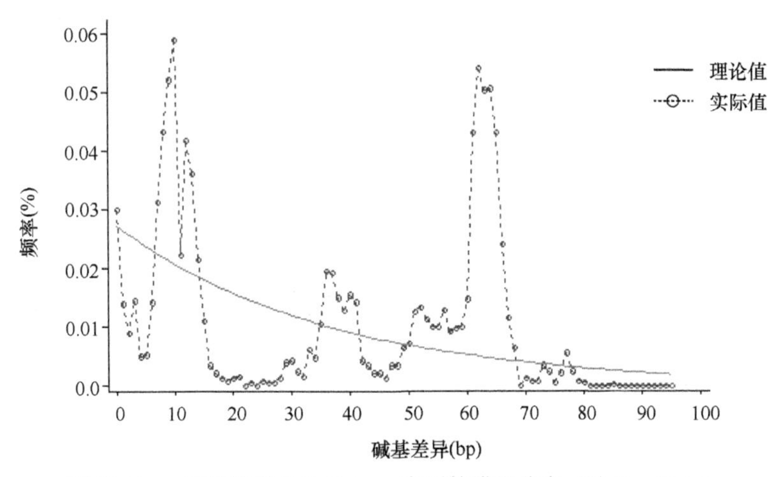

图 12.15e　绒鼠种群总体 D-loop 序列的错配分布（沐远，2015）

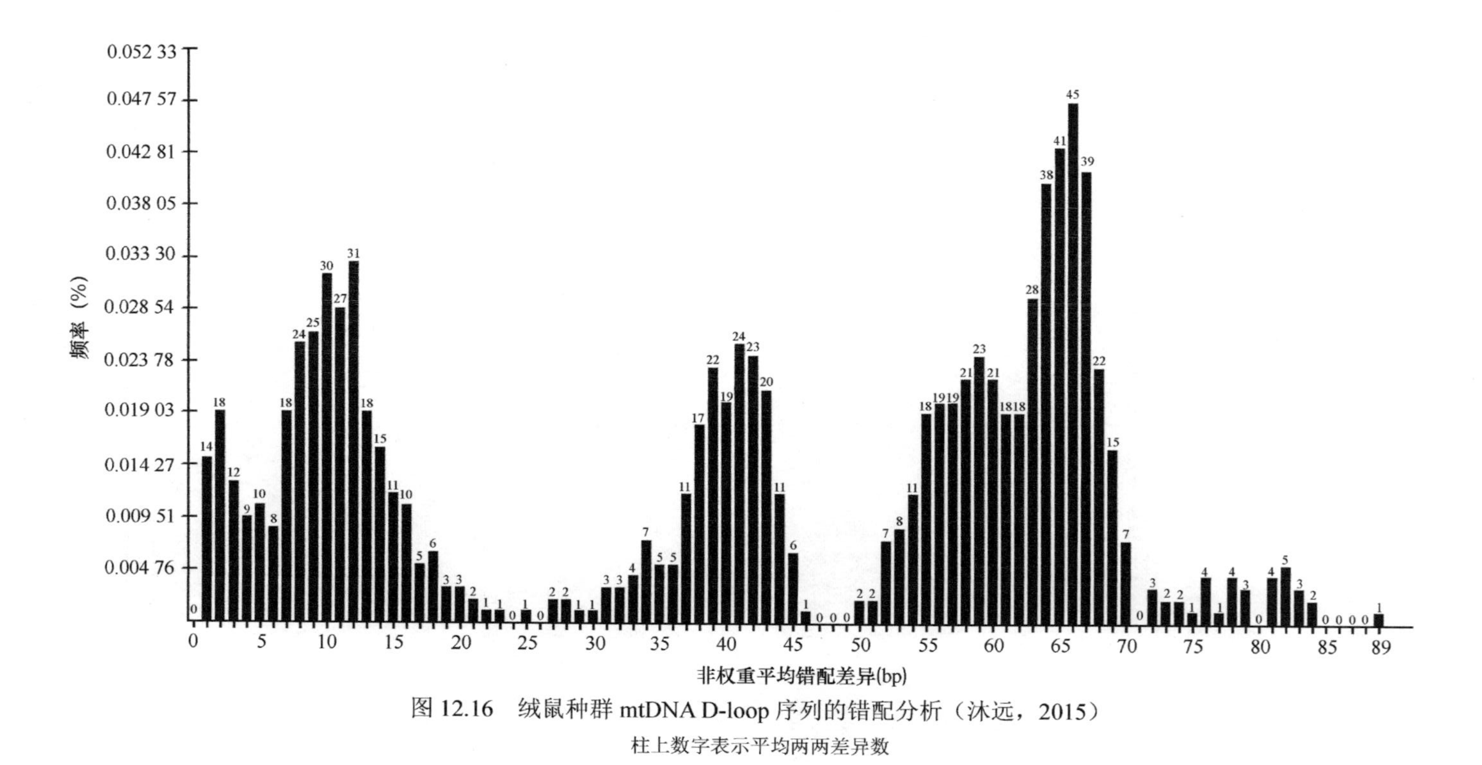

图 12.16　绒鼠种群 mtDNA D-loop 序列的错配分析（沐远，2015）

柱上数字表示平均两两差异数

表12.12　绒鼠种群的扩张检测（沐远，2015）

种群	Tajima's 检验	Fu and Li's 检验	Fu's 检验	*P*
大理	−1.858 64	−2.876 24	1.791	<0.05
丽江	0.550 86	0.314 56	2.841	>0.10
哀牢山	—	—	—	—
昆明	−0.139 29	0.047 64	−0.777	>0.10
合计	0.323 88	−1.114 75	−1.413	>0.10

不同绒鼠种群的核苷酸错配分析中，均属于不规则的多峰曲线模式，此外，对于不同绒鼠种群的 Tajima's 检验、Fu and Li's 检验和 Fu's 检验，均没有显著偏离中性检测，说明绒鼠种群没有经历种群扩张，种群大小保持稳定。

12.5　总　　结

综上所述，经系统发育分析，绒鼠属可划分为两个亚属：subgenus *Eothenomys* 和 subgenus *Anteliomys*。但基于分析系统学的分析，属下的分类还不能得到很好的解决，但是形态学系统发育能将不同绒鼠分开。本研究中所用的绒鼠样本与大绒鼠和克钦绒鼠亲缘关系交近，但绒鼠属的属下间的种系关系依然不清晰。

不同地区绒鼠种群经长期的环境适应和地理阻隔作用，经一定的时间积累，在生理和遗传上已经产生了差异，最终在种群被固定。绒鼠不同种群间，核苷酸歧义度、遗传分化指数和基因流差异显著，不同地理种群间分化明显，据此推测，绒鼠种群可能正在经历生态物种形成的阶段。本研究结果结合化石证据，运用线粒体 COI 和 D-loop 区作为遗传标记，阐明了绒鼠种群在历史过程中，未经历过扩张，从分子角度证实了绒鼠为横断山的固有类群，可作为研究横断山区小型哺乳动物的典型代表。

参 考 文 献

沐远. 2015. 绒鼠种群微进化的研究[D]. 云南师范大学硕士学位论文.

沐远，朱万龙. 2015. 云南省绒鼠属（*Eothenomys*）的形态适应研究[J]. 生物学杂志，32（1）：14-21.

朱万龙，刘春燕，王政昆. 2013. 云南绒鼠的生态形态适应和系统发生[J]. 中国科技论文在线，http://www.paper.edu.cn/releasepaper/content/201212-1194.

Ane TL，Anssi LK，Ingemar J，et al. 2005. Do common frogs（*Rana temporaria*）follow Bergmann's rule?[J] Evolutionary Ecology Research，7：717-731.

Hadany L，Beker T. 2003. On the evolutionary advantage of fitness-associated recombination[J]. Genetics，165：2167-2179.

Miguel AR，Irene LL，Bradford AH. 2006. The geographic distribution of mammal body size in Europe[J]. Global Ecology and Biogeography，15（2）：173-181.

Price TD，Qvarnstrom A，Irwin DE. 2006. The role of Phenotypic Plasticity in driving genetic evolution[J]. Proceedings of the Royal Society of London，270B：1433-1440.

Rutherford SL. 2003. Between genotype and phenotype：Protein chaperones and evolve-ability[J]. Nature Reviews，4：263-274.

Sabrina R，Jacques M，Daniela N，et al. 2005. Morphological evolution，ecological diversification and climate change in rodents[J]. Pro R Soc B，272：609-617.

Smith FA，Browning H，Shepherd UL. 1998. The influence of climate change on the body mass of wood rats Neotoma in arid region of New Mexico，USA[J]. Cerography，21：140-148.

Yoram YT，Shlomith YT. 2004. Climatic change and body size in two species of Japanese rodents[J]. Journal of the Linnean Society，82：263-267.